최신실무 중심 전문서

# 헤어 붙임머리 증모술

구민사

최신실무 중심 전문서

# 헤어 붙임머리 증모술


박경희 · 이현성

허정애 · 홍현화 · 임순녀 · 강유미 · 김은덕 · 김은영 · 김정숙

김창미 · 류민희 · 박경이 · 성윤옥 · 유애진 · 유정현 · 유재숙



구민사

# Preface

미용산업은 끊임없이 발전하고 있고 단순한 아름다움을 위한 미용보다는 건강한 아름다움을 위한 산업이 미용시장에 확산되고 있다. 그 중 외모에 큰 영향을 미치는 요소 중 하나인 탈모 관련 시장이 매년 성장하는 추세이고, 탈모에 대한 관심이 증대되고 있다. 건강한 삶을 유지하는데 헤어스타일의 역할이 커지고 있는 시점에서 가모에 대한 미용전문가들이 갖춰야 할 전문지식이 필요로 할 때이다.

이에따라 고객의 아름다움에 대한 욕구를 분석한 후 수집한 모든 정보를 바탕으로 모량을 증가 시키거나, 머리의 길이를 연장하고, 염색효과를 내어 아름다움을 표현하는 전문가가 점차 부각됨에 따라 취업분야의 확대 및 취업역량의 강화를 목적으로 하여 뷰티패션에 대한 전문지식, 관리능력의 숙련기술을 습득하여야 한다.

탈모산업은 뷰티 산업의 발전에 동반하여 지속적인 연구와 성장을 거듭하면서 그 중요성이 인정되어 대부분의 미용관련 대학에 교과과정으로 도입되고 있다.

이 책에서는 현장과 교육기관에서 교육을 함에 있어 필요한 지식을 기본 이론 및 현장실무를 실기임상을 바탕으로 하여 현장에서 쓸 수 있도록 학문적인 부분을 정리하였다.

대학의 관련학과 및 현장에서 가모에 대한 전반적인 이론 지식체계를 실기 관련지식과 함께 실었으며 현장에서 이해하고 활용하는데 도움이 되고자 하였다. 또한 두피탈모의 이론을 기본지식으로 특수머리, 붙임머리, 증모술등을 수록하여. 좀 더 가모 분야의 체계적인 부분을 이해하고자 노력하였다.

이 책을 출간하는데 있어 많이 부족하지만 가모분야를 공부하고자 학생들과 산업 및 교육기관에서 강의 하시는 하는 분들에게 조금이나마 도움이 되고자 하는 바램이다.

끝으로 이 책의 출판을 위해 많은 협조를 해주신 공동 저자 분들과 적극적으로 도움주신 도서출판 구민사 조규백 대표님, 직원 여러분께 깊은 감사를 드립니다.

2020년 4월

대표저자 박경희, 이현성

# Contents


Chapter 01

## 가모 미용산업

1. 가모역사 10
2. 미용시장 산업 20

Chapter 02

## 두피 및 모발 해부 생리학

1. 두피 26
2. 모발 34
3. 골격 50

Chapter 03

## 두피 탈모 관리

1. 두피 및 모발 유형별 특징 56
2. 두피 및 모발을 위한 영양 및 중금속 72

Chapter 04

## 붙임머리

1. 헤어 익스텐션의 정의 98
2. 모발의 종류 104
3. 모발의 특성 112
4. 익스텐션 시술 방법에 따른 제품의 종류 116
5. 고객 상담과 예약 124
6. 익스텐션 시 고객모발의 준비 130
7. 익스텐션 헤어 사전준비 133
8. 익스텐션의 부착 배치 134
9. 익스텐션 부착 시 모양과 사이즈 136
10. 수행내용 138

Chapter 05

## 증모술

1. 학습목표와 개념 212
2. 수행내용 220

Chapter 06

## 부록

1. 위그디자인마스터 자격 관리·운영 규정 (Wig Design Master) 274
2. 위그디자인마스터 자격 기준안 282

Chapter 07

## 예상문제

1. 증모 2급 예상문제 286
2. 붙임머리 2급 예상문제 300

# Chapter 01

## 가모 미용산업

1. 가모 역사

2. 미용시장 산업

# 1 가모 역사

가발은 고대 이집트부터 장식용과 더불어 태양으로부터의 머리를 보호하기 위해 처음 사용되었다. BC 3세기경 웨이브형이 17C초 프랑스 궁정에 등장하면서 미국, 영국, 유럽 전체에 파급되며 염색한 가발이 사용되었다. 20세기에는 인조 머리카락의 개발로 그 용도가 매우 다양해졌다. 가발의 최고 재료는 사람의 머리털, 양의 털섬유를 사용하기도 했다. 빛깔은 검은색을 가장 많이 사용하였으나 BC 12세기경에는 빨강, 노랑, 초록 등 여러 가지 컬러가 등장하였다.

## 1) 서양

### (1) 고대 시대(B.C. 3000년경~A.D. 400년경)

고대 이집트에서 처음 가발을 사용한 사람은 B.C. 3000년대 파라오이고, 신성한 파라오의 머리를 가리는 용도로 착용하였다. 또한 밀납 등으로 굳힌 컬과 면발을 만들어서 남·녀공동으로 사용하였다. 남·녀 모두 삭발 후 가발을 착용하였고, 가발의 재료는 상류층은 깃털, 일반인은 파피루스를 이용해 만들었다. 크고 화려한 가발은 높은 신분의 표시였고, 평민들도 가발을 사용했는데 작은 단발형의 것을 사용하였다. 피마자나무 기름을 사용하여 머리에 바르고, 주로 강한 태양광선으로부터 머리를 보호하기 위한 보호 목적으로 가발을 착용하였다. 에트루리아 후기에는 머리의 나선형으로 곱슬거리게 하고 몇 개의 가닥으로 땋아 내린 가발을 사용하였다.

[그림 1-1] 이집트 시대 가발

## (2) 중세 시대

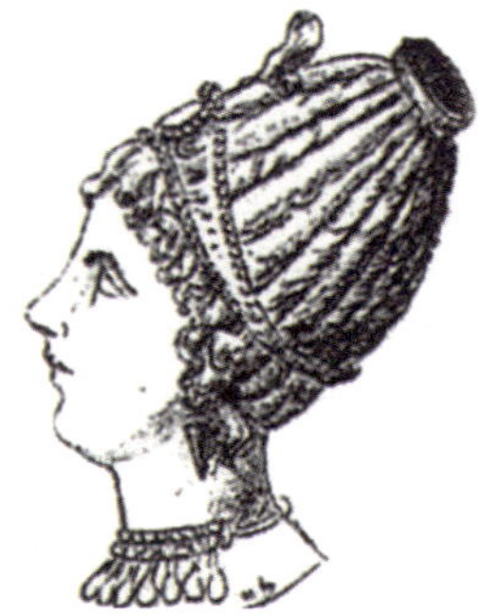

[그림 1-2]
로마 시대 남성의 가발(wig)

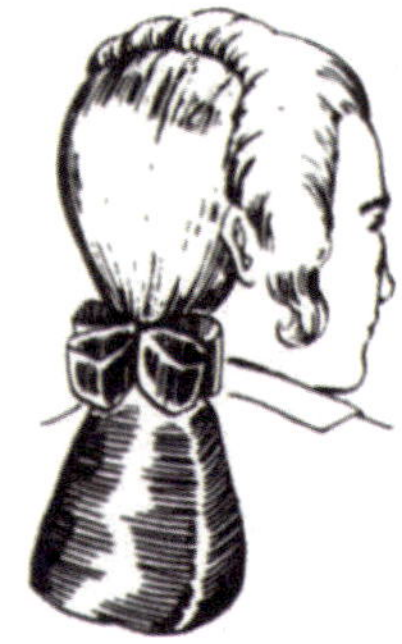

[그림 1-3]
로마 시대 남성의 백 위그
(back wig)

로마 시대에는 남·녀 구분 없이 다양한 가발을 사용하였으나, 여성의 경우에는 머리 모양, 빛깔이 다양화됨에 따라서 폭넓게 이용되었다. 3세기에 보편화되면서 아이롱 컬 또는 웨이브가 유행하였다. 르네상스를 거치면서 16세기 무렵부터 가발이 재등장하였다. 특히 엘리자베스 1세 여왕이 머리가 심하게 빠진 것을 숨기기 위해 사용한 주황색 가발이 무려 80여개나 될 정도로 많았다고 한다.

프랑스 상류사회는 궁전의 풍속 가운데 가발이 등장하여 처음에는 대머리를 감추기 위함이었으나, 상류사회에 유행하기 시작해 1660년대 이후 프랑스 궁전에서는 200여 명의 가발을 만드는 사람을 고용하기도 했다고 전해진다. 또한 유럽에서 가발이 유행하기 시작한 것은 매독과 관련해 나타난 심각한 질병 중 하나가 탈모였다. 가발을 패션보다도 탈모를 감추기 위한 수단으로 이용하였고, 그 후에도 가발은 중세 이후 유럽에서 큰 인기를 끌었다.

중세 시대(4C~15C)때 남자는 로마인처럼 앞이마에 머리를 덮는 짧은 형태의 헤어스타일이 유행하였고, 후두와 케이프가 붙은 모양의 모자를 즐겨 썼다. 또한 화려한 가발이 왕족과 귀족의 필수품으로 자리 잡아 가발로 자신들의 지위를 나타내기도 했으며, 지금도 일부 유럽 법정에서는 법관이 가발을 착용하고 있음을 알 수 있다.

## (3) 근세 시대

본격적인 가발이 유행한 시기가 17C 중반 프랑스에서인데, 프랑스의 왕 루이 13세는 20대부터 모발이 빠지기 시작해 국왕의 위엄을 지키고자 방안을 내세운 것이 바로 가발이었다. 이때부터 가발은 하나의 패션으로 자리 잡으며 대머리를 위한 것이 아니라 패션적 취미로서 가발을 애용하였다. 루이 14세 때는 가발을 미적의식과 권위의 상징으로 가발장인들이 다양한 디자인을 고안해 가려 쓸 정도로 유럽전역에서 상류층을 중심으로 가발 유행이 퍼지기 시작했다.

17세기 초 바로크 시대는 무겁고 단단한 대형 가발을 사용했는데, 무겁고 번잡함으로 인하여 실내에서는 가발대신 린네이나 울로 된 캡을 썼다. 가발에 가루를 뿌리거나 염색을 하였는데, 색은 밝은 갈색을 가장 선호하였고, 가격면에서는 밝은 갈색이 가장 비싸고 검은색은 저렴하였다. 페리 위그(Peri-Wig)나 풀버텀 위그(Full-Bottom Wig)가 널리 유행되었는데, 페리 위그(Peri-Wig)는 이마에서 뒤로 머리카락을 빗어 넘긴 형태와 어깨와 가슴으로 내려오도록 했고, 곱슬머리에 짧은 머리가 유행하였다.

풀버텀 위그(Full-Bottom Wig)는 일상생활에 지장을 줄 정도로 매우 무거웠으나, 가발은 필수품으로 간주되어 패션의 완성품으로 생각했던 만큼 항상 착용하였다.

[그림 1-4]
풀버텀 위그

로코코 시대의 유행 스타일은 퐁탕가발이 18세기 시대에 정점에 이르렀다. 동양문화의 교류로 만주인 통쿠스족 머리형인 피그테일이 유행하였다. 1710년경부터 가발의 높이가 줄고 길이가 짧아져 좀 더 편리한 가발이 되면서 1730년부터 전문직에 종사하는 사람(법관, 성직자, 궁전복) 이 외에 위엄을 표현하기 위한 것으로 남게 되었다. 1790년도에는 올백 스타일, 목이 보일 정도의 짧은 스타일과 목을 가리는 긴 머리 스타일, 웨이브가 지는 가발이 유행하였다. 이 가발은 모든 계층에서 정장이 아닌 복장을 할 때 썼고 1790년까지 사용되었다.

[그림 1-5]
퐁탕주

[그림 1-6]
공작부인 마리 앙젤리크

[그림 1-7]
루이 14세

### 로코코 시대의 머리 형태

a. 보브 위그 – 웨이브가 있는 단발 형태이다.
b. 칸도칸 위그 – 머리 중심에서 모아 리본으로 묶고 나머지 부분을 앞목에서 고정시킨 형이다.
c. 컷 위그 – 땋은 머리를 검정색 네모나 머리에 놓고 뒷목에서 검정색 리본으로 나비처럼 묶어 정장차림에 가발을 썼다.
d. 피크테일 위그 – 길게 땋아 내린 머리에 검정 리본으로 뒷목과 머리끝에 나비형으로 묶어주었다. 이 가발은 정장이 아닌 복장에 썼고, 매우 스마트한 스타일로 간주되었다.
e. 라밀리 위그 – 길게 땋아서 뒷목과 맨 끝 두 군데에 검정 리본으로 매어준 것으로 영국의 경우 근위병, 젊은이들이 많이 사용하였다.

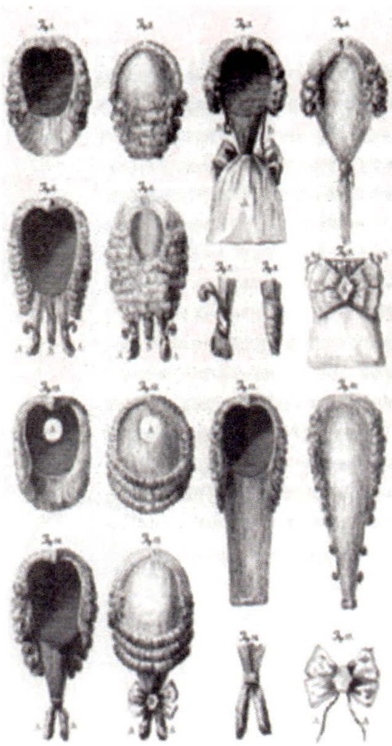

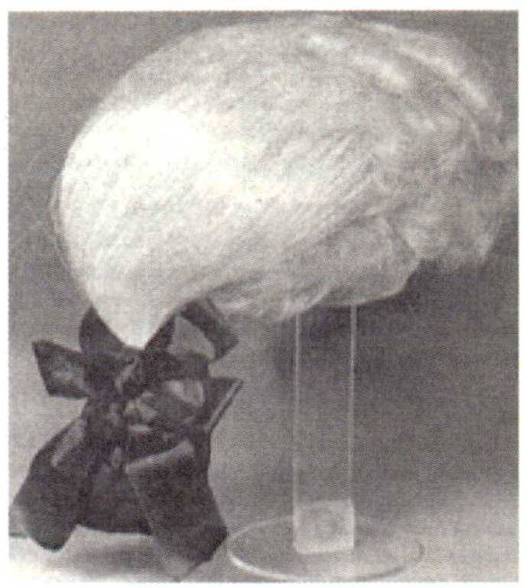

[그림 1-8]
17세기의 남자 가발의 유형

프랑스 혁명을 거치는 동안 귀족들도 자기 머리를 기르면서 목사나 학자 등 극히 일부만 19세기 초까지 가발을 사용하였다.

가발의 재료는 머리털, 소, 염소, 말, 여우꼬리, 털실, 철사 등이 이용되었으며, 여자 가발의 경우 퐁탕주형이 상류층에서 유행했으며 차츰 모든 계급의 여성들이 머리 모양을 모방하기 시작했고, 크기와 복잡함이 상상하기 힘들 정도로 지나친 장식 과용을 하여 여자들의 병적인 자기 과시가 나타났다. 가장 높은 머리 모양은 90cm에서 1m나 되었다고 한다. 가발은 역사적으로 정신분열증적인 생활의 선구자 역할을 해왔으며, 가발의 효율성과 탈모의 속도와 이용도가 비례하므로 숱이 적어짐에 따라 가발의 역사가 형성되어 왔다고 할 수 있다.

가발은 영국의 법정에서 빠지지 않는 장신구로 재판관, 변호사들이 그 위엄을 갖추기 위한 권위의 상징으로 사용했다. 복잡한 머리모양을 즐긴 프랑스에서는 여성 가발이 유행했으며 제2차 세계대전 이후 오늘날에 이르기까지 가발은 화학섬유의 가발, 인모, 헤어피스의 형태로 사용되고 있다. 오늘날 가발 Color Sample의 원조는 J.L Color Ring으로 20세기 프랑스에서 인조 모발 개발을 하여 지금까지 보다 다양한 용도의 가발이 변화되고 있다.

## 2) 우리나라

삼국사기 문헌에 의하면 머리숱이 적은 여인들이 다리(月子=다래=월자)를 달아 쪽진 것이 가발의 시초이다. 이는 머리숱이 많아보이게 하려고 땋은 머리 가체로 사용한 것이며, 고구려 고분벽화의 여인도나 신윤복의 미인도를 보면 여인들의 머리치장이 성행하였음을 알 수 있다.

신라의 여인들은 가발을 사용해 신분과 지위를 나타냈으며, 당시 가발은 귀중하게 다루어졌다. 선덕여왕 때는 당나라 사신편에 다리를 가져가게 한 기록이 있으며 경문왕 때 당나라에 가는 사신이 16냥이 한 근이므로 분량으로 따지면 얼마 되지는 않지만 그 당시 다리는 귀금속만큼이나 귀중하게 다루어졌음을 알 수 있다. 고구려 고분벽화 여인도(女人圖)에서도 여인의 머리모양이 다리를 얹은 머리라고 고증되고 있다.

[그림 1-9]
신윤복의 미인도

[그림 1-10]
수산리 고분벽화의 연인도

조선시대의 가체는 구입하는 데 많은 돈이 들었고, 심지어 무게감으로 목이 부러지는 일도 있었다. 영·정조 때에는 가체 금지령이 내려져 포도청으로부터 가체머리 단속의 대상이 되었고, 순조 때는 기생을 제외한 모든 여인의 머리모양이 쪽진 머리로 변하게 되었다.

옛날 사람들은 신분을 과시하기 위해 머리 모양을 크게 하였으며, 지금의 가발 사용 목적과는 조금 다르다. 조선시대 상류사회 여인들이 액세서리를 가발로 사용하였다.

## 머리모양

a. 첩지머리 – 왕비는 도금으로 만든 봉, 외명부는 은 또는 놋쇠로 만든 개구리를 가르마에 얹고 좌우로 긴 머리 위에 땋아 뒤에서 머리를 한데 묶어 쪽진 머리모양이었고, 궁중에서는 평상시에도 신분의 상하구별이 있었으며, 궁중법에 따라 평상시에도 하고 있었다고 한다.

b. 다리머리 – 부녀자가 성장하면서 머리숱이 많아 보이게 하기 위해 흔히 다리를 머리 위에 얹거나 붙여 사용하였다. 첩지대리 쪽머리는 본인 머리와 다리를 같이 빗어내려 한데 땋아서 사용하고 흔히 비녀로 고정시켰다.

c. 트레머리 – 큰 머리 모양을 축소시킨 머리로, 서북지방에서 흔히 볼 수 있었으며 상류사회에서는 좋은 다리를 사용하였고, 끝에는 빨간 댕기를 매달았으며, 천민들은 풀머리로 초라하게 얹었다. 두 갈래로 쌓아 머리 둘레를 한 바퀴 돌려 정수리에 고정시킨 머리로 이런 형태의 머리는 본 머리의 기장이 길어야 예쁘게 얹어졌으리라 생각된다.

d. 대수 – 궁중 왕비의 의식용 대복례와 병오하던 수발 양식이기 때문에 모양이 화려하고 과대했다. 머리 정상은 고계를 만들고 밑으로 좌우는 A형으로 떨어진다. 앞과 뒤가 같으나 중간에 종으로 머리를 땋아 비단댕기로 묶었다.

e. 얹은머리 – 영·정조 시대부터 개화기 초기까지 사대부 부인의 머리 형태이다. 조선 초에 들어서면서 가체가 높아지고 화려하게 꾸미기를 좋아해 사회풍조와 폐단이 극심했고, 가체의 논의는 영조에서 정조까지 70년간 계속되었다. 성종 때의 고계는 사방일척이라 하였는데 조선왕조 시대에 가장 적은 주척이 20.81cm이므로 최소한 높이 21cm는 되었던 것이다. 영조 1756년 1월에 처음 나타났으나 족두리 폐단에 의해 1763년 11월에 체계로 환원되어 정조 1779년 2월에 나무로 된 떠구지가 궁중에서 생겨났다. 정조 1788년에 가채금지를 하였으나 여전히 성행하여 정조 1796년에는 금채령 실시하였으며, 훈머리가 더욱 사치해졌다. 사치 풍속을 없애는데 왕실이 모범을 보이고자 왕비가 솔선수범하기도 했다.

f. 떠구지머리 – 수발을 가르마에서 좌우 두 갈래로 나뉘어 Y자형으로 머리 위에서 찐다고 하여 큰 머리라 하며, 세조 원년부터라 할 수 있다. Y계는 조선 왕조 중기 이전에는 머리카락을 사용하였으나 후기에는 왕실을 제외한 곳에서는 나무로 된 떠구지를 사용하였다. 머리카락으로 만들면 무겁고 비싸기 때문에 가벼운 나무 모양으로 대체하였다. 떠구지는 명부들이 늘 착용하고, 의식용 떠구지머리는 국혼 삼색절 문안, 진연 같은 큰 잔치에 왕비를 위해서 내인들도 하였다.

g. 어여머리 – 예장할 때 머리에 솜 쪽두리를 쓰고 그 위에 다래 큰 머리를 얹어 옥판과 화잠으로 장식하였다. 어여머리는 떠구지머리에 버금가는 예장용으로 궁중에서 방과 부녀자들이 하였고, 상궁으로는 지밀상궁만이 할 수 있었다. 영조 때에는 의명부의 의식용으로 사용하고, 후기 및 말기에 와서는 어여머리와 떠구지머리 구분없이 혼용하였으며 19세기 국말에는 더욱 간소화되어 입궐할 때에 어여머리가 아닌 첩지머리로만 꾸몄다. 우리나라 고문헌, 고화를 통해서 알 수 있듯이 가발은 우리 일상생활 속에 깊이 사용되었음을 알 수 있다. 가발이 본격적인 상품화되기 시작한 것은 1950년 후반기쯤 미국에 근원을 두고 있다고 한다. 1960년대에는 전 세계적으로 가발이 유행한 덕분에 우리나라 가발산업이 크게 번창해 수출이 증가되었다.

첩지머리

얹은머리

대수

대수머리

얹은머리

어여머리

떠구지머리

거두미

현대 가발의 발달은 주로 유태인사회에서 시작되었다. 유태인의 기혼 여성은 자신의 머리카락을 제거한 후 가발 또는 모자, 캡 모양의 헝겊을 착용해야 했다. 이때부터 발전한 가발산업이 초기 산업화시대에 한국 경제에도 영향을 미쳤다.

유태인의 가발의 소재는 100% 인모를 사용하였고, 1950년대에는 뉴욕에 거주하는 유태인의 제조업자들에 의해 생산이 증가하여 아시아인 일본, 홍콩을 거쳐 한국으로까지 가발의 생산기지가 이어지는 계기가 마련되었다. 1970년대 초까지 가발은 단일 품목으로 우리나라 전체 가발이 수출액의 10%를 차지하는 최초의 상품이었고, 노동력이 대량으로 필요한 가발산업은 산업사회로 전환할 수 있는 결정적 계기를 마련했다. 가발산업이 호황을 이루게 되면서 머리카락을 사고 팔아 가정경제에도 도움이 되었다.

# 2 미용시장 산업

인간은 본능적으로 남에게 매력적이고 아름답게 보이고 싶어한다. 인간은 태어나면서 혼자 생활하는 것이 아니라 유치원, 학교, 사회 순으로 사람들의 관계 속에서 성장해 나간다. 직업, 승진, 결혼 등 점점 자신을 PR하고 자신의 매력을 발산하는 데 내적요인 뿐만 아니라 외적 요인인 외모를 중시하는 시대를 살고 있다. 그 중 헤어스타일은 본인의 매력을 연출하는 데 가장 큰 비중을 차지한다.

더욱이 고령화 시대를 맞아 문화, 교육수준이 높아가고 사회생활도 더 길게 하게 되면서 젊고 건강한 삶을 유지하는 데 헤어스타일이 가장 큰 역할을 하게 되었다.

또한 탈모시장이 점점 늘어가는 시대에 가발 수요도 점차적으로 증가하고 있으며 젊은층의 패션 감각으로 모발의 색상, 헤어스타일의 변화를 위해 패션 가발의 소비가 증가하고 있다. 더욱이 과거에는 남성의 전유물로만 알았던 가발 시장이 점차 여성 중심의 시장성이 더욱 높아지게 되었으며, 여성 고객으로 인해 현재 가발의 업체가 높은 매출현황을 보여주고 있다.

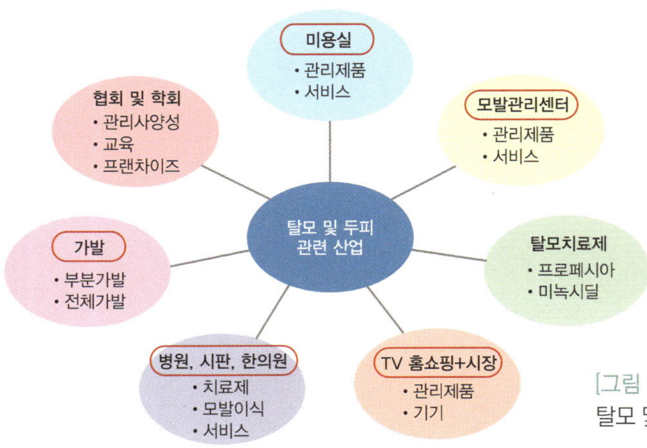


[그림 1-11]
탈모 및 두피 관련 산업 도표

과거의 미용 산업이 아름다움만을 추구하는 헤어스타일링, 피부 관리, 성형, 다이어트 등에 중점을 두었다면 현대인들은 Health(건강), Healing(치유)와 함께 Beauty(아름다움)를 동시에 찾고 있어 단순한 아름다움을 위한 미용보다는 건강한 아름다움을 위한 미용 산업이 확산되고 있다. 그 중에서도 아름답고 건강한 헤어스타일을 위한 두피의 건강과 탈모 관련 산업 시장이 매년 성장하는 추세이다. 최근 각종 내·외부적인 요인으로 두피의 문제가 많이 확산되고 있으며 그 중 가장 많은 비중을 차지하는 것이 탈모증이다.

탈모 인구는 매년 증가하고 있으며 2019년 현재 1,000만 명이 넘는 것으로 추정한다. 탈모 관련 산업의 규모는 시장조사기관 닐슨코리아에 따르면, 해마다 14%씩 성장하며 2015년 매출 기준 600억 원 규모이다. 그러나 현재 탈모시장은 의료영역에서 약 10% 미만을 차지하고 있다. 피부과를 비롯한 병원에서 약물, 주사, 의약품, 의료기기, 모발이식 등이 접목되고 있으며 확산되고 있는 추세지만 아직 탈모전문의, 전문병원이 없는 것이 현실이다. 그리고 나머지 약 90% 이상을 차지하고 있는 비의료영역으로는 두피 탈모 관리센터, 미용실, 가발 제품 등의 시장으로 이루어져 있다.

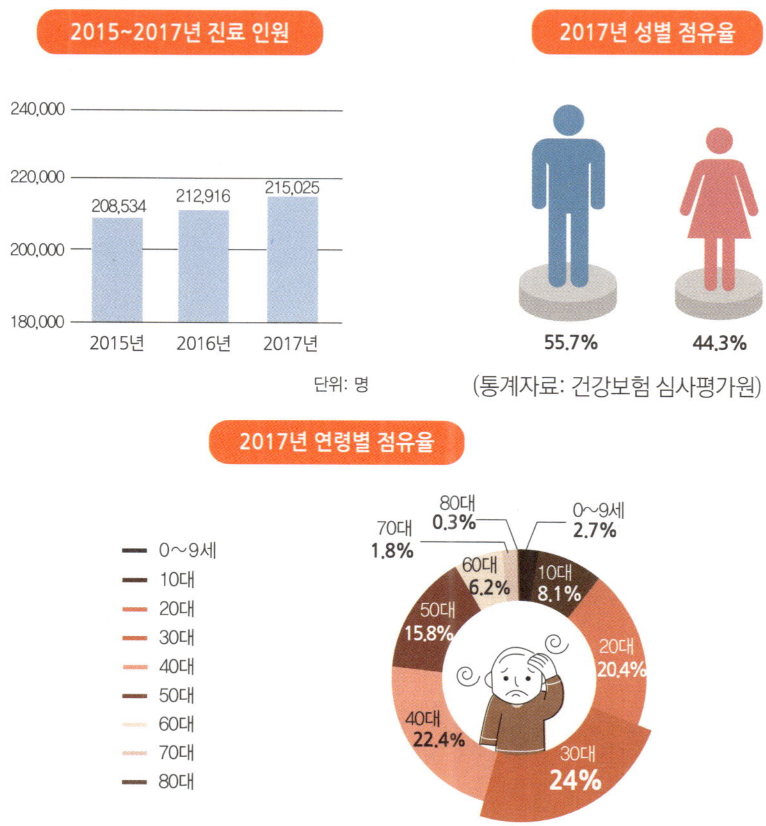


[그림 1-12] 탈모 진료 인원과 각 통계에 따른 점유율

현대사회는 외모도 경쟁력 중 일부라고 인식하고 있기 때문에 외모에 가장 큰 영향을 미치는 요소 중 하나인 탈모에 대한 관심이 증대되고 있다. 2017년 국민건강보험공단이 조사한 통계에 따르면, 국내 탈모인구가 특히 20~30대 젊은층이 50%를 차지하는 것으로 나타났다. 스트레스, 외부환경변화 등으로 연령에 관계 없이 탈모가 확산되고 있다.

스트레스로 인한 급격한 호르몬의 변화 및 면역력 약화로 소아 및 청장년층의 탈모가 큰 폭으로 증가해 전 연령층으로 확대되고 있다. 대만의 경우 조사기관 TNS에 따르면, 18~54세 성년소비자 중 3명당 1명이 탈모로 고민하는 것으로 파악되며 중국 탈모시장은 잠재 수요자가 1억 명 이상으로 추정하고 있다. 이로 인해 탈모 관련 시장은 점차 확대되어 일반인도 모발이식술을 받을 수 있는 수준까지 이를 것으로 전망하며, 한국은 이를 토대로 탈모 관련 수술을 포함한 의료분야에서의 적극적인 준비를 통해 중국시장 진출 대비가 필요하고 또한 이로 인해 탈모시장의 규모가 커질 것이다.

건강보험심사평가원의 통계자료에 따르면, 2017년 탈모로 진료를 받은 인원은 21만 5,025명으로 3년 사이(2015~2017년) 진료인원이 6,500명가량 늘었다. 2017년 연령별 진료인원을 살펴보면 30대(24%)가 가장 많았고, 40대(22.4%), 20대(20.4%), 50대(15.8%)순으로 나타났다. 젊은 연령층도 탈모 때문에 병원을 찾고 있으며, 성별로는 남성(55.7%)이 여성(44.3%)보다 약 1.3배 높았다.

가발 시장이 활발한 독일의 인조 가발 시장의 동향과 특징을 살펴보면, 사용 목적에 따라 크게 두 가지의 뚜렷한 고객층을 보유하고 있다. 첫째는, 탈모증이거나 질병에 의한 항암치료 등으로 탈모환자들이 가발을 구매하는 것과, 둘째는 미용의 목적으로 다양한 헤어스타일 연출을 위해 가발을 구매 하는 것이다. 아직까지는 미용의 목적보다는 의료보조의 목적으로 사용되는 경우가 많다고 한다.

의료 보조용 제품으로 가발을 사용하기 때문에 가발시장은 시대 흐름에 따라 큰 유행을 타지 않는다. 독일 인조 가발 주요 수입국 현황을 보면 중국의 뒤를 이어 한국(20.37%), 미국(13.13%), 인도네시아(9.18%), 네덜란드(6.51%) 등이 있다.

〈표 1-1〉 독일 인조 가발 주요 수입국 현황 (HS Code 670490 기준) (단위: 달러, %)

| 순위 | 국명 | 수입액 | | | 점유율 | | | 증감률 |
|---|---|---|---|---|---|---|---|---|
| – | | 2015 | 2016 | 2017 | 2015 | 2016 | 2017 | 17/16 |
| | 총계 | 4,194,059 | 5,172,892 | 6,263,513 | 100 | 100 | 100 | 21.08 |
| 1 | 중국 | 2,201,824 | 2,650,494 | 2,242,305 | 52.5 | 51.24 | 35.8 | –15.4 |
| 2 | 한국 | 388,876 | 787,167 | 1,275,643 | 9.27 | 15.22 | 20.37 | 62.05 |
| 3 | 미국 | 249,288 | 362,677 | 822,497 | 5.94 | 7.01 | 13.31 | 126.79 |
| 4 | 인도네시아 | 504,937 | 450,151 | 574,882 | 12.04 | 8.7 | 9.18 | 27.71 |
| 5 | 네덜란드 | 186,786 | 249,304 | 407,449 | 4.45 | 4.82 | 6.51 | 63.43 |
| 6 | 캐나다 | 4,034 | 1,689 | 306,498 | 0.01 | 0.03 | 4.89 | ∞ |
| 7 | 체코 | 314,540 | 301,291 | 204,206 | 7.05 | 5.82 | 3.26 | –32.22 |
| 8 | 베트남 | 7,690 | 55,753 | 112,281 | 0.18 | 1.08 | 1.79 | 101.39 |
| 9 | 프랑스 | 1,612 | 13,665 | 89,429 | 0.04 | 0.26 | 1.43 | 554.42 |
| 10 | 영국 | 151,08 | 79,066 | 86,919 | 3.06 | 1.53 | 1.39 | 9.93 |
| – | – | – | – | – | – | – | – | – |
| 17 | 일본 | 11,931 | 12,268 | 6,787 | 0.28 | 0.24 | 0.11 | –44.68 |

한국은 중국에 이어 독일 인조 가발 수입국 2위를 차지하면서 독일 주요 수입국임을 알 수 있다. 2017년 대한 수입 규모는 약 128만 달러로, 전년 대비 62.05% 증가하여, 최근 3년간 대폭 상승하였다.

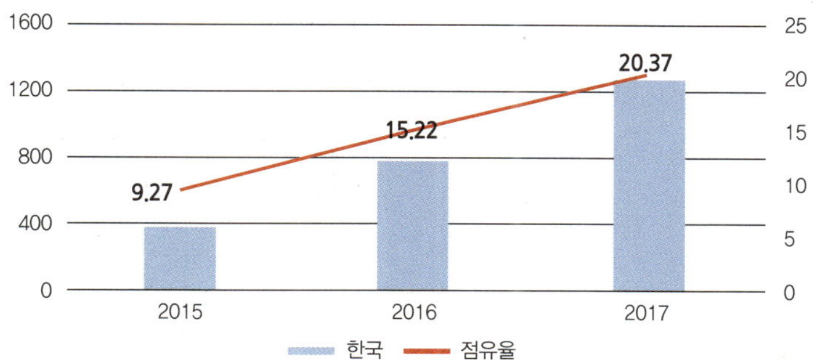


[그림 1-13]
독일 인조 가발 對 한국 수입 통계(단위 : 천 달러, %)

# Chapter 02

## 두피 및 모발 해부 생리학

1. 두피
2. 모발
3. 골격

# 1 두피

## 1) 두피 구조와 기능

### (1) 두피의 구조

두피 구조는 외부에서부터 표피, 진피, 피하지방으로 구성된다.

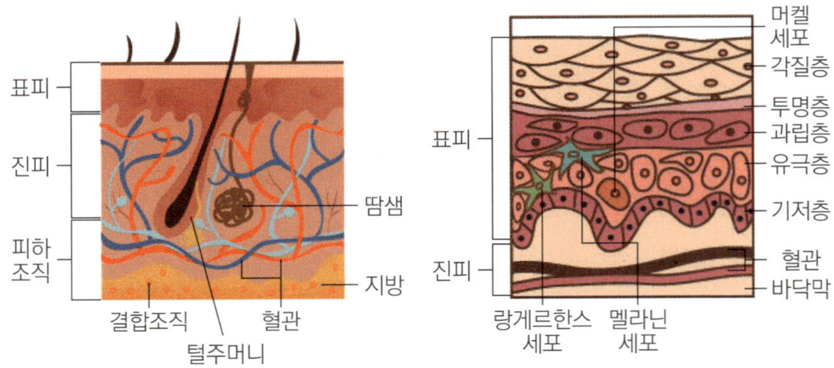


[그림 2-1]
두피의 구조

### ① 표피(Epidermis)

표피는 두피의 가장 표면에 위치해 있고 각질형성세포가 대부분을 차지한다.
표피의 구성세포는 각질형성세포, 멜라닌 세포, 랑게르한스 세포, 머켈 세포로 구성되어 있다.

- 각질형성세포(Keratinocyte)
  - 편편한 층을 이루며 표피세포의 80~90%를 차지한다.
  - 케라틴을 생성해내는 세포이고, 기저층에서 생성된다.

- 멜라닌 세포(Melanocyte)
  - 기저층에 분포되어 있으며, 전체 표피세포의 13%를 차지한다.
  - 인종에 상관없이 멜라닌 세포의 숫자는 동일하다.

- 랑게르한스세포(Langerhans Cell)
  - 유극층에 분포하는 세포로 피부를 감시하고, 표피에서 2~4% 정도를 차지한다.
  - 면역담당 세포인 림프구로 전달해 면역기능에 중요한 역할을 한다.

- 머켈세포(Merkel Cell)
  - 기저층에 위치해 있고, 촉감을 감지하게 한다.

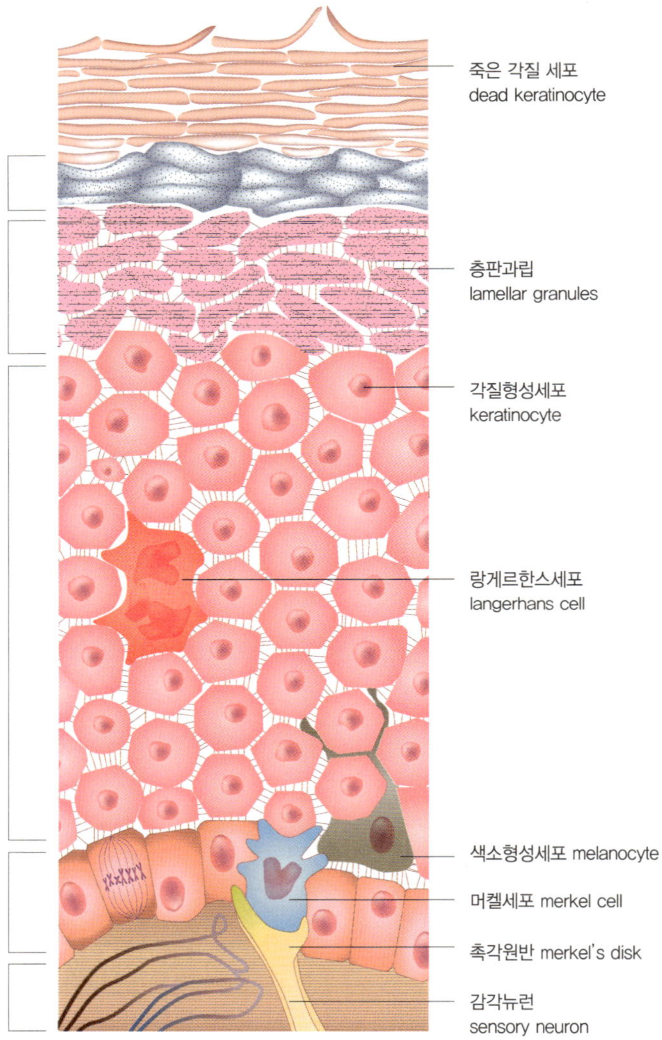
각질층
stratum corneum
투명층
stratum lucidum
과립층
stratum
granulosum
유극층
stratum spinosum
기저층
stratum basale
진피
dermis
죽은 각질 세포
dead keratinocyte
층판과립
lamellar granules
각질형성세포
keratinocyte
랑게르한스세포
langerhans cell
색소형성세포 melanocyte
머켈세포 merkel cell
촉각원반 merkel's disk
감각뉴런
sensory neuron

[그림 2-2]
표피의 구조

### ㉠ 표피를 이루는 층

• 기저층(Stratum Germir ativum=Basal layer)

- 기저층의 세포 내 각질형성세포, 색소형성세포, 머켈 세포 분열이 활발하다.
- 표피층의 가장 아래층에 구성하며 진피와 접하고 있어 유두층으로 영양공급을 받는다.
- 세포분열이 활발히 이루어지며, 약 70% 수분을 함유하고 있다.
- 진피의 모세혈관으로부터 산소와 영양을 공급받는다.

• 유극층(Stratum Spinos.ım=Spinous layer)

- 표피 가운데 가장 두꺼운 층으로 5~10층으로 이루어져 있으며, 림프액을 통해 영양분의 물질대사가 이루어진다.
- 세포표면에 가시모양으로 연결되어 있어 가시층이라고도 한다.
- 다각형의 유핵세포이며, 랑게르한스세포가 존재한다.

• 과립층(Stratum Granulosum=Granular Layer)

- 케라토하이알린 과립과 약 30% 수분을 함유하고 있다.
- 과립세포로 구성되어 있고 방추모양의 2~5층으로 구성되어 있다.
- 피부의 수분증발과 과잉수분침투를 막아주고, 피부염이나 피부건조를 방지해주는 역할을 한다.

• 투명층(Stratum lucidum=Lucid layer)

- 엘라이딘이라는 물질을 함유하고 있고, 수분의 침투를 방지, 피부윤기에 관여한다.
- 주로 손바닥과 발바닥에만 존재하고 있다.
- 생명력이 없는 무색, 무취, 무핵세포이다.

• 각질층(Stratum Corneum=Horny Layer)

- 천연보습인자를 통해 각질층의 수분을 유지하고, 세포들의 사이를 단단하게 결합해 피부를 보호한다.
- 무핵의 각질세포와 세포 간지질로 이루어진 층이다.
- 비늘처럼 얇은 조각이 겹쳐진 형태로, 15~25층으로 겹겹이 쌓인 죽은 각질세포들로 구성되어 있다.
- 표면으로 갈수록 점점 편평한 모양을 하고 있다.
- 약 10~30%의 수분을 함유하고 있으며, 10%이하가 되면 건조한 피부로 나타난다.

### ㉡ 각화과정(Keratinization)

각화과정은 연령에 따라 다르지만, 세포분열을 반복해가면서 약 28일 정도로 각화과정을 반복한다. 이는 무핵의 세포가 되기까지 14일이 걸리며, 두피를 보호하는 기능의 수행을 마치는 14일 후에 박리, 탈락이 되므로 각화과정은 총 28일 정도가 된다.

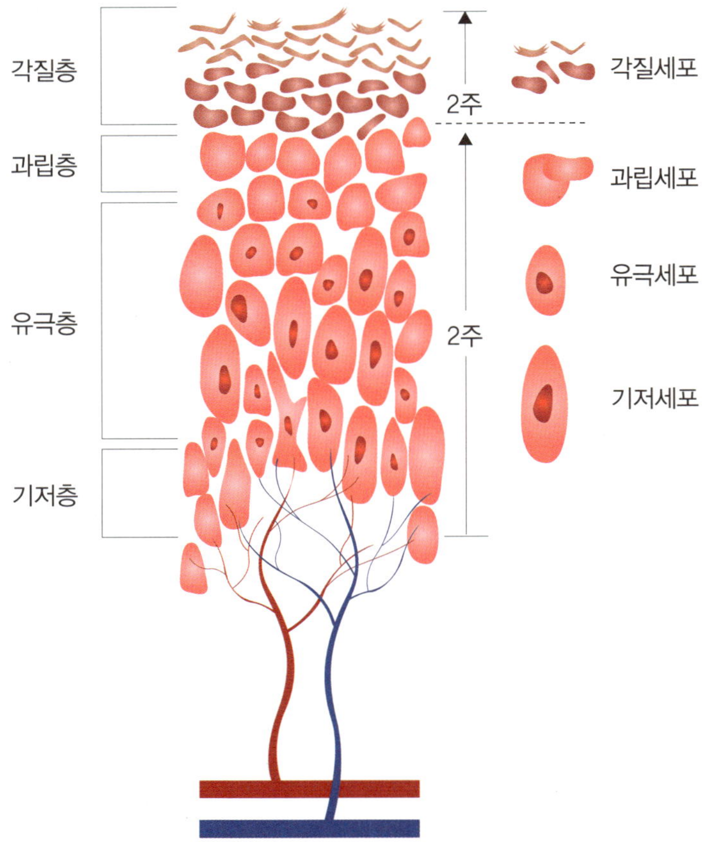


[그림 2-3]
두피의 각화과정

### ② 진피

- 진피는 촘촘한 결합조직인 섬유조직으로 구성되어 있고, 진피의 90%를 차지하며, 표피두께의 10~40배 정도가 된다.
- 모발조직, 땀샘, 피지선, 혈관, 림프관, 신경 등이 다양하게 존재하는 층이다.
- 모세혈관과 림프관이 있어 기저층에 산소와 영양분을 공급하고, 노폐물을 제거해준다.
- 진피는 유두층과 망상층의 2개층으로 나누어진다.
- 교감 신경과 부교감 신경이 존재한다.

• 유두층(Papillary Layer)
  - 진피의 상부에 위치하며, 작은 원추형 돌기로 유두모양이다.
  - 표피로부터 영양공급과 노폐물을 배출한다.
  - 피부의 팽창과 탄력에 관여하며, 수분을 다량 함유하고 있다.
  - 진피의 10~20%로 모세혈관, 신경조직, 림프관, 한선, 피지선이 분포되어 있다.
  - 촉각과 통각이 위치해 있다.

• 망상층(Reticular Layer)
  - 진피의 하부에 위치해있으며, 진피층의 대부분을 차지하고 있다.
  - 유두층과 달리 혈관이 거의 없으며 피지선, 한선, 신경 등이 분포되어 있다.
  - 콜라겐(교원섬유)과 엘라스틴(탄력섬유)이 주성분으로 이루어진 피부조직으로 그물망 모양으로 짜여져 있고 피부를 지탱해 준다.
  - 압각, 한각, 온각이 존재한다.

### ㉠ 진피의 구성물질

• 교원섬유(Collagen Fibers)
  - 진피의 90%를 차지하고, 아교질 섬유아세포에서 만들어져 있어 피부를 튼튼하게 유지해주며 유연성을 부여한다.
  - 콜라겐은 피부 형태를 유지시켜주고, 피부가 더 이상 늘어나지 않는 장력을 부여한다.
  - 한선에 수분공급과 피부 자극을 완화해주는 역할을 한다.
  - 혈액의 혈소판과 같이 작용하여 지혈작용을 한다.

• 탄력섬유(Elastic Fibers)
- 진피 성분의 2~3%를 차지는 탄성이 매우 풍부한 단백질 섬유이다.
- 피부가 굴절성과 신축성이 강해 1.5배가량 늘어나며, 원상태로 복귀할 수 있어 스프링과 같다.
- 섬유의 굵기는 1~4㎛로 콜라겐 섬유보다 가늘고 섬유아세포에 의하여 만들어진다.

### ③ 피하지방조직

• 피부조직의 최하층에 존재하고 체온유지를 담당한다.
• 여분의 지방 저장소이자 영양분과 에너지를 보관한다.
• 체온을 유지하고, 외부충격에 대한 쿠션역할을 한다.
• 남성보다 여성이 피하지방조직이 두껍고 아동에게 발달되어 있다.

### ④ 부속기관

• 손톱과 발톱
- 손톱과 발톱 밑바닥의 표피는 기저층과 유극층으로만 구성되어 있다.
- 피지선과 한선이 존재하지 않는 투명한 각질판이다.

• 땀샘(한선)
- 입술, 귀 뒤, 고막을 제외한 전신에 존재한다.
- 체온조절과 독소 배출기능이 있다.
- 에크린선(소한선)과 아포크린선(대한선)의 2종류가 있다.

ⓐ 에크린선(소한선)
- 혈액과 체온조절, 노폐물을 배출한다.
- 전신에 분포되어 있고, 땀구멍을 통해 외부에 땀을 분비한다.
- 특히 손바닥, 발바닥에 많다.
- 교감신경계의 영향을 받는다.
- 운동 시 온도에 민감하다.

ⓑ 아포크린선(대한선)

- 겨드랑이와 생식기, 유두 주변에 분포되어 있다.
- 특유의 냄새가 있고, 출생 시 전신에 분포하다 생후 5개월이 되면 퇴화해서 한정부위만 남는다.
- 분비 전은 무균, 무취, 무색이고, 분비 후는 암모니아와 유색이다.
- 감정이 변화할 때 활발하게 작용하고 성호르몬의 영향을 받는다.

• 피지선(기름샘)

- 모낭의 중간에 연결되어 있고, 모낭샘이라고도 한다.
- 손바닥과 발바닥을 제외한 전신에 분포되어 있다.
- 남성호르몬인 안드로겐의 자극에 의해 분비된다.

# 2 모발

## 1) 모발의 정의

모발이란 신체의 털을 말하는 것으로 손바닥, 발바닥, 점막과 피부의 경계부위, 귀 뒤 부위를 제외한 털이 난 부위에 따라 두발, 수염, 눈썹, 겨드랑이털, 코털 등으로 불린다. 모발은 인체중요기관과 인체축소판, 개성표현수단으로 구분할 수 있다. 인체중요기관으로는 두개골을 보호하고 배출과 감각 등을 전달하는 기능을 하고, 인체축소판은 인체질병을, 개성표현수단은 펌이나 염색, 드라이 등의 역할을 한다.

### (1) 모발의 발생

모발의 발생기는 전모아기, 모아기, 모항기, 모구성모항기, 완성모낭으로 나뉜다.

- 전모아기 : 모낭 형성 이전으로 배아층, 중간층, 주피로 나누어지고 배아층의 세포가 밀집되는 시기
- 모아기 : 배아층의 중간층 세포가 진피 속으로 함몰되는 시기
- 모항기 : 모아가 기둥모양으로 진피 내 깊숙이 형성되는 시기
- 모구성모항기 : 모낭기둥면에 피지선과 기모근 부분이 부풀어 오르고 모낭 끝이 둥근모양을 형성하는 시기
- 완성모낭 : 모발을 만들어 낼 수 있는 성숙한 모낭

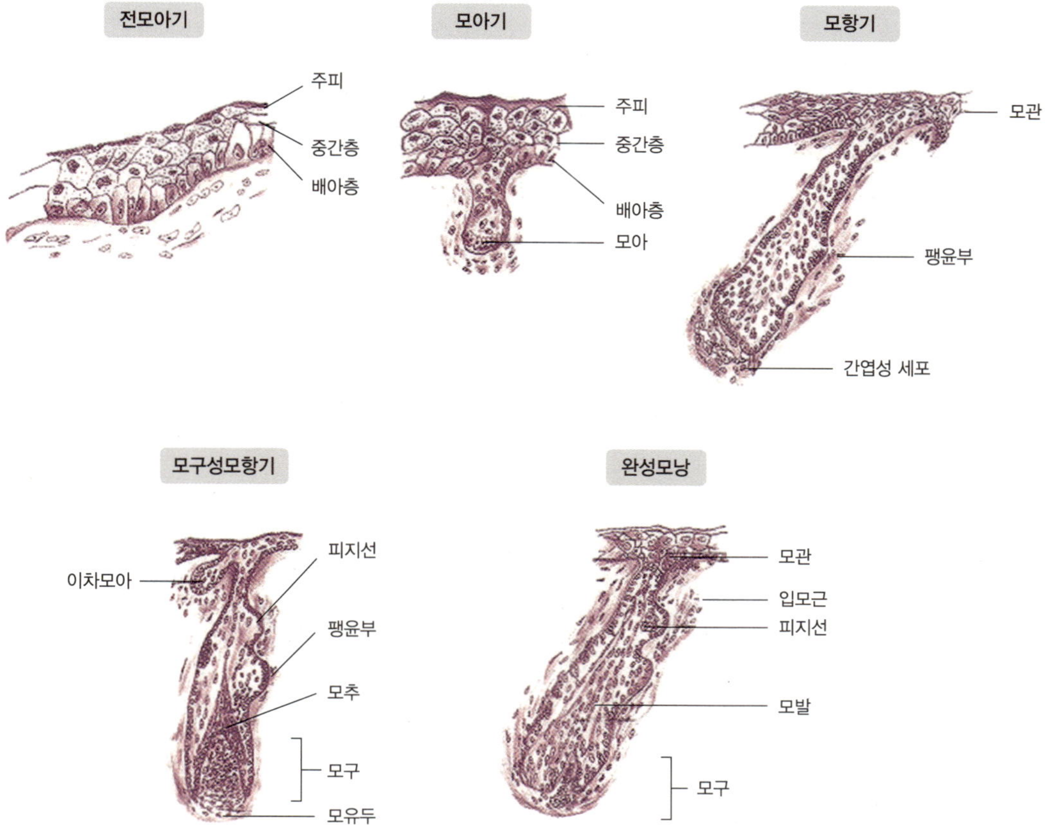


[그림 2-4]
모발 생성원리 형성과정

### (2) 모발의 분포

- 태아가 3~4개월이 되면 태아의 몸에 얇고 가는 털인 태모가 생기면서 임신 8개월째 모두 탈락한다. 9~12주에 눈썹, 윗입술, 턱에서 모낭이 발생되어 12~14주에 모발이 성장하는 모발을 취모라 하고 그 후 두꺼운 연모로 바뀐 후 태어난다.
- 모낭 내 모발은 하루에 약 0.35mm 정도, 한 달에 1cm 정도 성장한다.
- 모발의 수는 전신에 약 130~140만개가 나는데 그 중 두피모발은 약 10만개 정도이다.
- 1년 중 모발의 성장은 5, 6월에 가장 많이 자라고, 16~24세 여성에게서 성장속도가 매우 빠르다.

### (3) 모발 구조

모발은 80~90%의 케라틴 단백질, 10~15% 수분, 3%의 멜라닌 색소 그 외 1~8% 지질, 0.6~1% 미량원소로 구성되어 있다. 모발의 구조는 크게 표피 밖으로 나와 있는 모간부와 모발 안쪽의 모낭으로 싸여진 모근부로 나눌 수 있다. 모간부는 모표피, 모피질, 모수질로 구성되어 있고, 모근부는 모낭, 모구, 모유두, 모모세포, 내·외모근초, 피지선, 입모근 등으로 구성되어 있다.

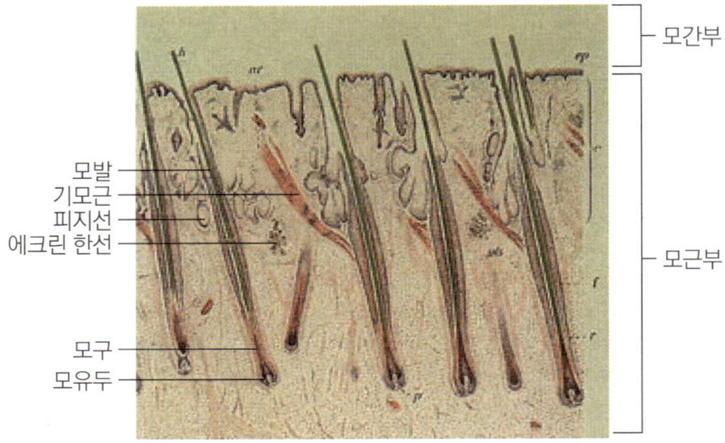


[그림 2-5]
모발 현미경 사진

#### ① 모근부(Hair Root)

##### ㉠ 모낭

- 모근을 감싸고 있는 내외층의 피막이다.
- 기모근과 연결되어 있으며 추위와 공포를 느끼게 되면 기모근이 수축되어 모가 서게 된다.
- 우리 몸에 약 500만 개의 모낭이 존재한다.

##### ㉡ 모구

- 모발이 생성되고 성장하는 곳으로 모근 아래쪽에서 전구모양 또는 양파모양의 볼록한 형태로 모유두와 연결되어 있다.
- 내모근초와 외모근초가 만들어지는 곳이다.
- 멜라닌 세포와 모기질 세포로 구성되어 있다.

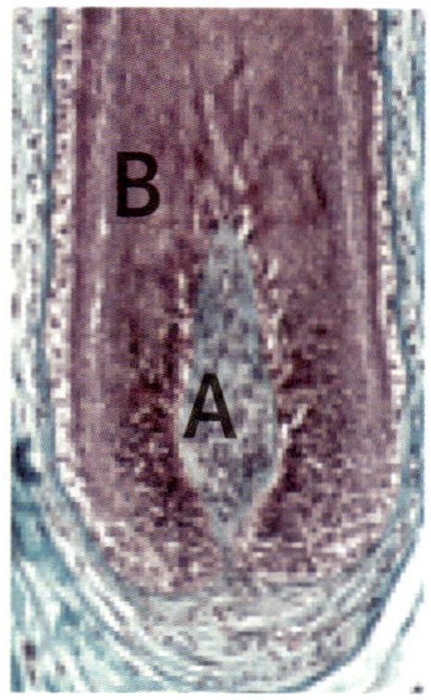

A : 모유두, B : 모기질(모모세포)

[그림 2-6]
모구 현미경 사진

㉢ 모유두

- 모기질이 감싸고 있어 세포분열이 시작되는 곳으로, 모구 아래 위치하며 진피돌기로 오목한 모양으로 생겼다.
- 모발을 성장시키는 각종 영양소와 단백질 합성효소, 호르몬, 산소를 운반한다.
- 모구의 바깥쪽에 위치해 있다.

㉣ 모모세포

- 모유두가 접한 부분에 모모세포가 모유두를 덮고 있다.
- 세포분열이 활발해서 끊임없이 분열과 증식을 되풀이 한다.
- 모발의 형상을 갖추어 성장한다.

㉤ 내외모근초

- 모낭 내의 모발을 직접 감싸고 있는 곳으로 내모근초는 표피의 각질층, 과립층, 유극층으로 구성되어있고, 외모근초는 기저층으로 구성되어 있다.
- 내모근초는 모발을 보호하며 표피까지 운반하여 각질이 되어 비듬으로 떨어진다.
- 외모근초는 기모근 근처까지만 올라간다.

ⓑ 피지선

- 남성호르몬, 황체호르몬(프로게스테론, Progesterone), 식생활, 계절, 연령, 환경, 온도, 스트레스 등에 따라 분비량이 달라진다.
- 손·발바닥을 제외한 전신에 분포되어 있다.
- 피지막의 지방은 수분증발을 억제시킨다.
- 모낭에 연결되어 피지를 분비하여 두피표면에 보습과 모발을 매끄럽게 해준다.

ⓢ 입모근

- 피지선의 아래쪽에 있으며, 추운날씨나 공포, 소름을 느끼면 털을 서게 한다.
- 입모근이 수축하면 땀의 분비가 억제되고, 이완하면 땀의 분비가 촉진된다.
- 입모근이 수축하면 털에 의해 공기층이 형성되어져 열의 발산을 차단할 수 있어 체온을 조절해준다.

## ② 모간부(Hair Shaft)

㉠ 모표피(Hair Cuticle)

- 제일 바깥층의 모발을 보호하는 역할로 모발이 손상되었다는 것은 바로 큐티클이 손상된 것을 의미한다.
- 모간부의 10~15%를 차지하는 얇고 투명한 막이 5~15겹이 생선비닐처럼 규칙적으로 여러 겹으로 겹쳐있다.
- 모발을 외부로부터 보호하고 모발의 윤기를 결정하는 역할을 한다.
- 건강모일수록 견고하고 결합되어져 있다.
- 친유성으로 물과 약품의 침투와 작용에 대한 저항력이 있다.
- 모발의 중심을 감싸고 3개의 층으로 이루어져 있는데, 모발의 바깥층부터 에피 큐티클(Epi Cuticle), 엑소 큐티클(Exo Cuticle), 엔도 큐티클(Endo Cuticle)로 구성되어 있다.

ⓐ 에피 큐티클(Epi Cuticle) = 최외표피

친유성으로 알칼리성과 같은 화학약품에 저항성이 높다.

ⓑ 엑소 큐티클(Exo Cuticle) = 외표피

에피 큐티클과 엔도 큐티클의 중간 정도의 성질로 화학약품에 대한 자극이 약하며 제일 두껍고, 시스틴 함량이 높다.

ⓒ 엔도 큐티클(Endo Cuticle) = 내표피

친수성으로 알칼리에 약하다.

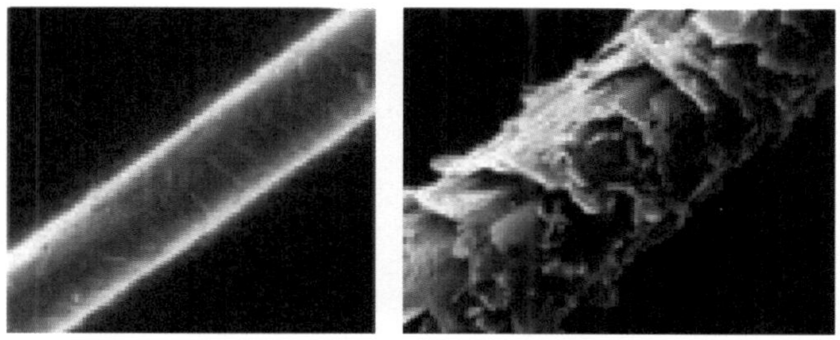

Closed cuticle
건강 모표피

Open cuticle
손상 모표피

[그림 2-7]
모표피 현미경 사진

ⓛ 모피질(Hair Cortex)

- 모수질을 감싸고 있는 가장 넓은 부위이며, 섬유조직으로 구성되어 모발의 80~90%를 차지한다.
- 큐티클과 반대로 물과 쉽게 친화하는 친수성이다.
- 결정영역인 피질세포와 비결정영역인 간충물질로 멜라닌을 함유하고 있다.
- 헤어컬러링이나 퍼머넌트 웨이브 등 화학적 시술이 이루어지는 곳이다.
- 모발의 성질인 모발의 탄력, 강도, 질감, 색상을 결정하는 중요한 부분이다.
- 유연한 케라틴으로 모발의 횡방향으로는 절단하기 어려우나 종방향으로는 쉽게 절단된다.

ⓐ 결정영역(피질세포)

- 단단한 폴리펩티드 결합이 길게 연결되어 있다.
- 피질세포 안에는 매크로 피브릴, 마이크로 피브릴, 프로토 피브릴, 폴리펩티드와 같이 점점 세분화되어져 있어 단단한 결합이라고도 한다.

ⓑ 비결정영역(간충물질)

- 피질과 피질세포 사이를 불규칙적으로 연결해주며 모발의 컬과 탄력성을 결정한다.
- 수분증발을 억제해주고 수분과 결합해 주는 다양한 역할을 한다.
- 약 49% 이상을 세라마이드 성분이 차지하고 있고, 복잡한 배열로 되어 있다.
- 유연하고 화학적 반응으로 손상받기 쉬운 곳이다.

ⓒ 모수질(Hair Medulla)

- 모수질은 모발의 중심에 해당하는 부분으로 0.09mm이상의 굵은 모발의 중심부위에만 존재한다.
- 멜라닌을 가지고 있으며, 모발에 따라 수질이 없는 것도 있다.
- 한랭지에 서식하고 있는 동물들의 모는 모수질이 약 50% 이상을 차지하고 있어 보온효과를 주고, 노폐물을 제거하는 통로이기도 하다.
- 내부가 다각형의 벌집모양을 한 빈 공간 속에 공기를 포함하고 있는 층으로 공기의 양이 많을수록 모발의 광택을 준다.
- 속이 비어있는 상태 즉, 공기구멍이라 하여 그 이름을 '공공', '공동', '공포'라고도 한다.
- 모수질은 모든 모발에 존재하는 것은 아니고, 가는 모발(연모)에는 존재하지 않으며, 굵은 모발(경모)에만 존재한다.

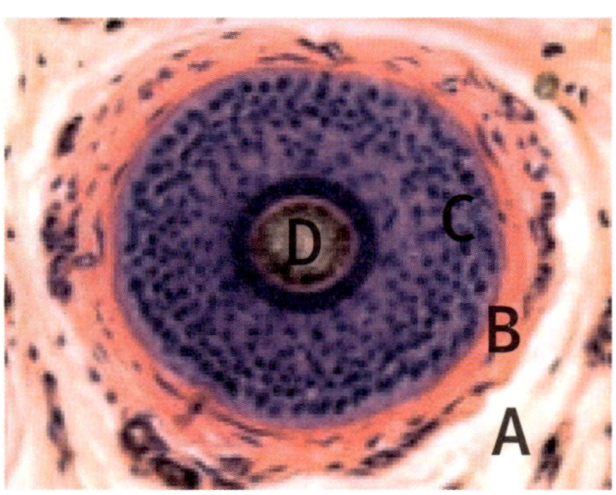

A : 진피, B : 모표피, C : 모피질, D : 모수질

[그림 2-8]
모낭의 횡단면

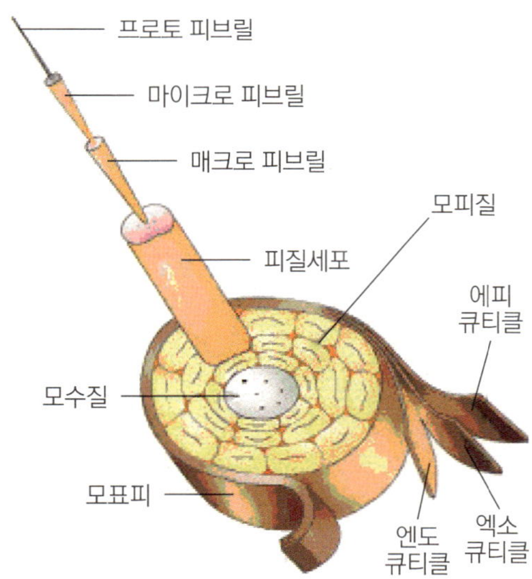


[그림 2-9]
모간 3층 구조

### (4) 모발의 일반적 특징과 기능

#### ① 모발의 종류

굵기에 따라 취모, 연모, 종모(성모)로 분류할 수 있다.

㉠ 취모(Lanugo hair)

- 배냇머리라고 부르는 취모는 태생기 때의 모발이다.
- 태아시기에 형성되고 큐티클은 미완성이다.
- 부드럽고 엷은 색의 색소가 없는 가는 모발로 출생 무렵 탈락되고, 생후 7개월 이후에 사라진다.

㉡ 연모(Vellus hair)

- 몸 대부분을 덮고 있는 섬세한 털로 연갈색 색상이다.
- 구조상 모수질이 없다.

㉢ 종모(성모, Terminal hair)

길고 굵은 털로 단단하며 모수질과 색소를 가지는 형태로 모발, 눈썹, 수염, 겨드랑이, 음모 등이 포함된다.

#### ② 모발의 형태

형태에 따라 직모, 파상모, 축모로 분류된다.

㉠ 직모(Straight hair)

- 동양인에게 주로 많은 형태로 유멜라닌의 함유율이 높다.
- 모발 단면은 둥근형이다.
- 황인종, 에스키모, 아메리카 인디언 등이 포함된다.

㉡ 파생모(Wavy hair)

- 모낭이 비스듬히 누워있고 타원형의 형태이다.
- 직모보다 굵기가 가늘고, 곱슬이 특징이다.
- 탄력이 있어 풍성하고 다양한 헤어스타일을 연출할 수 있다.
- 백인, 인도네시아인, 에티오피아인 등에서 볼 수 있다.

㉢ 축모(Curly hair)

- 매우 작게 오그라진 모발로 탄력이 강해 스타일링이 매우 어렵다.
- 모공이 튼튼해서 탈모에 강한 장점이 있다.
- 직모와 축모의 중간 정도의 타원형이다.
- 아프리카 흑인종, 코이산인종, 파푸아제족 등이 해당된다.

[그림 2-10]
형태에 따른 모발

### ③ 모류에 따른 분류

㉠ 홀(Whorl)

크라운 부분에 원형의 모양을 형성하는 것으로 일명 '가마'를 말한다.

㉡ 카우릭(Cowlick)

이마 앞부분에 뻗쳐 있는 형태로 '제비초리', '소 핥은머리'라고도 한다.

### (5) 모발의 기능

#### ① 보호 기능

- 태양광선과 한랭, 마찰, 먼지 등 외부자극으로 부터 보호한다.
- 모발이 일종의 쿠션을 역할을 하여 외부의 충격을 완화해 준다.
- 모발 사이사이 공기층을 형성하여 머리 온도를 일정하게 유지해준다.

#### ② 배출 기능

- 각종 중금속과 유해물질을 체외로 배출한다.
- 모발의 미네랄의 함유량과 중금속 수치를 파악하여 건강상태를 알 수 있다.

#### ③ 장식 기능

- 원활한 사회생활과 사회적 지위, 자기만족감을 위해 모발에 장식을 하여 호감형의 이미지로 변화하고자 한다.

#### ④ 감각전달 기능

- 모발은 감각기능이 있어 자그마한 자극이 있어도 감지하여 반응할 수 있다.

#### ⑤ 모발 주기에 따른 분류

- 모자이크 타입(Mosaic Type)
  - 독립적인 모주기를 가지고 있다.
  - 사람의 모주기에서 볼 수 있다.

- 신크로니스틱 타입(Synchronistic Type)
  - 모주기가 모두 같아서 털이 동시에 빠지는 형태이다.
  - 동물의 털갈이에서 볼 수 있다.

## 2) 모발의 성장주기

### (1) 성장기(Anagen)

- 모구로에서 모낭으로 밀려 깊은 부분까지 이르면 모모세포가 활발하게 분열하여 휴지기 머리카락을 밀어내고 새로운 머리카락을 생산한다.
- 성장기의 기간은 평균적으로 남성은 3~5년, 여성은 4~6년으로, 전체 모발의 대부분인 약 80~90%를 차지한다.
- 성장 시기는 음식, 유전, 호르몬, 연령, 질병의 유무, 성별 등에 따라 변화할 수 있다.
- 모발길이와 굵기를 좌우하고 멜라닌이 형성되는 시기이다.

### (2) 퇴행기(Catagen)

- 성장기가 지나면 모모세포가 분열을 멈추게 되는데 이를 퇴행기라고 한다.
- 모구에 수축현상이 일어나 모낭의 성장 활동이 정지되고 급속도로 위축되는 시기이다.
- 퇴행기의 수명은 1~2개월 정도이며, 털의 성장이 완전히 정지되고 휴면 상태로 들어간다.
- 전체 머리카락 중 약 1% 정도가 퇴행기이다.

### (3) 휴지기(Talogen)

- 모낭과 모유두가 완전히 분리되어 모낭이 위축되면서 모발이 탈락하는 시기이다.
- 강한 브러싱, 샴푸나 빗질에 의한 마찰에 의해 차츰 빠지게 된다.
- 시기는 약 3~5개월 정도 지속되는데 전체 모발의 약 5~15% 정도가 해당된다.

### (4) 발생기

- 모유두가 모구부와 결합하여 다시 왕성한 세포분열에 들어가는 시기이다.
- 모발은 성장기, 퇴화기, 휴지기, 발생기를 약 10~15회를 반복하나 탈모인 경우는 이러한 사이클을 반복하면서 재성장기가 이루어지지 않는다.

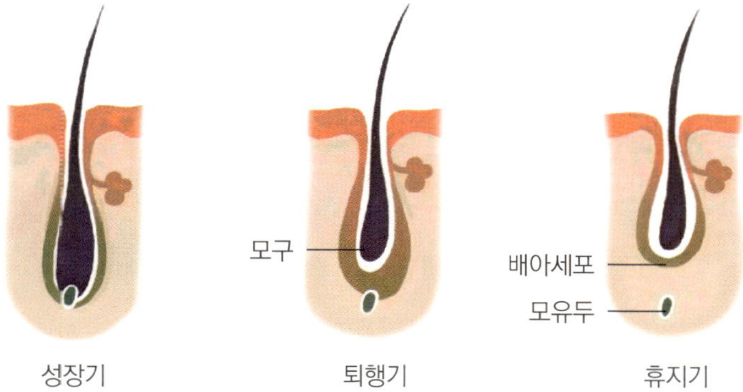


[그림 2-11]
모발의 성장주기

## 3) 모발성장에 영향을 주는 요인

### (1) 혈액순환의 장애

서구화된 식생활, 인스턴트 식품의 증가, 고칼로리 음식은 각종 성인병의 원인이 되는데 이로 인해 혈액이 탁해지고 순환이 원활하지 않아 영양분이 모유두까지 전달되지 못해 결국 모발이 가늘어지고, 탈모가 진행된다. 또한 미네랄, 아미노산, 비타민 등 영양분의 공급이 부족해서 탈모의 원인이 된다.

### (2) 모유두의 기능의 정지 또는 쇠퇴

화학적 요인으로는 퍼머, 탈색, 염색, 스타일링제 등의 각종 미용시술 시 제품의 화학성분에 의해 모유듀가 손상을 입을 수 있다. 물리적 요인으로는 장시간 강하게 머리를 묶거나 자극에 의해서 모유두와 맞물림이 약해져 모발성장에 영향을 줄 수 있다.

### (3) 스트레스

의식적과 무의식적인 긴장, 불안감 등으로 우리 몸은 스트레스를 받게 되면 교감신경은 활발히 작용한다. 교감신경은 혈관을 수축시키는 작용에 관여하여 결국 탈모로 이어질 수 있다. 원형탈모나 모발의 발생과 성장에 영향을 미친다.

#### (4) 다이어트

무리한 식단의 다이어트는 단백질이 부족하여 모발의 윤기가 없어지고, 다양한 질병에 의해 모발의 성장에 장애를 초래할 수 있다. 영양을 고려하지 않은 다이어트는 삼가야 한다.

#### (5) 화학약제 사용

현대인들은 외모에 대한 관심이 증가하면서 헤어스타일에 변화를 주고자 염색, 탈색, 퍼머넌트 등을 위해 화학약제를 사용하게 되는데 이는 모발 손상을 입는 원인이다.

### 4) 모발 색

#### (1) 유멜라닌(Eumelnin)

- 적갈색이나 검은색을 나타내는 색상이다.
- 흑인, 동양인의 모발색이고, 서양인에 비해 분자가 크다.
- 동양인이 시스틴 함량이 높아 서양인에 비해 퍼머넌트가 잘 나온다.

#### (2) 페오멜라닌(Pheomelnin)

- 노란색과 빨간색이 주로 많으며, 서양인에게 존재한다.
- 입자는 작은 분사형으로 탈색 1회만으로도 모발의 컬러가 밝게 나온다.
- 타원형으로 움푹 들어가 있는 형태이다.

## 5) 모발의 구성성분

모발은 케라틴, 수분, 지질, 멜라닌 색소, 미량원소 등으로 구성되어 있다.

### (1) 케라틴(80~90%)

모발은 황을 포함하는 섬유성 단백질을 주성분으로 모발을 태우면 고약한 냄새가 나는 것은 바로 이 케라틴 때문이다. 머리카락의 주성분은 케라틴 단백질이고, 케라틴은 18종류의 아미노산으로 구성되어 있으며 그 중 시스틴의 함량이 16%로 가장 많다.

### (2) 수분(10~15%)

정상 모발의 수분 함유량은 10~15%이며, 샴푸하는 과정에서 수분이 흡수되면 30~35%까지 함유하게 된다. 수분 함유량이 10% 이하이면 모발은 건조하며 광택이나 유연감이 떨어져 수분 함유량은 모발 손상도의 기준이 된다.

### (3) 지질(1~8%)

지질은 피지선에서 분비된 피지와 피질세포가 가지고 있는 지질로 구분되며, 모발 표면에 부착된 피지량이 많을수록 유성모발, 적을수록 건성모발이 된다.

### (4) 멜라닌 색소(3% 이하)

모발의 색은 모구 부위의 멜라노사이트에서 만들어지는 멜라닌에 의해 결정된다. 멜라닌 색소는 두 종류인 유멜라닌과 페오멜라닌의 분포량에 따라 좌우되며, 유멜라닌의 양은 흑인종이 가장 많고 백인종이 가장 적다.

### (5) 미량원소(0.6~1%)

모발에서 검출되는 30여종의 미량원소 중에 필수 미네랄을 비롯한 수은, 납 등의 유독성 원소 등 비금속 성분으로 구성된다.

## 6) 모발의 손상

### (1) 모발손상의 원인

① 생리적 요인: 유전, 스트레스, 호르몬, 영양부족, 다이어트
② 화학적 요인: 펌, 스타일링제, 염색, 탈색
③ 물리적 요인: 블로 드라이, 아이롱, 세팅, 마찰
④ 환경적 요인: 해수, 건조, 대기오염
⑤ 자외선 요인: 적외선, 자외선

## 7) 모발손상의 분류

### (1) 자외선에 의한 손상

장시간의 자외선 노출은 모발의 단백질 결합을 파괴해 머리카락의 강도나 탄력을 저하시키고, 수분을 증발시켜 푸석푸석한 모발 손상의 직접적인 원인으로 작용한다.

### (2) 마찰에 의한 손상

잦은 샴푸나 타월 드라이, 빗질 등에 의한 마찰로 모표피층이 손상을 입게 된다.

### (3) 퍼머넌트에 의한 손상

과도한 시술시간과 와인딩, 강한 텐션은 시스틴 결합이 끊어져서 모발이 손상된다.

### (4) 열기구에 의한 손상

블로 드라이어, 전기 아이롱 사용 등 열을 발생시켜 케라틴 단백질의 변성이 일어나고, 모발이 건조하게 되어 손상이 쉽게 일어난다.

### (5) 오염에 의한 손상

공장의 매연, 자동차의 배기가스에 함유된 유황산화합물이나 질소산화물에 의한 화학적 손상과 대기 중 먼지 등에 의한 모표피의 물리적 손상에 의해 모발이 손상될 수 있다.

### (6) 식생활에 의한 손상

다이어트나 편식으로 인한 영양분의 결핍으로 모발은 손상되고 기능이 약화될 수 있다. 아미노산이 함유된 단백질을 균형 있게 섭취하고, 비타민(A, E)과 미네랄(철, 아연, 요오드), 칼슘을 다량 함유한 식품 섭취로 모발의 성장과 재생을 촉진시킬 수 있다.

# 3 골격

## 1) 두개골

두개골은 뇌를 둘러싼 부분으로 6종류의 뼈가 8개로 이뤄져 있다.

- 전두골(이마뼈)은 머리 앞부분의 뼈로, 이마를 형성하는 뼈로 안와의 천정을 구성한다.
- 두정골(마루뼈)은 뇌가 들어있는 뇌 두개의 뒤쪽을 덮고 있는 좌·우 한 쌍의 사각형의 편평한 뼈로 주변의 5개 뼈들과 관절을 형성한다. 두정골 사이의 봉합을 시상봉합이라 하고, 가장 많이 튀어나온 부분을 두정결절이라고 한다.
- 측두골(관자뼈)은 아래턱을 닫고 이를 악무는 작용을 하고, 흉쇄유돌근을 통해 흉추와 경추에 영향을 준다.
- 접형골(나비뼈)은 머리 양쪽에 걸쳐 있는 나비 모양의 뼈로 접형동이 위치해 있고, 나비뼈 위쪽에는 뇌하수체가 들어 있는 뇌하수체오목(Hypophyseal fossa)이 자리하고 있다. 관자뼈 앞쪽에 위치해 있어 2개처럼 보이지만 실제로는 좌우가 연결된 하나의 뼈이다.
- 후두골(뒤통수뼈)은 후두부와 두개저의 후부를 만드는 부채모양의 큰 뼈이며 내면으로 오목하다. 머리뼈의 뒤 아랫 부위를 이루는 뼈로 접형골, 측두골 및 두정골과 결합하고 있다.
- 사골(벌집뼈)은 두개골을 이루는 뼈들 중 하나로, 두개골의 가장자리에 위치하고 있다. 두 눈 사이와 코 윗부분에 경계가 되는 복잡하게 생긴 입방형 뼈로 많은 구멍이 나 있어 후신경이 지나고 있으며, 가볍고 함기성이 강한 8개골 가운데 하나이다.

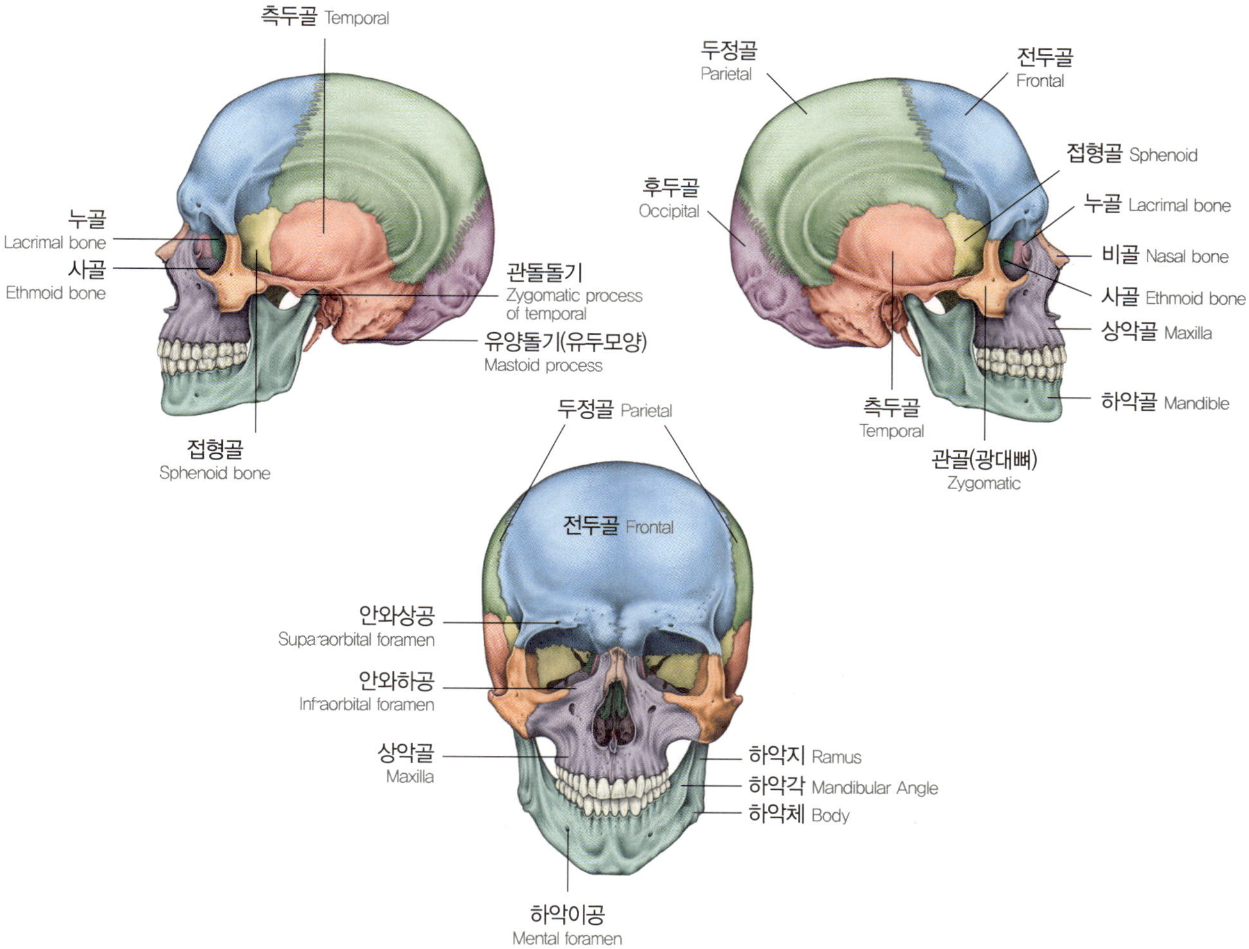


[그림 2-12]
두부의 골격과 접형골

## 2) 두부 근육

두부의 근육은 얼굴의 근육인 피부와 연결된 표정 변화를 일으키는 안면근(표정근)과 음식을 씹을 때 사용되는 저작근으로 분류된다.

### (1) 안면근(Facial muscles)

#### ① 전두근(Frontal)

전두골을 덮은 편평한 근육으로 두개골의 건막부터 눈썹까지 연결되어 있다. 이마 주름과 눈썹이 올라가는 근육이다.

#### ② 안륜근(Orbicularis oculi)

눈을 둘러싸고 있는 괄약근으로 눈의 크기조절을 하고 깜빡거리고 사시가 되는데 영향을 준다.

#### ③ 구륜근(Mimische)

입을 둘러싸고 있는 괄약근으로 입을 여닫고, 입술이 오므릴 수 있게 하는 역할의 근육이다.

#### ④ 협근(Buccinator)

휘파람을 불 때, 음식물을 씹을 때 사용되고 구륜근 내로 삽입되는 근육이다.

#### ⑤ 관골근(Zygomaticus)

구각에서 광대뼈까지 연결되어 있고, 미소를 지을 때 사용되는 근육이다.

### (2) 저작근(Masticatory muscle)

#### ① 교근(Masseter)

측두골의 관골돌기에서 하악골까지 연결되는 근육으로 수축 시 턱을 다물게 한다.

#### ② 측두근(Temporalis)

측두골에서 하악골까지 연결되어 있는 부채모양의 근육으로 다른 저작근과 함께 작용한다.

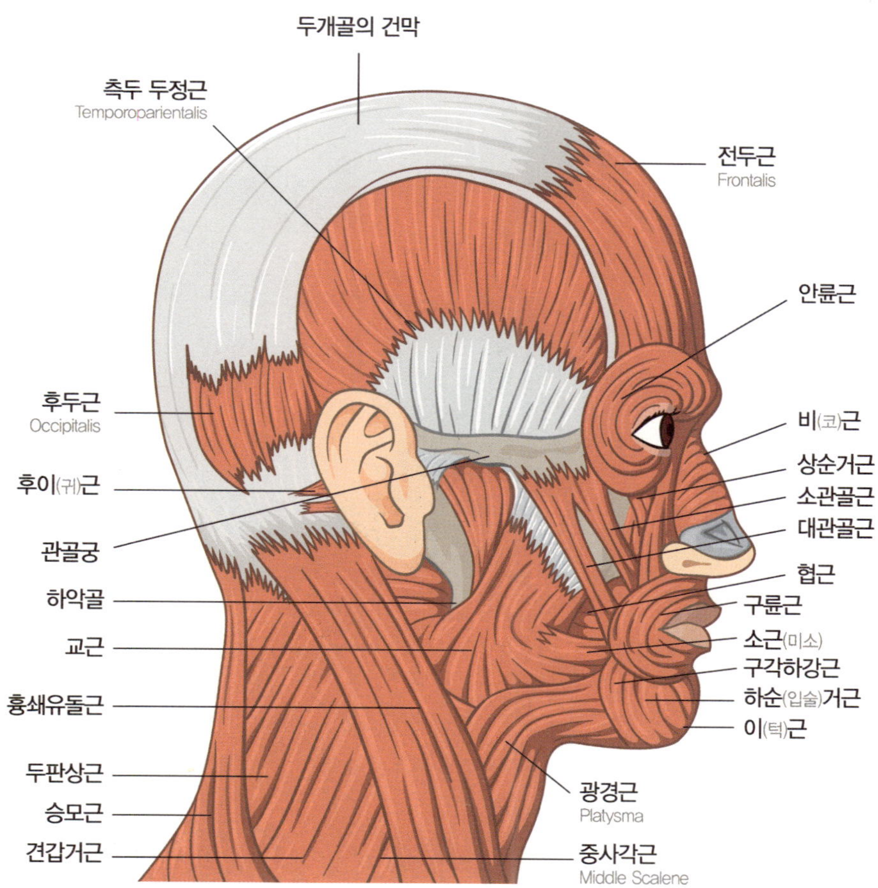


[그림 2-13]
두부 근육들

# Chapter 03

## 두피 탈모 관리

1. 두피 및 모발 유형별 특징
2. 두피 및 모발을 위한 영양 및 중금속

# 1 두피 및 모발 유형별 특징

## 1) 두피 및 모발 진단법

### (1) 견인 검사

견인 검사는 모발을 당겨서 빠지는 양에 따라 탈모의 정도를 파악하는 검사 방법이며, 10개 정도 머리카락을 당겨서 5개 이상 빠지는 경우 휴지기 모발의 양이 증가함에 따라 탈모로 판단할 수 있고 모발 손상도도 확인할 수 있다.

### (2) 선진단

선진단은 견진법, 문진법, 촉진법을 포함하는 검사이며, 견진법은 육안으로 두피의 색상, 염증 유무, 각질상태, 피지분비량 등을 확인하고 탈모정도를 확인할 수 있는 진단 방법이다. 문진법은 고객이 직접 작성한 문진차트를 중심으로 고객과 질의하는 방법이다. 촉진법은 손끝으로 직접 고객의 두피와 모발을 만져서 촉감으로 피지, 땀과 염증 등의 상태를 파악하는 것이다.

### (3) 모주기 검사(휴지기 탈모 검사)

모주기 검사를 통해 현재 모발이 정상적인 진행 여부를 파악하여 탈모 진행 상태를 객관적으로 판단할 수 있는 진단 방법이다. 모주기 검사 방법은 일정한 두피 구역을 정해놓고, 그 부위의 모발을 두피에 최대한 두피와 가깝게 자르고 3~5일 후 정상적으로 성장하는 모발과 성장하지 않는 모발의 비율을 살펴보는 검사이다. 성장하지 않는 부위가 휴지기 모발이라 휴지기 탈모 검사라고 한다.

### (4) 두피 모발 정밀 진단기(Scalp Hair Microscope)

두피 진단기를 이용하여 두피의 손상 여부, 염증, 피지량, 각질과 비듬, 모공 상태, 모발 밀집도, 모발 굵기, 모발 손상도 등을 정밀하고 과학적으로 진단한다. 일반적으로 렌즈 배율에 따라 진단 부위가 달라지며 1배율, 60배율, 150배율로 각각 나눠진다.

## 2) 두피 유형과 이상증상

### (1) 일반적 두피 유형

#### ① 정상두피

정상적인 두피는 수분과 유분, 각질이 정상범위 수치에 있으며, 한 모공에 2~3개의 이상의 건강한 모발이 자란다. 일정한 모공의 간격을 유지한 상태로 빈 모공이 거의 없다. 색은 유백색의 청색이고, 각질이 이상박리 되지 않고 혈액순환과 산소공급이 원활하다.

[그림 3-1]
정상두피

#### ② 건성두피

건성두피는 유분과 수분이 부족하고 각질 재생주기의 이상으로 각질 박리가 원활하지 못하여 두피에 메마른 각질이 보인다.

피부 재생주기 이상으로 각질이 박리되지 못하여 두피에 메마른 형태인 각질로 나타난다. 또한, 천연보습인자(Natural Moisturizing Factor, NMF)와 아미노산의 혼합물이 선천적으로 부족하여 수분 보유력이 저하되거나 피지선의 기능저하로 인해 수분이 증발한다. 두피에 유분이 없어 메마른 상태로 지속되며 피지량이 부족하여 당김 현상, 가려움증을 호소할 뿐 아니라 외부 환경에 쉽게 노출되는 특징이 있다.

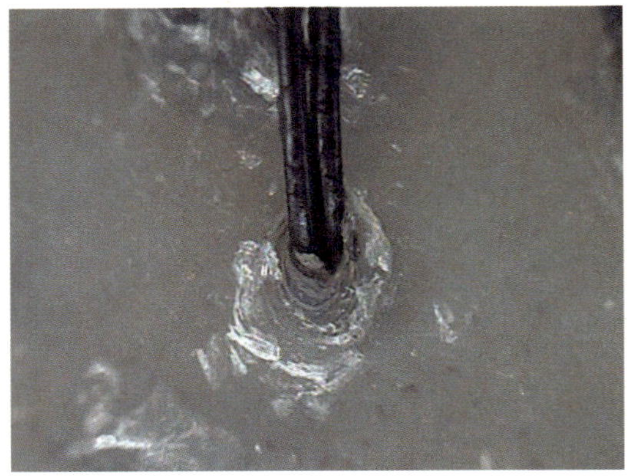

[그림 3-2]
건성두피, 건성모공

### ③ 지성 두피

지성 두피는 모공 주위에 피지와 각질이 엉켜있고, 과다한 피지 분비로 표면이 번들거리고 끈적이며 모공이 막혀 있다. 비듬형태로 피지분비 증가, 과다각질화, 여드름균, 염증화로도 여드름이 발생할 수 있다. 모공 주변은 피지와 각질이 엉켜 비듬이 모공을 막고 있으며 세균에 대한 보호 기능이 저하되어 있어, 염증, 악취, 가려움증이 발생한다. 청결하지 않는 샴푸법이나 환경오염, 생활 습관 등의 외부적 요인이나 선천적 또는 후천적(스트레스 등)으로 인한 남성호르몬 과다분비가 원인이며, 여성의 생리주기 및 임신에 따른 호르몬 변화에 의해서도 발생한다.

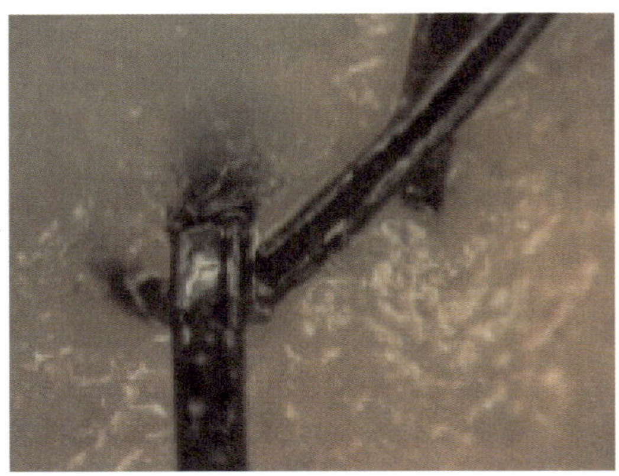

[그림 3-3]
지성두피

### (2) 문제성 두피 및 특징

#### ① 민감성 두피

민감한 두피는 모세혈관 확장이 많이 발생하며, 두피가 붉고 약한 자극에도 통증을 호소하기도 하는데, 승모근과 그 주변 근육이 많이 경직되어 있는 것을 확인할 수 있다. 또한 따갑거나 간지러움 증이 발생하고 심할 경우 진물이 생길 수도 있다. 두피가 얇아서 생기는 선천적인 요인과 심한 스트레스, 수면 부족, 약물 과용 잦은 화학제품을 이용한 펌이나 염색, 탈색 등에 의해 후천적으로 발생한다. 두피 표면이 얇아져서 세균감염으로 인해 염증이 생기고, 모세혈관 확장증이 동반된다.

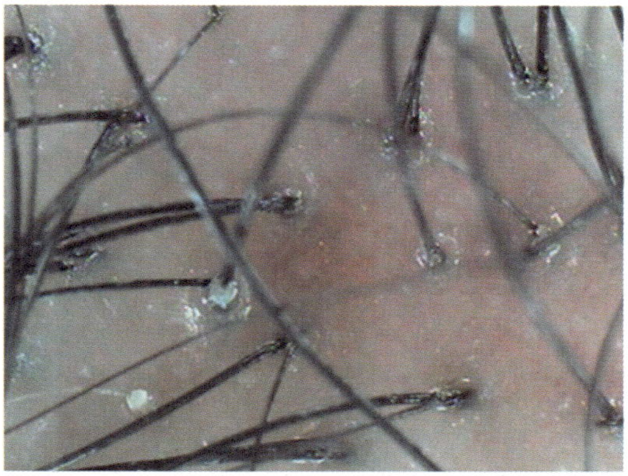

[그림 3-4]
민감(홍반)성 두피

#### ② 지루성 두피염

지루성 두피염은 일교차가 심한 환절기에 흔히 볼 수 있는 질환으로, 피지선의 활동이 증가되어 만성 염증으로 주로 각질, 가려움증 등 다양한 증상을 동시에 수반한다. 두피에 고름이 차올라 염증이 발생하고 심지어 영구탈모까지 생기는 경우도 있고, 한 번 발생하면 재발이 잦아 만성화되기 쉽다. 두피 뿐만이 아닌 눈썹, 코, 입술주위, 겨드랑이, 가슴 서혜부 등 다른 피부조직에서도 발생하는 질환이다. 인체 면역력에 문제가 생겨 발생하는 일종의 면역질환의 질병이다.

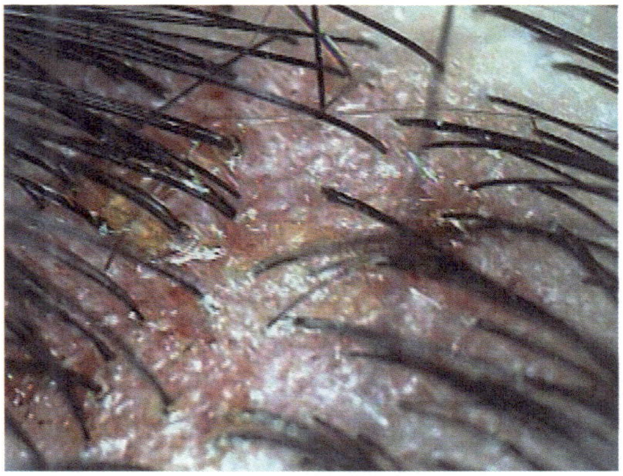

[그림 3-5]
지루성 두피염

### ③ 건선 두피

건선은 대표적인 자가면역질환으로 만성 염증성 피부질환으로 은백색의 비늘로 덮여있고 경계가 뚜렷하며 크기가 다양한 붉은색의 구진 등이 반복적으로 나타난다. 건선에서 나타나는 두터운 각질은 두피 각질이 탈락하기 전 새로운 각질세포가 계속 증식되면서 각질이 쌓여 떡진 비듬 같은 현상을 보인다.

과다한 증식과 염증이 원인으로 면역세포인 T세포의 활동성 증가를 들 수 있다. 과다한 면역물질 분비로 면역 물질이 피부의 각질세포를 자극하여 각질세포의 과다한 증식과 염증을 일으키는 것으로 밝혀지고 있다. 외내부적 요인으로는 과도한 스트레스, 수면 장애, 유전적인 요인, 피부의 과도한 습관적 자극과 건조증에 의해서도 악화된다.

[그림 3-6]
건선 각질

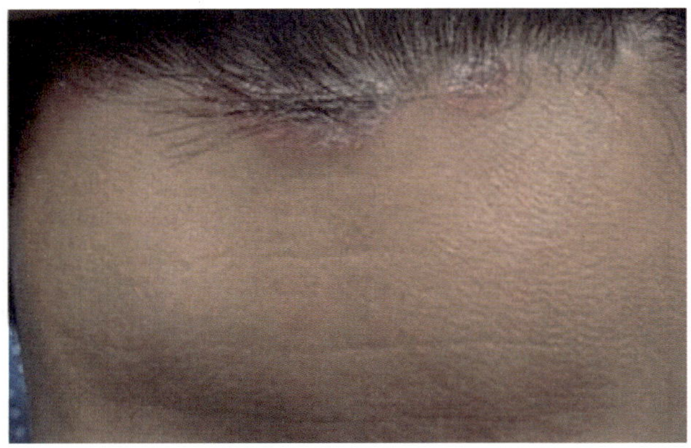

[그림 3-7]
건선 전이

### ④ 천포창 두피

천포창은 50~60세 중·장년층에서 자주 발생하고 피부 또는 점막에 물집이 발생하는 만성 수포성 질환이다. 발생 부위는 점막, 두피, 겨드랑이, 서혜부, 목 등에 발생하며 형태에 따라 일반 천포창, 증식성 천포창, 낙엽상 천포창, 홍반성 천포창, 약물 유발성 천포창, 가족성 양성 천포창 등으로 분류된다. 두피에 천포창이 발생할 경우 수포를 제거하거나 자극은 금하며 진정관리와 함께 심신을 편하게 관리해야 한다. 수포의 형태는 다양하지만 관련 치료가 늦어지거나 받지 않을 경우 심각한 합병증 유발로 인해 생명이 위험할 수도 있다. 장기의 기능저하, 면역체계의 문제로 발생하는 자가면역질환 중 일종이다.

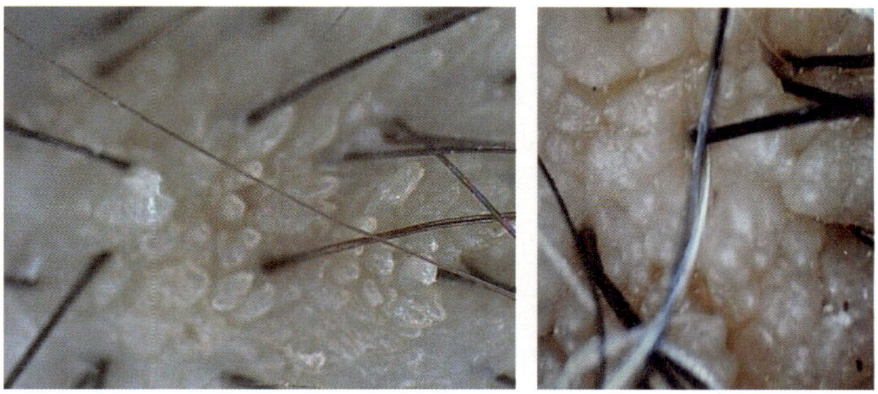

[그림 3-8]
두피 천포창

### ⑤ 염증성 두피

과다피지 분비되는 지성 두피가 악화되어 화농성 여드름 증상인 구진, 농포, 결절같은 염증 반응이 두피에 나타나는 만성 염증 질환이다. 2차 성장이 나타날 시기에 남성호르몬이 과잉되어 피지선의 분비가 왕성해져 과다 피지 분비가 된다. 외부 스트레스를 받게 되면 안드로겐이 분비되어 발생된 과다 피지에 의해서 나타난다. 두피에 전체 또는 부분적으로만 나타나며 긁으면 아프고 흉터를 남긴다. 원인으로는 불면역학적 완전하고 미숙한 각질화를 일으켜 발생된다.

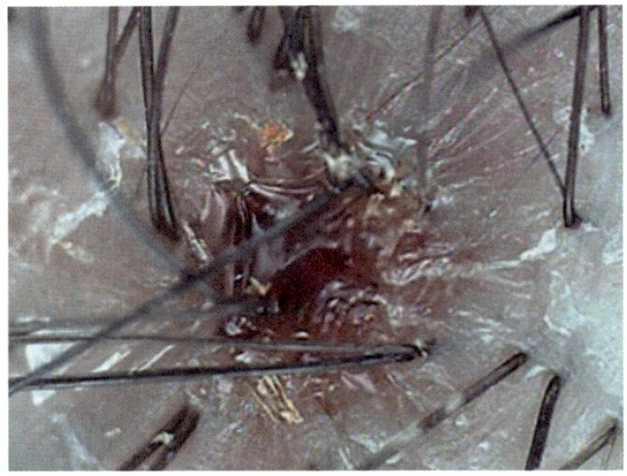

[그림 3-9]
염증성 두피

여드름균(Propionibacterium acnes)은 모낭 내에 상주하는 균 중 하나로 모낭 자극과 반응이 여드름의 염증을 일으킨다. 닫힌 면포(화이트 헤드)가 발생하여 장기간 방치될 시 염증이 발생하여 심할 경우 구진(뾰루지), 농포, 결절, 낭종 등이 형성된다.

### ⑥ 두부 백선

두부백선은 두피와 모낭에 피부사상균 감염으로 발생한다. 모발이 부스러지거나 끊어지고 두꺼운 각질이 두피에 발생하는 것이 특징이다. 두피 이외에 피부와 조갑 등에도 발생될 수 있다. 마이크로스포롬(Microsporum)과 트리코파이톤(Trichophyton)의 백선균에 의해 감염되며 애완동물(개, 고양이 등)의 접촉으로 인한 감염 또는 균의 종류에 따라 사람들 간의 신체 접촉으로 전염되기도 한다.

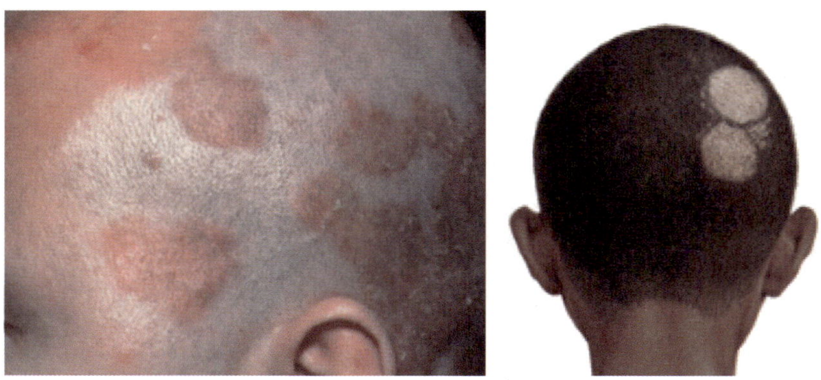

[그림 3-10]
두부백선

## 3) 모발 유형과 이상 증상

### (1) 일반적인 모발 유형

#### ① 정상 모발

정상 모발은 모발 가수 분포도가 고루 있어야 정상적으로 탄력있는 건강한 두피라고 할 수 있다. 모공에 불순물이 없이 깨끗한 상태로 열려있고, 두피 전체가 촉촉하고 우유빛으로 투명하다. 모표피가 두껍고 큐티클이 매끄럽게 정돈된 형태로 유분이 적절하여 모발에 윤기가 흐른다.

[그림 3-11]
정상모

#### ② 건성 모발

건성모발은 머리를 자주 샴푸하지 않아도 유분이 잘 생기지 않고 모발이 윤기가 없이 푸석푸석하다. 건성 타입의 모발은 매일 머리를 감을 경우, 두피가 더욱 건조해질 수 있으니 주 2~3회 정도가 적당하고, 샴푸 후 머리 끝 부분에 트리트먼트제를 도포해주어 영양과 수분을 보충해준다. 모표피가 약하기 때문에 모발의 고착력과 강도가 정상모발보다 약하고, 질감도 부드럽기보다는 거칠다. 유분과 수분이 부족하여 모발의 탄력성이 부족하고 손상되기가 쉽다. 스트레스, 과한 화학처리, 자외선 노출, 열처리 등에 의해서 색소 분해가 쉽게 일어나서 장시간의 자외선 노출로 모발색이 연해질 수 있다. 단백질이 부족한 경우도 필수 지방산 결핍으로 모발이 건조하고 예민해질 수 있다.

### ③ 민감성 모발

민감성 두피는 지나친 스트레스, 수면 부족 등으로 인해 각질 형성 주기가 비정상적으로 짧아지고 표피의 방어벽이 무너져서 나타나는데 외부자극에 즉각적으로 반응해 경미한 자극에도 두피가 붉게 달아오르고 통증이 생기기도 한다. 두피 자체에도 힘이 약해진 상태이기 때문에 영양분이 충분히 공급되지 않으면 정상적인 모발이 자라기 어렵다.

### ④ 지성모발

지성모발은 부적절한 식생활이나 스트레스 등으로 지성피부와 마찬가지로 두피에 있는 피지분비량이 과다 활동하여 끈적이고 기름진 모발이다. 각질, 비듬, 먼지 등 각종 오염물질이 두피에 쌓이면 세균 번식이 쉬운 환경으로 바뀌면서 미세먼지나 오염물 등이 달라붙기 쉽기 때문에 두피 피지분비를 조절하고 청결하게 관리해야 한다. 관리를 소홀하게 하면 모공 안에 염증이 일어나 지루성 모발로 발전하는 것이다. 세정력이 강한 샴푸로 머리를 자주 감으면 모발이 본래 가지고 있는 유분을 제거하여 더 많은 피지가 생성될 수 있으니 주의해야 한다.

## (2) 문제성 모발 유형

### ① 건조한 모발

건조한 모발은 유분과 수분이 부족해 푸석푸석하면서 윤기가 없고 거친 편이다. 모발에 영양공급이 원활하지 못하거나 잦은 화학시술로 인해 모표피와 모피질의 손상으로 건조한 모발이 된다. 건조한 모발은 모표피의 노화 현상과 더해져 심한 건조함과 함께 다른 모발 질환의 원인이 된다.

### ② 결절성 열모증

모간의 간격이 불규칙하게 작은 백색 결절들이 있으며, 결절들이 부러져서 갈라진 모양의 머리 형태이다. 결절성 열모증은 두피의 모발뿐만이 아닌 겨드랑이, 음모, 수염, 액와부, 가슴 등에도 나타날 수 있으며 선천적 요인인 경우는 전신모발에서 나타난다. 요인들로는 정신질환, 심한 피부질환에 의해 발생하나 구체적인 요인들을 분류하면 아래와 같다.

• 물리적 요인 : 잘못된 미용도구 사용, 강한 마찰, 열에 의한 손상 등
• 화학적 요인 : 화학시술(펌, 염색, 탈색 등), 강한 알칼리성 샴푸
• 환경적 요인 : 강한 자외선, 기후, 바닷물, 바람 등

### ③ 다공성모

모발에 촘촘하게 붙어있던 단백질 조직이 강한 자외선, 화학 시술 등 다양한 원인으로 케라틴 단백질이 손상되면서 펩타이드 결합과 측쇄결합이 끊어지게 되면서 미세하고 여러 개의 구멍이 생기는 것을 모발을 다공성모라고 한다.

### ④ 모상원주

모근을 감싸고 있는 모근초가 각화되어 모근에 부착한 채 모발의 성장과 함께 모발에 모근초의 세포군으로 모구벽의 각질세포가 벗겨져 붙어 하얀 결절형태로 보이는 것으로 주로 모발을 강하게 당기거나 헤어스타일링을 할 때 현상적으로 나타난다. 모상원주는 고정되어 있지 않고 수동으로 이동하기도 한다. 즉, 모발에 흰 것이 묻어있는 것처럼 보여서 이 흰 것을 손가락으로 강하게 잡아당기면 제거되기도 한다.

### ⑤ 백륜모

정확한 선천적 원인이 밝혀지지는 않았지만, 모발성장은 정상이고 다른 인체 기관과는 무관하기에 물리적, 화학적으로 손상되거나 영양부족으로 인한 것은 회복 가능한 경우가 대다수이다. 정상적인 모발과 다르지만 모근, 모간의 건강과는 상관없다고 알려져 있다. 유전적 요인으로의 작용은 확실하며 간혹 심한 정신적 충격, 심한 스트레스, 특정 방사선 노출, 인체의 질병에 의해 발생하기도 한다. 해결방안은 모발단백질로 구성되어 있는 트리트먼트를 사용하고, 모발의 영양을 위하여 고른 식사와 함께 적절한 운동을 통한 독소배출을 해주는 것이 바람직하다.

### ⑥ 멜라닌 색소로 인한 이상 증상

• 백모증

백모증은 조기 백모증과 노화에 의해 발생되는 점진적 백모증으로 분류할 수 있다. 조기 백모증은 모발에 색소가 없어 질병, 유전, 소모성 질환에 의해 모발이 희끗희끗해지는 질병이다. 머리카락, 눈썹, 속눈썹에서 멜라닌 색소가 감소하거나 사라져서 생기는 유전성과 관련이 깊다. 점진적인 백모증은 멜라노사이트의 활동이 줄어들어 생기는 노화현상으로 대부분 40대 이후부터 흰머리가 발생한다.

• 백색증

백색증은 멜라닌 색소의 분포와 멜라닌 합성이 결핍되는 출생 때부터 희귀한 선천성 유전질환으로 피부, 머리카락, 눈의 홍채에 색소를 소량 가지고 있거나 감소나 소실로 나타나는 질병이다.

• 적발증

적발증은 과잉적색소증이라고도 하며, 밝거나 어두운 모발의 색을 갖는 선천적 이상 증상으로 주로 어린아이에게서 주로 나타난다. 어른이 되면서 점차 감소하고, 특히 빨간 색이 두드러지게 나타나게 된다. 선천적인 증상 외에도 모발에 과도하게 착색이 되어 나타나는 고색소증과 과염색증이 있다.

### ⑦ 다모증과 무모증

• 다모증

전신성 다모증과 국소성 다모증의 두 가지가 있는데, 모두 선천성으로 알려져 있다. 전신성 다모증은 출산 때와 3~7세경까지 전신에 단단한 털이 나는 선천성의 희귀한 병이다.

과도하게 모발이 많은 다모증은 두피의 모발뿐만이 아닌 전신에서 나타나며, 유전적인 요인이 강하며 내분비관련 질병으로 치료과정 중 후천적으로 발생하기도 한다. 국소성 다모증 역시 선천성 기형으로 일부의 피부에 뻣뻣한 털이 나있어 모근을 전기로 태워버리거나 절제해야 한다.

다모증의 원인은 연령, 인종, 가족력, 월경주기, 호르몬 이상, 체중, 심리적 영향 등이 다양하다.

• 무모증

주로 생식기 주변의 모발에 나타나며 피부 속에 모근이 있지만 털이 나지 않는 증세이다. 발모제, 인공태양광선 요법, 두피 전문 관리치료 등을 사용해 치료하며, 특정한 호르몬, 내복 등을 이용한 치료가 필요한 증상이다.

### (3) 탈모증

#### ① 탈모의 원인

㉠ 남성호르몬

강력한 남성호르몬인 테스토스테론이 5-알파환원효소에 의해 변화하여 생성되는 디하이드로테스토스테론(DHT)란 물질이 모발의 영양공급을 저해하여 굵은 모발이 가늘어지고 모구가 축소되어 휴지기로 전환되는 시기를 단축시켜 탈모의 원인이 된다. 남성형 탈모의 경우 앞이마부터 서서히 나타난다.

㉡ 유전

탈모는 유전적인 요인과 남성호르몬 때문에 일어날 수 있으나, 두 요인으로 무조건 탈모가 나타나는 것은 아니며, 탈모의 시기도 유전자와 남성호르몬의 혈중 농도에 따라 다를 수 있다. 부모로부터 정상 이상의 남성호르몬 수용체를 유전될 경우 유전적 원인에 따른 어머니 〉 아버지 〉 외조부 〉 친조부 순으로 모계유전이 크다.

㉢ 스트레스

스트레스가 누적되면 교감신경의 긴장과 혈관수축으로 스트레스 호르몬이 분비되어 혈관을 수축시키고 두피가 긴장되어 모근에 영양공급이 부족해져 탈모를 일으킬 수 있다.

㉣ 질병과 생활습관

탈모는 빈혈, 천식, 고혈압, 동맥경화, 당뇨병 등의 현대인들의 질병과 지방질 위주의 식습관이나 과도한 음주, 흡연, 심한 다이어트나 편식 등 환경오염으로 인해 모근과 모발에 충분한 영양 공급을 방해하기 때문에 탈모가 발생한다. 따라서 탈모의 예방 및 치료를 위해서 생활습관 개선을 해야 한다.

㉤ 노화

인체의 세포가 수명을 다하면 인체에서 사멸, 탈락하여 새로운 세포가 채워지게 되는데 노화가 진행되면 재생기능이 저하되어 탈모가 진행된다.

## ② 탈모의 유형 및 증상

### ㉠ 원형 탈모

원형 탈모는 신체 모든 부위에 발생하고, 경계가 명확한 원형 또는 타원형의 탈모가 발생하는 것으로 자가면역질환이다. 원형 탈모는 보통 두피에 60% 이상 원형을 이루며 빠지는 현상으로 머리뿐만 아니라 수염, 눈썹, 음모, 체모 등에서도 발생한다.

크기는 보통 2~3cm 정도로 시작해 진행될수록 크기와 수가 증가한다. 면역세포의 이상 반응으로 모모세포의 분열을 저해하여 증상이 없이 탈모가 갑자기 나타나는 경우가 많다. 그 원인으로는 자가면역의 변화에 의한 것으로 면역력에 이상이 생기면 세균이나 바이러스로부터 우리 몸을 지켜주지 못해 모낭을 바이러스로 아군인지 적군인지를 잘못 인식해 자가 공격하여 탈모가 발생하는 경우이다. 이 밖에 유전적, 정신적 스트레스가 주요인이다.

### ㉡ 남성형 탈모

사춘기부터 조금씩 시작되어 20대 후반이나 30대에 모발이 점차 가늘어지며 탈모가 진행되는데, 유전적 요인, 연령, 남성 호르몬의 영향으로 인해 발생하며 남성 탈모의 대부분을 차지한다. 50세 이후가 되면 노화와 안드로겐이 모낭에 작용하면서 탈모의 진행속도가 급속도로 빨라진다. 탈모초기에는 이마와 두피 사이의 경계선이 점차 뒤로 넘어가면서 이마가 넓어지고, 정수리 쪽에서부터 둥글게 나타나는 경우와 이마의 양쪽이 M자형, 이마가 전체적으로 벗어지는 U자형 등이 있다. 계절을 보면 가을철에 남성호르몬의 분비가 많아지므로 봄과 여름보다는 가을과 겨울에 발생한다.

### ㉢ 여성형 탈모

과거에는 남성의 전유물로만 생각했던 탈모가 현재는 여성형 탈모가 미국의 경우 여성이 40%가 유전에 의한 것이고, 남성호르몬이 정수리 부위에 모장에서 과민하게 반응하여 나타나고 있다. 여성형 탈모는 아직 명확하지 않으나 유전적 요인이 가장 우세하다. 국내에서도 여성형 탈모가 점차 증가하고 있는 가운데, 특히 40대에 탈모를 겪는 여성이 급증하고 있다. 여성형 탈모증은 머리 중심부의 모발이 가늘어지고 머리숱이 적어지는 특징이다. 탈모를 유발시키는 남성호르몬인 안드로겐보다 여성호르몬인 에스트로겐이 많아서 남성들처럼 완전한 대머리는 되지 않는다. 그러나 부모 중 탈모증이 있는 경우 유전으로 발생하고, 출산 후 탈모는 임신 중 정상으로 빠져야 할 모발이 호르몬 변화로 빠지지 않고 출산 후 한꺼번에 빠지기도 한다. 또한 무리한 다이어트와 갑상선 질환, 빈혈, 난소 이상 등 질환에 의한 탈모가 발생한다.

### ㉣ 휴지기 탈모

휴지기성 모발이 14% 이상 빠지게 되면 휴지기성 탈모증이라고 하는데, 대표적인 휴지기성 탈모증에는 유전성 탈모증과 산후 탈모증이 있다. 휴지기 탈모는 성장기 3년, 퇴행기 3주, 휴지기 3개월 정도의 순환 사이클을 가지는데, 성장기의 모발이 조숙하게 퇴화기와 휴지기로 전환하면서 생기는 것으로 모발의 일부가 기간을 채우지 못하고 휴지기 상태에서 탈락되면서 발생한다.

휴지기 단계에서 출산, 충격, 심한 스트레스, 고열, 수술, 발열 등과 의료적, 영양적 결핍, 철 결핍, 아연 결핍, 갑상선 기능저하 항진 등에 의한 일시적인 탈모일 경우 12개월 이내에 회복이 가능하지만 그 이상 지속이 되면 전문가와 상담 및 치료를 해야 한다.

### ㉤ 지루성 탈모

지루성 탈모의 증상은 갑작스럽게 비듬이 많아졌거나, 탈모증상에 의해 나타난다. 한선과 피지선의 문제로 피지가 과잉 분비되면서 모공을 막아 두피에 트러블이 발생하게 되면 순환기능이 떨어져 발생한다. 원인은 잘못된 식습관으로 장내세균총의 문제와 유전적 요인, 과로, 스트레스, 지방이 많은 음식 등에 의해 발생된다.

### ㉥ 견인성 탈모

견인성 탈모는 가모를 착용하는 경우나 압박을 가해 머리카락을 묶는 경우, 핀을 꼽거나 등 장기간 동안 물리적인 요인 등으로 측두부에 견인성 탈모가 유발된다.

### ㉦ 압박성 탈모

압박성 탈모는 머리카락을 너무 세게 묶거나 잡아당기는 경우, 지나친 헤어 스타일링, 직업상 철모나 안전모를 장기간 착용하고 있는 경우, 오랫동안 누워있는 환자나 신생아 등 모근과 두피에 압박과 모근과 모낭에 손상을 주어 탈모가 생길 수 있다.

### ⓞ 내분비 질환에 의한 탈모

갑상선 기능저하는 머리숱이 줄어들고 머리카락이 건조하면서 쉽게 빠지는 증상을 볼 수 있다. 감염성 발열 질환, 중증 감염질환, 뇌하수체 기능저하의 탈모증상은 모발 뿐만 아니라 겨드랑이 털과 음모가 빠지는 경우이다. 항암치료, 만성 빈혈, 당뇨의 조절이 이루어지지 않는 등의 질병으로 성장기 모발을 방해하고 휴지기를 연장시키는 작용으로 인해 두피에 영향을 미쳐서 모발이 가늘어지고 탈모가 발생한다.

### ㉚ 기타 탈모

비타민 A의 과다복용은 탈모증을 유발할 수 있으므로 적당하게 조절하여 섭취해야 한다. 또한 약제성 탈모의 경우 헤파린, 헤파리노이드와 같은 혈액응고방지제는 모유두에 영향을 주는 경우가 있다. 트리파라놀은 콜레스테롤 합성을 억제해 모발의 각화가 기능을 하지 못해 발육을 방해한다. 이 밖에도 피임약, 레보도파, 카바마제핀 등이 탈모를 일으킬 수 있다.

# 2 두피 및 모발을 위한 영양 및 중금속

## 1) 영양소

영양소는 성장을 촉진하고 생리적 과정에 필요한 에너지를 공급하는 영양분이 있는 물질이다. 필수영양소인 다량영양소는 성장에 상당히 많은 양이 요구되는 영양소를 의미하며, 이에는 탄수화물, 지질, 단백질이 포함된다. 미량영양소는 성장에 요구량이 적은 영양소를 의미하며 비타민, 무기질이 포함된다. 대량영양소는 에너지 공급 및 조직 구축에 관여하지만 미량영양소는 인체 대사과정 조절 기능을 수행한다.

### (1) 대량 영양소

#### ① 단백질

- 단백질은 몸을 구성하는 물질들의 주요 자원으로 18종의 아미노산으로 구성되어 있으며 체내에서 합성되지 않아 반드시 식이로 섭취해야 하는 필수 아미노산과 체내에서 합성되는 비필수아미노산으로 구분된다.
- 인체를 구성하는 근육, 머리카락, 혈액의 구성성분인 적혈구의 알부민뿐만 아니라 손톱, 건, 인대 등 결합조직의 구성 성분이 된다.
- 단백질은 에너지의 급원이며, 호르몬·체액·산·염기의 균형과 영양소의 운반의 기능을 한다.
- 단백질이 함유된 식품은 우유, 육류, 생선, 계란, 콩류, 두부 등이 있다.

### ② 탄수화물

- 탄수화물은 탄소, 수소, 산소로 구성된 $Cn(H_2O)n$의 구조를 형성하고 있다.
- 당질은 유기물로서 식물의 엽록소에 의해서 광합성과 저장되며 주로 곡류의 형태로 섭취하게 되며, 몸에서 효소의 도움을 받아 인체가 하루에 소비하는 열량을 생산한다.
- 신체활동을 위해서는 에너지가 요구되는데 중추신경계는 에너지의 급원으로 오직 포도당만을 사용하며 중추신경계의 원활한 작용을 위해서는 반드시 필요하다. 이러한 탄수화물은 분자구조에 따라 단당류, 이당류, 다당류로 나뉘며 소화효소의 작용 또는 희석 산과 함께 열에 의해 가수 분열될 수 있다.
- 단당류에는 포도당, 갈락토스, 과당이 있고, 이당류에는 자당, 젖당, 맥아당이 있으며, 다당류에는 전분, 셀룰로스, 글리코겐이 있다. 포도당은 이당류와 다당류가 소화에 의해 분해될 때 만들어지는 최종 산물로 뇌와 신경세포들이 전기 에너지를 조절하기 위해 사용하는 자원이다.

### ③ 지방

- 지방은 화학적인 구조에 따라 단순지질, 복합지질, 유도지질들로 분류할 수 있다. 체지방이 되거나 호르몬과 담즙 등의 원료가 되어 인체의 생리활동에 관여하고, 힘과 열을 내는 에너지의 원료가 된다.
- 지질은 용해성이라는 말로 종종 나타내는데 지질은 물에서 불용성이고 지방 물질과 유기 용제에서는 가용성이며, 지방, 오일, 왁스, 스테로이드가 있다. 또한 물에 녹지 않는 지용성 비타민을 녹여 우리 몸에 흡수를 돕는다.
- 지방은 에너지를 공급하는 데 1g은 9.3칼로리의 에너지를 공급한다. 몸 전체에 저장되어 있는 지방은 응급 시 지속적으로 에너지로 전환될 수 있고 지방 조직에 저장된 지방뿐만 아니라 몸에서 즉시 쓰이지 않은 포도당이나 아미노산 또한 지방으로 합성된 뒤 저장된다.

## (2) 미량 영양소

### ① 무기질

- 무기질은 소량이 필요하지만 생명과 건강을 유지하는 데 필수적인 영양소로서, 뼈와 치아의 형성, 체액의 산·염기 평형과 수분 평형에 관여하며, 신경 자극 전달물질, 호르몬의 구성 성분 등으로 쓰인다. 무기염류나 미네랄이라고도 한다.
- 무기질은 식품을 완전히 연소시켰을 때 재처럼 남는 것을 말하며, 열이나 빛, 산, 알칼리에 의해 분해되지 않는다.
- 인체 내에서 필요한 무기질은 40여 종이며, 체내 필요량이 하루 100mg 이상 필요한 다량 무기질과 필요량이 하루 100mg 미만인 미량 무기질로 분류한다. 이러한 미네랄의 기능은 대사기능, 에너지의 생성, 성장, 질병의 치유 및 효소의 작용 등을 한다.

#### ㉠ 칼슘(Ca)

- 약리작용 및 효과
  - 세포의 생존유지, 뼈 조직의 구성, 근육의 수축과 이완조절 규칙적인 심장박동과 혈압조절, 혈액의 응고에 관여 호르몬 분비의 조절, 체액의 산·알칼리 균형에 관여, 위액과 췌장의 생산과 분비조절, 면역세포의 활동성을 증가

- 기능 및 권장량
  - 뼈와 치아형성, 근육과 신경 및 심장의 기능 조절 역할, 혈액응고 촉진, 체액의 적정 pH 유지, 권장량 800~1200mg

- 결핍증상
  - 골절, 충치, 골다공증, 구루병, 골연화증, 관절염, 신경과민, 불면, 근육경련과 통증, 위산분비저하, 알레르기, 설사, 고혈압, 당뇨, 동맥경화, 과민성 대장, 골다공증, 발육장애, 신경불안증

- 과잉증
  - 비타민D와 함께 과량 복용 시 고칼슘 혈증, 관절이나 신장에 칼슘침착, 미네랄 불균형

• 함유식품

- 뼈째 먹는 생선, 푸른 잎채소, 콩류, 두부, 새우, 우유, 난황, 치즈, 대두, 어육, 생굴, 해초류, 멸치, 참깨 등

㉡ 인(P)

• 약리작용 및 효과

- 에너지 생성, 비타민 B 활성 도움, 뼈 및 치아 구성성분, 신경자극전도에 역할

• 기능 및 권장량

- 우리나라에선 특별히 정해진 것은 없지만 900~1,200mg 정도면 무난, 미국은 성인 800mg

• 결핍증상

- 어린이의 구루병, 성인의 골연화증, 신경 및 뇌 기능장애

• 과잉증

- 특별한 부작용은 없지만 칼슘에 비해 너무 과량 섭취 시 미네랄 불균형

• 함유식품

- 자두, 콩, 육류, 해바라기 씨, 생선, 우유, 유제품

㉢ 황(S)

• 약리작용 및 효과

- 글루타치온의 구성성분, 생체의 산화, 환원작용, 체액의 산·알칼리 균형을 유지, 수은과 납 등 중금속 배출, 콜라겐 합성에 관여, 피부의 건조함을 방지, 탄력유지, 노화를 지연, 면역력 상승, 세포의 수명을 결정

• 기능 및 권장량

- 인슐린, 뇌하수체 전엽 호르몬, 시스틴, 메치오닌 등의 작용 도움, 모발 피부 손톱 건강유지, 체내 산화 환원과정에 필요

• 결핍증상

- 거친 피부, 건성피부, 주부습진, 건선, 여드름, 주름살, 피부노화, 중금속 오염, 항산화 능력 저하, 손톱균열, 탈모, 습진, 발진, 기미

• 함유식품

- 마늘, 파, 무, 콩류, 생선, 양배추, 녹용, 치즈, 조개

### ㉣ 칼륨(K)

• 약리작용 및 효과

- 세포막의 삼투압을 조절, 세포액의 알칼리에 관여 호르몬 분비를 조절, 근육과 신경세포의 기 능유지, 장의 연동을 증가, 마그네슘과 함께 삼투압 조절

• 기능 및 권장량

- 세포 내 산·염기 평형 조절, 수분 조절, 신경기능 유지, 세포기능 보존, 혈관 확장, 부정맥 예방, 변비 예방, 혈압 유지, 뇌의 산소공급 역할, 정해진 것은 없으나 성인의 경우 하루 2,000~3,000mg정도 필요

• 결핍증상

- 극도의 만성피로, 무력증, 저혈당증, 당뇨, 식욕감퇴, 신경장애, 무감각, 근육경련, 고혈압, 부정맥, 심장장애, 변비

• 과잉증

- 25,000mg의 과량 섭취 시 신부전환자에 치명적

• 함유식품

- 귤, 사과, 복숭아, 감자, 채소류, 다시마, 효모, 흰콩, 바나나

### ㉤ 나트륨(Na)

• 약리작용 및 효과

- 체액의 양 조절, 체액의 산·알칼리 균형, 근육과 신경의 자극을 전달, 칼륨의 배설촉진

• 기능 및 권장량

- 삼투압유지, 신경기능유지, 근육이나 신경세포의 흥분, 전달 등 생체 작용의 근본, 하루 1,500mg 이상 섭취는 바람직하지 않음

• 결핍증상

- 식욕감퇴, 메스꺼움, 설사, 일사병, 두통, 혈압저하, 근육경련, 구토, 호흡장애, 무력증

• 과잉증

- 고혈압, 편두통, 부종

• 함유식품

- 식염, 간장, 된장, 젓갈, 육류, 생선, 견과류, 야채, 과일

### ㅂ 염소(Cl)

• 약리작용 및 효과

- 수분평형, 신경자극전달, 위액형성

• 결핍증상

- 구토, 설사, 유아의 혼수, 부신피질성 질환증

• 과잉증

- 구토, 탈수, 고혈압, 위산과다, 위궤양

• 함유식품

- 소금, 생선, 닭고기, 달걀, 콩류, 곡류

### ㅅ 마그네슘(Mg)

• 약리작용 및 효과

- 300종 이상의 효소가 마그네슘에 의해 활성화 비타민 B, C, E 대사를 보조, 체액의 알칼리 유지, 당질, 지방질, 단백질 대사에 관여, 핵산 생합성과 분해대사에 관여, 신경전달에 필수, 뇌신경 안정 혈관수축의 방지(협심증, 혈압조절, 심장발작, 부정맥 예방) 근육의 수축과 이완 등에 관여, 체온조절

• 기능 및 권장량

- 에너지 생성, 신경기능조절, 장에서의 칼슘흡수에 도움, 비타민 B, C, E의 대사를 도움, 특히 비타민 $B_6$의 대사에 중요

• 결핍증상

- 탈모, 피로, 눈꺼풀 떨림, 불면증

• 과잉증

- 설사, 30,000mg 이상 과량 복용 시 신장 기능 이상 환자에게 위험함

• 함유식품

- 곡류, 감자, 고구마, 호두, 푸른잎 채소, 완두콩, 해수, 견과류, 코코아

### ② 미량 무기질

철, 아연, 구리, 요오드, 셀레늄, 망간, 크롬, 규소 등이 속한다.

#### ㉠ 철(Fe)

• 약리작용 및 효과

- 사람의 혈액 2ml 중에는 1mg의 철이 포함되어 있다. 인체조직에 분포되어 있는 철분의 70%는 혈색소의 형태로 혈액 중에 존재하며, 나머지 30%는 간장, 비장 및 골수 등에 저장되어 있고 근육 속에도 미량이 함유되어있다. 적혈구의 주성분인 헤모글로빈에 포함되어 있는 철분은 폐에서 산소와 결합하여 산소헤모글로빈이 되어 산소를 온몸으로 보내어 전 조직세포의 신진대사를 유지, 각종 효소의 구성성분으로 체내의 산화환원 작용, 헤모글로빈 미오글로빈의 구성성분이다.

• 기능 및 권장량

- 헤모글로빈(혈액단백질) 생성에 이용, 산소 운반, 음식물대사에 관여, 여자 18mg, 남자 10mg, 임신, 수유중일 경우 20mg

• 결핍증상

- 빈혈, 피로, 체내 산화작용 약화, 두통, 감정둔화, 행동학습능력저하, 피로, 호흡곤란, 불면, 어깨 결림, 수족냉증, 허약, 식욕부진, 체온조절이상, 면역력 저하

• 과잉증

- 매일 과량의 철 섭취 시 간, 췌장, 심장 등에 영향, 감염에 대한 저항력 약화, 소화불량, 변비

• 함유식품

- 콩류, 달걀, 푸른 잎채소, 조개류, 해조류, 육류, 계란, 우유, 채소 및 과일

ⓛ 아연(Zn)

• 약리작용 및 효과

- SOD의 구성성분, 핵산과 단백질 대사에 관여, 정자생성, 전립선 기능 유지, 유아의 성장발육, 면역력 증가, 미각과 후각을 정상적으로 유지, 상처치유를 촉진, 집중력 향상, 체액의 산·알칼리 균형조절, 비타민 A의 분포를 통해 피부질환에 관여, 인슐린생성을 증가시킴

• 기능 및 권장량

- 인슐린을 만드는데 필요, 효소활성과 맛, 상처치유 및 소화에 관여, 핵산 및 단백질 합성, 피부 및 골격의 발육과 유지에 필요, 우리나라는 권장량이 정해져 있지 않으며 미국의 경우 15mg

• 결핍증상

- 자연적인 미각, 후각의 상실, 편식, 시력의 저하, 상처회복 지연, 아토피성 피부염, 지루성 피부염, 여드름, 탈모, 비듬, 학습능력 저하, 자폐증, 생식기발달저하, 정자형성에 장애, 유아의 성장 발달장애, 면역기능 저하, 성기능 감퇴, 태아기형, 성장발육정지, 빈혈, 간 및 비장 비대

• 과잉증

- 하루 500mg 이상 섭취할 경우 구리 결핍 및 미네랄 불균형초래, 2,000mg 이상은 위험

• 함유식품

- 굴, 조개류, 간, 엿기름, 양파, 육류, 해조류, 우유

ⓒ 구리(Cu)

• 약리작용 및 효과

- SOD의 구성 성분으로 활성산소 제거, 뼈 생성에 관여, 헤모글로빈 생성에 관여, 콜라겐 형성에 관여, 멜라닌 생성에 관여, 신경전달물질과 호르몬 생성에 관여

• 기능 및 권장량

- 철의 흡수와 저장 촉진, 골격계나 심혈관계 유지에 관여, 비타민C와 함께 교원질이나 탄력소 등의 합성에 관여 헤모글로빈 합성에 필요, 2~3mg

• 결핍증상

- 태아의 뇌, 모발, 골격 및 혈관 등의 발육이상, 빈혈, 성장장애, 골다공증, 관절염, 털, 피부색소 결핍, 백혈구 감소, 혈청 콜레스테롤 상승

• 과잉증

- 장기간 과량복용은 독성, 드물지만 윌슨씨병이 생길 수 있다.(윌슨씨병 : 구리의 흡수는 좋지만 셀룰로 플라스민이 현저하게 낮아서 신경증상이나 간장, 신장의 증상을 나타내는 유전적 질환) 2,000mg 이상은 위험

• 함유식품

- 굴, 갑각류, 견과류, 곡류배아, 버섯, 육류, 내장, 해조류, 채소류 및 견과류

㉣ 요오드(I)

• 약리작용 및 효과

- 갑상선 호르몬의 구성성분, 에너지 대사에 관여, 혈당 상승작용, 저혈당 치료

• 기능 및 권장량

- 갑상선 호르몬인 티록신의 중요성분 150mg

• 결핍증상

- 신생아의 정신발육지체, 신체발육지연, 크레틴병(특징적 얼굴 형태를 지님), 갑상선 기능의 저하, 갑상선 비대, 피로, 두통, 태아의 뇌 발달 저해, 정신박약, 성장지연, 왜소증, 저혈당, 저혈압, 콜레스테롤 축적, 동맥경화, 비만, 거친 피부, 건선

• 과잉증

- 요오드 갑상선종, 여드름, 피부질환

• 함유식품

- 해조류, 달걀, 아스파라거스, 마늘, 버섯, 참깨, 시금치, 굴

### ⓜ 셀레늄(Se)

• 약리작용 및 효과

- 활성산소를 제거하는 항산화 작용, 면역기능의 향상, 분해촉진, 과산화지질의 생성억제, 중금속 해독, 생식기능 향상, 비타민 E와 협동하여 심장기능 향상

• 기능 및 권장량

- 항암, 항산화 효소인 Glutathion Peroxidase의 필수 성분, 비타민E 효과를 상승시킴, 심근경색, 고혈압 예방, 55~200mg

• 결핍증상

- 근육약화, 성장장애, 혈관 협착, 노화촉진, 암, 협심증, 부정맥, 만성 신염, 간경화, 남성불임, 조산, 사산, 유산, 유아 돌연사 증후군, 근육통, 근육 소실, 관절염

• 과잉증

- 구토, 설사, 피부탈색

• 함유식품

- 브로콜리, 생선, 해산물, 효모, 마늘, 파, 감, 해조류

### ⓑ 망간(Mn)

• 약리작용 및 효과

- SOD, 카탈라아제의 구성성분으로 활성산소 제거, 탄수화물, 단백질, 지방의 대사에 관여, 뮤코다당체 합성에 관여, 정상적인 뼈 형성에 관여, 멜라닌 색소, 갑상선 호르몬, 인슐린 생성에 관여, 생식 기능과 유선발달에 관여, 면역계와 신경계의 기능유지

• 기능 및 권장량

- 효소 활성 촉매, 뼈의 형성을 자극하고 갑상선호르몬 생성, 뼈, 결체조직 및 세포유지, 2.5~5mg

• 결핍증상

- 천식, 평형감각 이상, 간질, 조울증, 정신분열증, 노이로제, 생식기능 이상, 유아의 발육지연, 모발, 손발톱의 성장부진, 지질, 당질대사이상, 위산감소, 담즙산 결핍, 인슐린 생성의 감소, 중증 근무력증, 류마티스 관절염, 골다공증, 유즙 분비력 저하, 체중감소, 구토

• 과잉증

- 간에 침착되지만 해는 없으나 미네랄 불균형의 가능성 있음

• 함유식품

- 소맥배아, 말린 콩, 견과류, 효모, 콩류, 밀, 살구, 녹황색채소

### ㉦ 크롬(Cr)

• 약리작용 및 효과

- 수많은 효소와 호르몬의 활동을 증가시킴, 식욕중추를 조절, 중성지방과 콜레스테롤 저하, 인슐린의 활성을 300~400배 증가시킴, 저혈당, 당뇨에 모두 효과

• 기능 및 권장량

- 인슐린 작용촉진, 음식물 대사, 효소 활성 및 콜레스테롤 대사에 관여, 50~200mg

• 결핍증상

- 글루코스 처리력 저하, 인슐린 작용 저하, 당내성 저하, 저혈당증, 당뇨, 지질대사 이상, 관상동맥 질환, 성장지연, 비만, 여드름

• 과잉증

- 요오드 갑상선종, 여드름, 피부질환

• 함유식품

- 야채, 김, 미역, 다시마 등의 해조류, 효모, 현미, 굴, 감자, 콩

◎ 규소(Si)

• 약리작용 및 효과

- 결합조직에 결합되어 가교형성, 알루미늄의 체내축적을 방지, 뼈의 석회화에 관여, 콜라겐 생성에 필수

• 기능 및 권장량

- 정신활동에 필요

• 결핍증상

- 건망증, 인내력 부족, 골다공증, 노화, 관절의 형성불량, 골관절염, 류마티스 관절염, 피부노화, 손발톱 및 머리카락의 탄성저하

• 함유식품

- 정제하지 않은 곡식, 무청, 고추, 콩, 사탕수수, 파, 해조류, 사과, 딸기, 양파, 포도, 현미, 보리

## (3) 비타민

비타민은 소량으로 신체기능을 조절한다는 점에서 호르몬과 비슷하지만 신체의 내분비기관에서 합성되는 호르몬과 달리 외부로부터 섭취되어야 한다. 비타민은 체내에서 전혀 합성되지 않거나 합성되더라도 충분하지 못하기 때문이다. 비타민에는 지용성 비타민과 수용성 비타민으로 나뉜다.

### ① 지용성 비타민

A, D, E, K같은 지용성 비타민은 이소프렌(Isoprene) 유도체이며, 산에 약하고 체내에 저장이 가능해서 필요이상 섭취 시 중독현상이 일어난다. 소화, 흡수, 운반, 저장 등 모든 과정이 지방질에 의존하는 특징을 가진다.

㉠ 비타민 A

• 기능 및 기타

- 비타민 A는 음식에서 레티놀과 카로틴 두 가지의 형태로 발견된다.
  상피조직유지, 시력이나 치아건강과 성장, 생식에 필수적, 로돕신(시각색소)구성, 상피세포의 기능유지,

뮤코 다당류 합성, 항산화제, 적혈구 손상 예방, 시각 기능, 유전자 전사, 면역 기능, 배아 발생과 생식, 뼈의 대사 작용, 조혈, 피부와 세포의 건강, 항산화 작용

- 결핍증상
  - 야맹증, 안구 건조증, 결막의 건조, 각막 연화증, 실명, 면역 불량, 과각화증, 모공 각화증, 편평 상피 화생, 에나멜 저형성

- 과잉증
  - 태아기형, 두통, 피로, 간경변, 구각염, 어지러움증, 소양증, 권태, 식욕부진, 체중감소, 발과 발목이 붓고 어깨, 손목, 무릎이 때때로 쑤시며, 피부가 거칠어지고 뼈가 약해지며 머리카락이 빠짐

- 함유식품
  - 간(소, 돼지, 닭, 칠면조, 생선), 당근, 브로콜리 잎, 고구마, 버터, 케일, 시금치, 호박, 체더치즈, 칸탈루프, 계란, 살구, 파파야, 망고, 완두콩, 브로콜리, 우유, 녹황색 채소에 비타민 A전구체(베타카로틴) 함유, 동물의 간, 어유, 달걀, 우유, 버터, 치즈, 강화 마가린

ⓛ 비타민 D

- 기능 및 기타
  - 정상적인 혈청 칼슘 수준과 적절한 골격대사를 정상으로 유지하며 장과 신장에서의 칼슘효과를 도우며 골격대사에 필수적인 무기질인 인의 신진대사를 조절, 혈액중의 인의 양을 일정하게 함, 뼈의 성장과 석회화 촉진, 칼슘의 흡수 촉진, 근육 내 칼슘 운반

- 결핍증상
  - 구루병, 골연화증, 구루병(어린이), 골다공증(성인)

- 과잉증
  - 신장결석, 신부전, 식욕감퇴, 메스꺼움, 구토, 갈증, 설사, 허약, 체중감소, 고칼슘 혈증

- 함유식품
  - 소간, 우유, 달걀, 생선 등 일광에 의한 체내합성, 대구 간유, 달걀노른자, 유제품, 강화우유, 강화 마가린, 버섯

### ㉢ 비타민 E

• 기능 및 기타

- 주된 역할은 항산화제로서의 역할, 세포막 인지질에서 불포화지방산의 산화를 방지함으로써 세포 손상을 막는 데 중요한 역할과 비타민A의 산화를 방지함, 세포막의 손상을 예방하는 항산화제 기능, 적혈구 손상 예방, 산소성 에너지 대사 촉진, 물의 산화방지, 혈관보호, 근육의 기능을 정상화시킴, 생식기능 강화, 노화방지, 생체막유지

• 결핍증상

- 노화성 불임증, 빈혈, 적혈구파괴(운동력 저하, 지구력 저하), 성기능 저하, 생식기능 장애

• 과잉증

- 출혈, 설사, 두통, 복용하면 심장발작이나 쇼크를 일으킬 수 있고, 출혈 때 혈액응고가 잘 되지 않음

• 함유식품

- 식물성 기름, 간, 녹색 채소, 옥수수유, 대두유, 소맥 배아유, 쌀겨 기름, 콩기름, 콩류 등 채소류에 존재하는 불포화 지방산

### ㉣ 비타민 K

• 기능 및 기타

- 혈액 응고를 도움(활성형 프로트롬빈 생성에 관여, 성인은 장내 세균 합성으로 만들어짐)

• 결핍증상

- 골다공증, 혈액응고 지연, 신생아 출혈

• 과잉증

- 황달이나 용혈성 빈혈

• 함유식품

- 식물성 기름, 간, 녹색 채소, 옥수수유, 대두유, 소맥 배아유, 쌀겨 기름, 콩기름, 콩류 등 채소류에 존재하는 불포화 지방산

### ② 수용성 비타민

수용성 비타민은 물에 녹는 비타민으로 과잉섭취 시 체내에 축적되지 않고 배설되기 때문에 중독증상이 일어나지 않는다.

#### ㉠ 비타민 $B_1$(Thiamine)

- 기능 및 기타
  - 뇌와 신경 조직의 기능, 음식의 소화, 적혈구 촉진, 신경 조절, 식욕증진, 당질대사에 관여하여 소화액 촉진, 각기 예방, 조효소로써 이산화탄소 제거반응에 관여 당질로부터의 에너지 유리, 헤모글로빈 형성, 경계 기능유지

- 결핍증상
  - 각기병, 식욕부진, 피로, 권태, 말초 신경염, 부종, 허약, 심장비대

- 함유식품
  - 돼지고기, 현미, 통밀빵, 콩, 보리쌀, 종실류 등

#### ㉡ 비타민 $B_2$(Riboflavin)

- 기능 및 기타
  - 세포에서 기능하여 플라빈 산소의 기능에 도움, 발육, 점막 보호, 에너지 대사에서 효소의 작용을 도와주는 조효소 역할을 해 열량 영양소가 산화되는 것을 도움, 에너지 대사에 관여하는 플라빈 뉴클레오티의 성분, 당질 및 지방으로부터의 에너지 유리

- 결핍증상
  - 구내염, 구순구각염, 안질, 설염, 탈모, 지루성 피부염, 어린이 성장장애, 눈의 피로, 생식기 염증 유발

- 함유식품
  - 치즈, 우유, 계란노른자, 시금치, 아스파라거스, 육류, 소·돼지의 간, 맥주의 효모

### ㉢ 비타민 $B_3$(Niacin)

• 기능 및 기타

- 당대사를 촉진시켜 에너지 합성, 당질로부터의 산소성, 무산소성 에너지 유리, 지방조직에서의 지방산 유리억제, 산화-환원반응에 관여하는 2가지 조효소 성분

• 결핍증상

- 펠라그라(피부염, 설사, 점막 조직 손상, 우울증, 치매), 니코틴산 결핍증후군, 약한 피부 발적 불면증 ,설사, 과민증 피로, 식욕 감퇴, 두통, 일사병 유사 증상, 체중 감소

• 함유식품

- 식물, 곡류제품, 커피, 살코기, 생선, 소의 간, 소 위, 소 피, 닭고기, 양고기, 어린양, 송아지고기, 완두, 갓, 무청, 바지락, 돼지염통, 돼지 콩팥, 굴비, 넙치, 도미, 파래 등

### ㉣ 비타민 $B_4$(Carnitine)

• 기능 및 기타

- 지방을 에너지로 만들고 없애는데 필수, 간, 신장, 뇌에서 우리 몸에서 필요한 양의 10%가 만들어지나 20대가 넘으면 그 양이 줄어들어서 음식물로 섭취해야 함, 고지혈증 예방효과, 심장, 간, 골격근에 지방축적을 방지, 간경변 개선, 협심증, 고 콜레스테롤 혈증, 부정맥, 알코올성 지방간, 다운증후군, 근이영양증에 영향

• 결핍증상

- 심장통증, 근무력증, 비만

• 함유식품

- 붉은색을 띠는 육류(쇠고기, 돼지고기, 양고기) 어류, 채소에는 소량

### ㉤ 비타민 $B_5$(Pantotheic Acid)

• 기능 및 기타

- CoA(코엔자임 A)의 생화학적 역할, 당질, 지방으로부터의 에너지 유리, 에너지 대사과정에서 중추적 기능을 수행하는 CoA의 성분

• 결핍증상

- 성장정지, 체중감소, 불면증, 두통, 피로, 신경염, 손과 발의 감각 이상, 위장장애, 복부경련 구토

• 함유식품

- 붉은 색을 띠는 육류(쇠고기, 돼지고기, 양고기), 어류, 채소에는 소량

ⓑ 비타민 $B_6$(Pyridoxine)

• 기능 및 기타

- 아미노산의 이용에 도움, 효소작용을 돕고 신경을 지킴, 당질로부터의 에너지 유리, 헤모글로빈과 산화효소 형성, 신경계 기능유지, 아미노산 대사에 관여하는 조효소 구성

• 결핍증상

- 피부병, 저혈소성 빈혈, 피로, 현기증, 우울증, 불면증, 위장장애, 피부질환, 면역력 저하, 빈혈, 구강염

• 함유식품

- 육류, 채소류, 전곡, 시리얼

ⓢ 비타민 $B_7$(Biotin)

• 기능 및 기타

- 지방산, 단백질, 핵산합성, 당의대사, 지방합성, 아미노산 대사, 글리코겐 합성에 관여하는 조효소, 당질과 지방 합성

• 결핍증상

- 피부염, 성장정지, 피로, 탈모, 뇌손상, 거식증, 성장지연

• 함유식품

- 콩류, 채소류, 육류

### ⓞ 비타민 $B_9$(Folic Acid)

• 기능 및 기타

- 핵산 합성 대사에 관여, 위장, 입안의 점막 보호, 세포분열에 필수, 아미노산 합성, 적혈구 성숙에 관여

• 결핍증상

- 적혈구가 감소되어 빈혈을 일으킴, 거대 적혈구성 빈혈, 설사, 위장염, 설염, 구내염, 정신적 혼란, 신경이상, 성장장애

• 함유식품

- 곡류, 녹색채소류, 통밀식품

### ⓩ 비타민 $B_{12}$(Cobalamine)

• 기능 및 기타

- 효소의 조효소로 작용(핵산의 대사과정에서 단일탄소 운반반응의 조효소), 아미노산과 엽산 대사, 적혈구 생산, 신경 기능 유지

• 결핍증상

- 악성 빈혈, 신경장애, 부정맥, 구내염, 허약감, 체중 감소, 식욕부진 등

• 함유식품

- 육류, 달걀, 유제품(식물성 식품에는 결여)

### ⓩ 비타민 C

• 기능 및 기타

- 인테페론을 유발, 피부, 잇몸, 혈관, 뼈 등의 세포를 서로 연결시키는 콜라겐을 생성하고 호르몬 합성에 관여, 해독 기능강화, 연골조직, 뼈, 상아질의 세포간질 유지, 콜라겐 합성에 관여, 항산화제, 철분 흡수율 증가, 에피네피린 형성, 산소성 에너지 대사 활성화, 결체조직의 합성

• 결핍증상

- 괴혈병, 피하출혈, 체중감소, 근육쇠약, 통증, 설사, 우울증

• 과잉증
  - 설사, 복통, 결석

• 함유식품
  - 감귤류, 토마토, 딸기, 녹색 채소 등

**비타민이 모발에 미치는 영향**

- 비타민 A : 두피의 윤기
- 비타민 B : 모발의 성장
- 비타민 C : 모근과 모구의 강화
- 비타민 D : 모발의 재생효과
- 비타민 E : 두피의 강화

## (4) 중금속

비중이 4~5 이상인 금속 원소를 일컫는 용어로 생물체에 해로운 영향을 미치므로 주의해야 하는 물질이다. 중금속은 크게 미량무기질에 속하며 정상적인 생리 기능을 유지하는데 필수적으로 필수 중금속 아연, 철, 구리 등과 알루미늄, 수은, 납, 카드뮴, 비소처럼 몸에 해로운 유해 중금속으로 나뉜다.

체내에 들어온 유해 중금속류는 체내 물질과 결합해 잘 분해되지 않는 유기복합체를 형성하게 된다. 이렇게 형성된 유기복합체는 외부로 쉽게 배출되지 않고 간장, 신장 등의 장기나 뼈에 쌓이게 된다. 유기복합체가 많이 쌓이게 되면 혈액생산을 방해하고 중추신경을 마비시키며 기형아 출산을 유발하는 등 치명적인 악영향을 미치기도 한다. 가축이라도 중금속에 장기간 노출되면 근육, 간장 등에 다량 축적돼 건강에 이상이 생기고, 그것을 먹는 2차 포식자인 사람에게도 나쁜 영향을 미친다.

### ① 알루미늄(Al)

• 특징

- 조리도구, 알루미늄 포일, 탈취제, 베이킹파우더, 제산제에 사용, 신장기능이 떨어지거나 신장 결석이 이는 사람은 알루미늄 수치가 상승한다.

• 과잉증

- 탈모, 위장장애, 복통, 식욕상실, 기억력 감퇴, 건망증, 치매, 신장결석

### ② 수은(Hg)

• 특징

- 살균제, 치아충전제, 농약, 참치와 같은 큰 물고기 등에 있다.
  수은은 극도로 활동적인 중금속으로서 모발 내 수은 양은 인체 내 중금속 축적의 지표가 된다.

• 과잉증

- 탈모, 손톱변색, 신경정신계통, 심장·혈관계통, 근육조직계통, 면역계통, 알레르기 계통에 영향

### ③ 납(Pb)

• 특징

- 페인트, 도기, 일부 머리 염색약 제 등에 있다.
  모발은 납의 체내 축적을 매우 잘 나타낸다. 낮은 함량에서도 칼슘, 마그네슘, 아연의 체내 이용을 방해한다. 또한 어느 정도 농도가 장기간 축적되면 기억력과 사고력에 영향을 미치고, 아동에 있어서 10ppm 이상의 농도가 축적되었을 때 학습능력에 영향을 준다.

• 과잉증

- 탈모, 손톱변색, 신경정신계통, 심장·혈관계통, 근육조직계통, 면역계통, 알레르기 계통에 영향

### ④ 카드뮴(Cd)

• 특징

- 담배와 담배연기, 살충제 등에 있다.
  과량의 카드뮴은 근육과 골격 이상을 야기한다. 여러 미네랄의 흡수를 방해하나 특히 아연의 작용을 방해하며 칼슘이 부족하면 카드뮴의 흡수증가로 이어질 수 있다.

• 과잉증

- 피로, 식욕감퇴, 피부염, 건성피부

### ⑤ 비소(As)

• 특징

- 살충제, 살균제, 일부 의약품에 사용된다.
  비소는 예로부터 동서양 모두에서 사람을 독살하는 데 자주 사용된 독성이 아주 큰 물질이다.

• 과잉증

- 탈모, 권태감, 피로, 두통, 근육통, 어지러움, 구토, 설사, 변비

## 2) 식이요법

올바른 식이요법은 탈모와 같은 두피 및 모발의 문제를 예방하는 데 매우 중요한 인자이다. 기본적으로 정제된 설탕이나 당분을 줄이고 포화지방(동물성 기름)의 섭취를 자제해야 한다. 당분이 많은 음식은 인슐린 분비를 증가시켜 남성호르몬 분비를 촉진시키는 필수지방산인 아라키돈산의 생성을 증가시킨다. 동물성 기름은 탈모의 주범인 남성호르몬의 혈중 농도를 높이기 때문에 불포화 지방인 식물성 기름으로 대체하는 것이 좋다. 녹차는 DHT 생성을 억제하여 탈모 예방에 도움을 주고, 인스턴트 음식을 자제하고 자연식품을 섭취하도록 해야 한다. 자연식품 중 모발 성장에 특별히 도움을 주는 음식에는 식물성 단백질이 다량 함유된 콩, 두부 등을 포함하여 녹황색 채소 및 미역, 다시마 등의 해조류 등이 대표적이다.

### (1) 두피 및 모발에 유익한 음식

#### ① 물

- 적당한 물의 섭취는 인체 노폐물의 체외 배설과 함께 혈액과 조직액의 인체순환을 도와 신진 대사 기능을 촉진시켜준다.
- 물이 필요량보다 적게 섭취될 경우 두피가 얇아져서 혈액순환이 저하되고 두피건강이 나빠지게 된다. 따라서 정수기를 통한 물 또는 생수를 냉동시킨 육각수를 만들어 마시면 모발과 두피에 매우 좋다. 하루 적정섭취량은 1.5~2L이다.

#### ② 단백질

- 종류: 검은콩, 깨, 우유, 찹쌀, 두부, 간 등
- 콩, 두부 등은 식물성 단백질 식품군으로 단백질은 신체조직의 구성성분으로 반드시 필요한 중요한 화합물이며, 또한 체내 신진대사에 관여하는 것으로 특히 피의 생성과 기능 및 면역기능에 관여한다. 모발의 성장촉진에 있어 단백질은 모발 생성의 근본인 혈액 및 호르몬 등 신진 대사 기능의 정상화와 피부염 등을 예방하고 또한 모발 구성성분인 아미노산의 주공급원이기도 하다. 때문에 단백질의 원활한 공급은 모발건강의 근본인 동시에 모발생성에 있어 필요한 부분이다. 단백질은 스트레스와도 깊은 관련이 있는 부분으로 면역력 및 세포조직의 약화 등을 막아주는 작용을 하기 때문에 스트레스로 인한 피부염 및 각종 인체의 문제에 대하여 영향을 준다.

#### ③ 무기질

- 종류: 해산물(미역, 다시마, 김, 조개류) 어류, 장어 등
- 미네랄, 요오드, 비타민 등의 영양소가 풍부하게 함유된 해조류는 모발의 성장 뿐만 아니라 혈관 질환인 동맥경화, 고혈압 등의 예방에도 효과적이기 때문에 모발에 영양을 전달하는 데 필수적인 혈액순환에 도움을 준다. 특히 모발에 대해서 신진대사 기능 및 성장에 관련이 있는 갑상선 호르몬의 생성을 도와주는 주된 영양인 요오드 성분으로 인해 모발의 건조화 현상을 막고 윤기를 부여한다. 체내에 대한 해조류의 작용은 부족하기 쉬운 칼슘의 섭취로 균형 있는 영양분의 섭취에 도움을 준다.

### ④ 비타민

- 종류 : 신선한 과일(사과, 복숭아, 배) 및 녹황색 야채류(토마토, 파, 시금치, 쑥갓, 버섯, 생강, 마늘)
- 두피의 말초 미세혈관을 열어주어 각종 영양분을 공급하는 식품인 녹황색 채소 및 과일에 다량 함유된 비타민류는 에너지를 직접 생성해내지는 않지만 인체 신진대사 기능을 하는데 필수적인 부분으로 비타민 부족은 체내 에너지합성에 장애요인으로 작용하기 때문에 모발 및 두피에 대해서도 다양한 문제점을 나타낼 수 있다.

## (2) 두피 및 모발에 유해한 음식

### ① 인스턴트 및 패스트푸드

- 종류 : 라면, 빵, 햄버거, 피자
- 인스턴트 식품의 섭취는 대부분이 영양분의 균형을 잃은 어느 한쪽으로 치우친 편식 스타일의 영양분 섭취가 많다. 즉 영양의 불균형으로 인하여 신진대사의 기능에 이상이 나타날 수 있으며, 이 같은 현상은 모발에도 동시에 일어난다. 또한 식품에 다량 함유되는 각종 첨가 색소 및 첨가제, 불포화 지방산 등은 다양한 성인병의 유발 및 질병을 가져 올 수 있는 원인으로 작용할 수 있다. 또한 가공 치즈나 치즈버거 같은 식품에는 알루미늄 함유량이 높아서 섭취를 줄여야 하며, 알루미늄을 이용한 냄비나 프라이팬 등의 조리 기구나 호일 사용도 자제하는 것이 좋다.

### ② 카페인 식품

- 종류 : 커피, 담배, 탄산음료, 술
- 인체에 백해무익한 담배의 경우 혈관 내부의 내피세포를 자극하여 세포기능을 저하시키고 그 결과 혈류량의 증가에 따른 혈관확장이 이루어지지 않아 혈액순환에 장애가 나타나며, 영양분의 원활한 공급이 이루어지지 않는다. 또한 모발 및 신체에 있어 중요한 역할을 하는 비타민의 부족 현상을 가져와 신진대사 기능의 둔화 및 이상을 초래할 수 있다. 술, 탄산음료, 커피의 경우 카페인 성분을 중화시키기 위해 모발 및 피부조직의 수분을 빼앗아 가기 때문에 과다섭취 및 잦은 섭취는 모발과 피부의 건성을 초래할 수 있다.

### ③ 동물성 지방이 많은 음식

- 종류 : 기름이 많은 육류, 기름진 음식
- 동물성 지방의 과다 섭취는 혈관 내 콜레스테롤의 수치 증가로 인한 혈관이상을 가져와 각종 성인병과 혈액순환 장애를 유발하며, 피지선의 비대 및 그에 따른 피지량의 증가로 인해 나타나는 두피 불청결과 지루성 두피, 모낭의 위축 등을 가져온다. 또한 심각한 경우에는 피지의 작용에 의한 지루성 탈모 및 지루성 피부염을 유발해서 모근의 활동을 저해한다.

### ④ 단음식

- 종류 : 설탕, 케이크, 초콜릿
- 단음식의 과다섭취는 복부팽만감을 가져와 식욕부진 및 영양 불균형을 가져올 수 있으며, 특히 케이크와 같은 유제품에는 과다한 지방으로 인하여 체내 신진대사 이상 및 당뇨병 비만 등과 같은 성인병을 유발하기 쉽다. 또한 단 음식의 섭취는 인슐린 호르몬 분비를 높여 남성호르몬의 수치를 증가시키며, 혈중 포도당의 축척으로 인한 세포내 영양분 공급을 저해한다.

### ⑤ 짜고 자극적인 음식

- 현대인들의 하루 염분 섭취량은 대체로 15~20g 정도 된다.
- 염분 섭취량이 과다하게 되면 혈압이 상승되어 나트륨이 갖는 수분 보존 성질로 인하여 신장과 심장에도 부담을 주게 되어, 성인병이나 혈액순환에 각종 장애를 일으켜 탈모증 발생을 촉진시킨다. 염분 섭취량 과다 시 혈액 속의 염분 농도를 조절하기 위해 수분섭취량도 따라서 증가하게 된다. 그 결과 신장에 과중한 부담을 주게 되면서 기능의 약화를 초래하게 한다. 소화기계통의 자극으로 인하여 신진대사 기능의 둔화 등이 나타날 수 있으며, 그로 인하여 두피 문제를 유발할 수 있다.

### ⑥ 캔 음료 및 통조림

- 과일, 생선 같은 통조림과 캔에 들어 있는 음료수 등은 납, 주석 같은 중금속에 함유되어 있을 가능성이 높기 때문에 가능하면 피하는 것이 좋다.

# Chapter 04

## 붙임머리

1. 헤어 익스텐션의 정의
2. 모발의 종류
3. 모발의 특성
4. 익스텐션 시술 방법에 따른 제품의 종류
5. 고객 상담과 예약
6. 익스텐션 시 고객모발의 준비
7. 익스텐션 헤어 사전준비
8. 익스텐션의 부착 배치
9. 익스텐션 부착 시 모양과 사이즈
10. 수행내용

# 1 헤어 익스텐션의 정의

## 1) 헤어 익스텐션의 명칭과 의미

헤어 익스텐션(Hair Extension)이란 휴먼 헤어나 인조 헤어를 이용해 기존 모발보다 원하는 만큼의 길이를 연장하고, 볼륨을 풍성하게 하는 헤어스타일링을 말한다. 헤어(Hair: 모발)를 익스텐션(Extension: 늘이기, 연장) 한다는 것은 전문가에 의한 서비스 자체뿐만 아니라, 익스텐션 서비스를 위한 모발 재료까지를 포함하여 '헤어 익스텐션'이라는 이름으로 불러 사용하는 것이 일반적인 추세다.

국내에서는 이를 '붙임머리'라고 부르지만, 이는 익스텐션을 위한 방법이나 재료에만 중점을 두고 있어 포괄적인 서비스의 명칭으로는 부족한 실정이다.
더구나 익스텐션의 기법면에서도 반드시 '붙인다'는 개념만으로는 부족한 여러 가지 다양한 기술들이 개발되고 있기 때문에 정확한 표현이라고는 볼 수 없다. 오히려 고객의 기존 모발에 다른 머리를 첨가하여 '잇는' 것이 서비스의 핵심이고, 서비스의 전체 개념에 더 근접하므로 우리말로 명칭을 칭한다면 '이음머리' 라고 하는 것이 옳은 표현이라고 할 수 있다.

그러나, 헤어 관련된 서비스들의 개념 자체가 서양에서 유입되었으므로, 커트나 퍼머, 코팅 등과 같이 영어식 표현을 그대로 유지하는 경우가 많다. 헤어 익스텐션 역시 머리를 잇거나 붙이는 부분적인 과정뿐 아니라 사전 준비에서부터 사후 관리까지 전체 스타일링 서비스에 대해 포괄적인 개념을 통틀어 말하기 때문에 본 서적에서는 '헤어 익스텐션' 이라는 영어 명칭을 그대로 사용하고자 한다.

## 2) 헤어 익스텐션의 필요성

인간은 누구나 자신의 육체를 건강하고 아름답게 꾸미고자 하는 본성이 있다. 풍성하고 아름다운 머리카락을 갖고자 하는 욕구 또한 이 같은 본성의 일부이다. 헤어스타일, 의상, 메이크업, 액세서리 등 여러 가지 요소들 중 헤어스타일은 사람의 인상을 결정짓는 매우 중요한 요소이다.

사람의 머리카락은 일정한 주기로 탈락과 생성의 사이클을 갖고 있지만 나이, 성별, 유전, 질병, 환경, 예기치 못한 사고 등 다양한 요인으로 인해 모발이 정상적인 활동이 이뤄지지 않게 되면서 탈모나 빈모 등의 문제가 발생한다.

현대인의 라이프스타일의 변화로 헤어스타일에 대한 욕구가 증가함에 따라 그 중 한 분야인 헤어 익스텐션 서비스는 자신의 헤어스타일에 대한 불만족스러운 부분을 단시간의 작업으로 개선해주는 서비스라고 할 수 있다.

기존의 헤어드레싱과 다른 점으로는 헤어드레싱은 스타일의 변화만을 가져올 뿐 헤어 컨디션의 문제점을 해결할 수는 없지만, 헤어 익스텐션 서비스는 짧은 머리를 길게, 숱이 부족한 머리를 볼륨 있게 해주고, 심지어 탈모로 인해 헤어의 손실이 있는 경우에도 아름다운 외모로 변화시켜준다는 점에서 차이가 있다.

헤어 익스텐션은 본래 고발의 손상을 거의 일으키지 않으면서 다양한 스타일로 변화가 가능하기 때문에 최근 들어 더욱 더 관심이 집중되는 헤어 서비스의 한 분야라고 할 수 있다.

## 3) 헤어 익스텐션의 기원

헤어 익스텐션이 새로운 헤어스타일링의 서비스로 자리 잡은 것은 30년 정도에 불과하지만, 그 기원을 거슬러 올라가면 수천 년 전 고대 이집트 시대에 이미 헤어 익스텐션과 유사한 시도가 있었다는 사실을 벽화나 고분 등을 통해 알 수 있다.

고대 이집트 시대에 가발을 사용했던 흔적을 여러 곳에서 발견할 수 있는데, 당시에는 주로 기존 모발에 머리를 엮어서 땋아 붙이는 형태의 가발을 즐겨 사용했던 것으로 짐작된다. 고대 그리스 시대에는 사람의 모발을 성스러운 것으로 인식해 보호 차원에서 머리에 가발을 사용했다고 한다. 전설적인 카르타고의 명장 한니발 (B.C. 247~183)이 가발을 애용한 주요 인물로 기록되어 있다.

특히 로마인들에게 가발은 최고의 애용품이였다. 줄리어스 시저(B.C. 100~44)가 황제로 군림할 때 언제나 가발을 착용하고 그 위에 월계관을 쓰는 스타일을 고수하였는데, 사실 대머리를 감추려는 의도였다고 한다. 이는 하나의 스타일로 오늘날까지 이어지면서 앞머리를 내리는 남성 헤어스타일을 '시저 스타일' 이라고 부른다.

그 밖에는 카리브 해 연안의 흑인들의 경우 오래 전부터 '브레이딩(braiding)' 즉, '땋은 머리'스타일로 익스텐션을 해왔다고 볼 수 있다.

흑인의 모발은 자연 상태로 두면 모발이 점점 구부러져서 두피를 파고드는 독특한 특징이 있다. 이를 막기 위해 돌돌 말려 있는 머리카락을 길게 잡아당겨 새끼를 꼬듯이 땋아주면 두피에 파고드는 현상을 방지하고, 볼륨도 풍성하게 하여 헤어스타일을 연출할 수 있다. 카리브해 연안의 흑인들은 전통적으로 이 같은 헤어스타일을 일상생활의 일부로 즐겨왔다. 이렇게 땋은 머리는 서로 얼기설기 엮어 만드는 '위빙(weaving)'으로 변화를 주거나, 또아리를 틀 듯 말아서 붙이는 '드레드(dread)' 등으로 다양한 시도를 하였다.

흑인들의 특징을 살린 '브레이딩(braiding)'이나 '위빙(weaving)' 등의 방법으로 헤어 익스텐션을 선보이고 또 관심을 끌게 된 반면, 백인들은 가늘고 약한 머리카락의 특징을 고려해 머리카락에 가닥을 이어 붙이는 '개별 이음머리(Individual Extension)'를 선호 하게 되었다.

머리숱이 적거나 탈모가 있는 백인들은 보완해야 될 부위에만 머리의 가닥을 넣어 볼륨을 주었고, 이는 글루건을 사용해 머리와 머리를 이어 붙이는 새로운 방법이 개발되었다.

## Q1. 헤어 익스텐션은 고가의 서비스이다?

헤어 익스텐션은 본래 서양인들의 필요에 의해 개발되어졌고, 헤어 익스텐션의 전체 시장은 유럽과 미주 전 지역이었으며, 그에 따른 모든 제조는 아시아에서 이뤄졌다. 각종 미디어를 통해 패션을 선도하는 유명인들이 헤어 익스텐션을 선보이면서 유행이 되었다. 아시아 시장에서도 커다란 붐을 일으키면서 헤어 익스텐션은 전 세계적으로 유행이 이뤄지게 되었다.

헤어 익스텐션은 결점을 보완하는 정형화된 틀에서 벗어나 하나의 패션 트렌드로 급부상하였고, 수요가 증가하면서 가격 또한 상승하게 되었다.

고가정책으로 유명한 이바리(Ivary)라는 전문 회사는 이미 20년 전부터 "우리는 1만 5천불부터 시작합니다"라고 광고하면서 헤어 익스텐션의 서비스 비용을 크게 올려놓았다. 한 일화로 유명한 가수 '프랭크 시나트라'의 부인 '바바라 시나트라'가 이바리(Ivary)의 지나치게 높은 가격에 불만을 품고 필자를 방문해 1/10의 비용으로도 만족할 만한 서비스를 받을 수 있다는 것을 알고 놀라워했다.

최근에는 헤어 익스텐션이 대중화되면서 제조업체와 서비스업체들은 가격을 낮추기 위해 서로 부심하고 있다. 하지만 가격이 점점 낮아지는 만큼 품질도 다소 떨어지는 경향이 있으므로 적절한 가격에 질 좋은 서비스를 제공하는 일이 성패의 관건이 되고 있다.

## Q2. 시대적으로 사람들은 어떠한 헤어스타일을 선호하였는가?

헤어스타일은 사람의 신체 중에서 시대와 장소의 특징을 대변하며 누구나 손쉽게 변화를 줄 수 있다는 특징이 있다. 선호하는 헤어스타일은 시대적인 유행에 따라 변화되어 왔고 헤어스타일을 통해 그 시대의 가치관을 파악할 수 있기도 하다.

2차 대전 당시 일본인들이 짧은 머리를 했던 이유는 국가적으로 전쟁을 치르는 일에 사회적 관심을 집중시키려는 의도가 있었다고 하는 것이 일례다. 할리우드의 무비 스타들과 셀럽들은 그 시대에 가장 유행하는 헤어스타일을 대변한다고 볼 수 있다. 1960~70년대 유명 배우인 '로버트 테일러'나 '개리 그랜트'는 주로 왼쪽 가르마를 타고 단정히 옆으로 빗어 넘기는 깔끔한 스타일을 선호하였다. 배우 '리처드 기어'는 머리 전체를 뒤로 자연스럽게 넘기는 '펌퍼돌 스타일'이 유행하였고, '록스타 엘비스 프레슬리'도 데뷔 초기에는 가르마를 탄 댄디한 스타일로 등장했으나 나이가 들면서 뒤로 넘기는 스타일을 선호하였다. 흑인들의 경우 초창기에는 와상모를 탈피하고자 직모 형태를 추구하였으나, 근래에는 흑인 그대로의 아름다움을 갖추는 것이 더 매력적이라는 의식이 확산되면서 오히려 그들의 머리 질감과 특징을 살리고 유지하는 디자인으로 발전되는 추세이다.

동양에서는 수십 년 전 포마드를 발라 단정하고 가지런하게 유지하는 형태였고, 현재는 자연스러운 디자인을 추구하는 시대적 변화에 따라 각자의 취향에 따라 자연스러워 보이는 스타일을 선호한다.

### 가발과 익스텐션에 대한 역사적 기록

- 1624년: 1600년대는 프랑스에서 가발을 많이 만들던 시기로 루이 13세가 애용한 가발은 대머리 커버용이었을 것이라고 추측된다.
- 1675년: 법관용 가발이 사용되던 시대로 머리를 쓴다는 것이 권위의 상징이었다. 프랑스어로 'Peruke periwig'이라고 하며 영국에서 사용되었다.
- 1822년: 런던의 '험프리 레이븐스크로프트'(humpri ravenscroft)가 가발 특허를 냈다. 말총으로 대법관 가발을 만들었는데, 질기고 잘 상하지 않기 때문에 반영구적으로 사용할 수 있는 품질을 가지고 있다.
- 1900년: 영국의 한 전단지에 헤어 익스텐션에 관한 광고가 소개되었다. 이는 익스텐션이라는 개념이 시작된 최초의 기록으로 볼 수 있다.
- 1962년: 패션용품의 하나로 인정되어 모자 대신 가발이 더 인기가 있었고, 100%인모를 사용했다.
- 1971년: '내셔널 지오그래피'에서 이집트인들은 남녀노소 모두가 가발을 애용했다는 기록이 있고, 이집트의 미라가 가발을 착용한 것도 발견되었다.
- 1973년: 남성용 가발과 헤어피스가 다양하게 개발되었다.

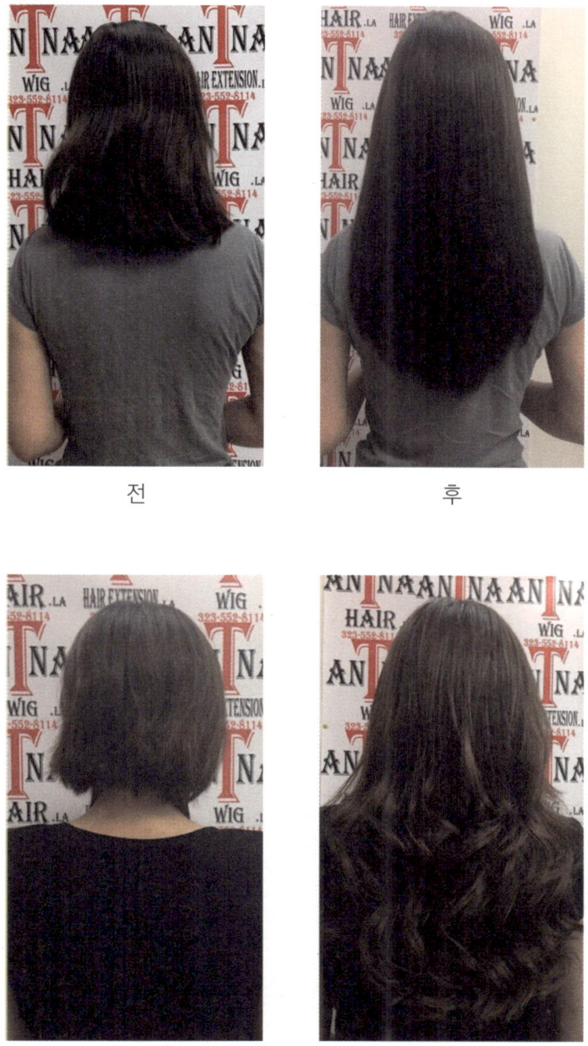


전 후

전 후

[그림 4-1]
붙임머리 전후

# 2 모발의 종류

## 1) 인모와 인조모

우리나라는 1960~1970년대에 가발수출국으로 명성을 높였다. 1966년 1,062만 달러, 1967년 1,978만 달러, 1968년 3,055만 달러, 1969년 5,336만 달러, 1970년 9,357만 달러 약 1억 달러로 우리나라 총 수출량의 9.3%를 점유하면서 단일 품목으로는 의류와 합판 다음으로 제3위(자료: 대한무역투자 진흥공사)가 될 만큼 모발의 수거가 양호했다. 그러나 현재 우리나라는 우리나라사람의 인모는 거의 없고 주로 중국과 인도, 인도네시아 등 동남아 쪽에서 수입되는 원모가 주류를 이루며, 유럽과 미국의 수요를 만족시키고 있는 것은 인도의 사찰 모발이다.

가발에 사용한 원사를 분류하면 인모(Human Hair)와 합성섬유(Synthetic hair)가 있다. 가발의 질은 수공(by Hand)으로 만들어졌는지 기계(by Machine)로 만들어졌는지에 의해 결정되며 미세한 그물 형태에 손으로 짠(Hand Knotted) 가발은 비싸고 기계로 짠 원형 줄로 된 그물 cap형은 저렴하다. 인모, 인조모, 동물의 모, 조모, 합성모 등의 5가지 유형으로 구분한다.

## (1) 인모(Human Fair Wigs)

### ① 인모

인모는 유럽모(European), 인도모(Indian hair), 중국모(China hair) 등이 있다.

머리카락의 굵기를 살펴보면 유럽모는 25~45 Denier, 인도모는 45~50 Denier, 중국모는 55~60 Denier이고 한국인과 일본인은 50~55 Denier 정도이다. 유럽 사람들의 머리카락이 가장 가늘며 중국인들이 비교적 굵은 머리카락을 가지고 있음을 알 수 있는데, 이러한 머리카락의 굵기는 만들고자 하는 가발의 종류에 따라 원모를 선택하게 되므로 소재의 굵기에 대한 정확한 데이터를 가지고 있다는 것은 가발을 제작하는 주체로서 매우 중요한 일이다. 인모는 인조모에 비하여 가격이 월등히 비싸지만 자연스러운 스타일링 연출이 가능하며, 스트레이트에서 컬리(curly) 헤어까지 모발의 종류도 다양하다.

- 인도모 : 가늘고 남성계열의 모발로서 여성모발에 가깝다.
- 중국모 : 굵으며 국내 모발과 가장 흡사한 모발의 형태이고 인도모보다 탄력적이다.
- 보통의 경우 남자가발은 중국모 50%와 인도모 50%를 혼합해서 제작하며 여성인 경우는 인도모를 70~80% 정도를 사용하기도 한다. 인도모를 많이 사용할 경우 모발이 가볍기 때문에 날리는 느낌을 줄 수 있어 남자 가발의 경우 인도모가 50%를 넘어서는 좋지 않을 수 있다.

㉠ Unprocessed Human Hair

화학적으로 가공되지 않은 모발을 이용하여 만든 가발로 hair piece로 이용하고 가장 비싸다. 오랜 지속성과 컬러, 길이, 짜임새 및 컬의 패턴에 따라 사용한다.

㉡ Processed Human Hair

인모에 한 가지 이상 화학적인 공정을 거쳐 만들어진 모발을 이용하여 만든 가발로 대부분 가공된 인모 hair piece는 가용성과 적당한 비용문제로 인하여 인도, 인도네시아, 중국에서 제조한다.

### ② 특성

- 섬유의 재료실제 인모(人毛)만을 사용했기 때문에 무엇보다도 자연스러운 느낌을 가질 수 있다.
- 물리적 현상물리적인 방법으로 Wig를 몇 가닥 Cut하여 성냥불로 태워 보면 느리게 타면서 강한 냄새가 난다.
- 실제 사람에게 적용할 수 있는 펌 웨이브, 염색 및 탈색 등과 같은 화학제품의 시술은 물론 세팅, 드라이, 샴푸 모두 가능하다. 인모의 경우 대부분은 모 표피(Cuticle)에 약품처리를 하는데 이유는 가발을 위해 커팅한 모발이 시간이 지날수록 거칠고 윤기가 없어지므로 약품처리 과정을 통하여 인위적인 윤기를 내줌으로써 더욱 건강하고 잘 가꾸어진 모발의 형태를 갖게 해주며 더불어 유연한 빗질도 가능하게 해주기 때문이다.

## (2) 인조모

여러 가지 다양한 화학 섬유를 섞어서 제작한 인조모는 실제로 인모보다 열이나 외부 마찰에 의하여 쉽게 손상된다. 인조모는 생산되는 방법에 따라 그 품질(quality)이 매우 다양하지만 대부분의 인조모는 인모에 비해 움직임이 부자연스럽고 모질도 더 뻣뻣하다. 인조모는 인모보다 저렴한 편이고, 컬링 아이롱이나, 플랫 아이롱 등의 사용이 불가하여 스타일링 연출이 어려우나, 요즘은 열에 강한 섬유를 이용하여 제작한 인조모도 대량 생산되고 있다.

## (3) 인모와 인조모의 종류와 장·단점

〈표 4-1〉 인모와 인조모의 종류와 장·단점

| | 구분 | 특징 | 장점 | 단점 | 비고 |
|---|---|---|---|---|---|
| 인모 | 중국모 | 한국인 모발과 굵기, 감촉 유사 | 헤어스타일이 자연스럽다. | 샴푸 시 엉킴이 심하므로 주의가 필요하다. | 인모의 장점과 인조모의 장점을 합쳐서 가발을 만드는 경우도 있다. |
| | 인도모 | 유럽인 모발과 굵기, 감촉 유사 | 비교적 열에 강하다. 퍼머나 염색이 가능하다. | 긴 머리의 인모가 잘 없다. | |
| | 인도네시아모 | 유럽인 모발과 유사 | 머릿결의 변형이 적다. | 탈색이 된다. | |
| | 이탈리아모 | 자연모발로 색상 별로 있음 | 스타일 연출이 자유롭다. | 퍼머나 염색이 가능하다. | |
| 인조모 | 미국모 | Modacrylic | 컬러가 오래 유지된다. | 퍼머나 염색이 안된다. | 국내에서 생산되는 인조모 중 '기억형상모'가 있어 스타일을 오래 유지하는 것도 있다. |
| | 일본모 | Synthetic (kanekalon) | 수명이 인모 보다 긴 편이다. | 열과 마찰에 비교적 약하다. | |
| | 독일모 | Synthetic | 처음 스타일이 오래간다. 모발 길이 조절이 자유롭다. | 인모에 비해 윤기가 많다. | |

### ① 인모

- 장점
  - 머릿결의 변형이 적고, 헤어스타일의 연출 시 스타일링 제품 사용에 제약이 없으며 자유자재로 가능하다.
  - 비교적 열에 강하므로 펌이나 염색 등이 자유롭다.

- 단점
  - 샴푸 시 엉킴을 풀어주지 않으면 시간이 지날수록 끊어질 수 있다.
  - 긴 머리의 모장을 구하기가 어렵다.
  - 인조모에 비해 수명이 짧다.

- 시간이 지나면 탈색되고 푸석거린다.(다시 염색하면 새 제품, 본인머리보다 탈색이 빠름)
- 잦은 세팅, 염색은 모발을 손상시킨다.
- 습기나 땀에 볼륨이 풀린다.
- 가격이 비싸다.

※ 인모의 장점과 인조모의 장점을 합쳐서 가발을 만드는 경우가 있다. 염색, 매직기, 드라이기 모두 가능하고 스프레이, 왁스제품도 가능하다.

### ② 인조모

㉠ 재료 : Modacryl, PVC, PET, PP 등 인모와 유사한 합성섬유

㉡ 미국 Modacryl 섬유, 일본 KaneKalon 섬유, 독일 Synthetic 섬유

• 장점
- 수명이 인모보다 긴 편이다.
- 처음 스타일이 오래가고, 컬러가 장기간 유지된다.
- 모장의 길이 조절이 자유롭다.
- 가격이 저렴하다.

• 단점
- 펌이나 염색이 불가능하다.
- 열, 마찰에 비교적 약해 쉽게 엉키고 엉킴을 풀기 힘들다.
- 시간이 지나면 스프링처럼 말림현상이 일어난다.
- 인모에 비해 윤기가 많다.
- 빛 흡수를 못해 햇볕에 반짝거림이 있다.
- 머리카락이 다소 거친 느낌이 든다.
- 엉킴과 정전기현상이 있다.
- 착용자의 본머리와 매치율이 떨어질 수 있다.
- 국내에서 생산되는 인조모 중 '형상기억모'가 있어 스타일을 오래 유지하는 것도 있다.

※ 염색, 매직기, 드라이기는 불가능(PET 고열사 경우 부분적으로 가능)하나 스프레이, 왁스는 사용 가능하다.

③ 혼합모(Mixed Hair) = 인모(Human Hair) + 인조모(Sythetic Hair)

가발 외부 Hair 소재를 인조 합성모(가발사용에 적합한 원사)와 인모를 적합한 스타일을 만들어 내기 위해 적절하게 혼합하여 만든 제품이다.

• 장점
- 인모와 인조모의 비율을 달리하면 인모와 인조모의 단점을 극복할 수 있다.
- 인모비율이 높으면 드라이 및 세팅이 쉽다.
- 염색이 어느 정도 가능하다.
- 인조모의 컬을 유지한다.
- 볼륨감 형성이 좋다.

• 단점
- 세팅온도, 취급방법이 서로 달라 관리가 까다롭다.
- 염색은 인모만 가능하고, 매직기, 드라이 사용이 가능하다. (혼합원사의 온도 고려)
- 스프레이, 왁스사용이 가능하다.

## (4) 인모와 인조모의 구별법

인모가발의 커트한 모발은 시간이 지날수록 거칠고 윤기가 없어지므로 모의 표피에 약품처리과정을 통하여 인위적인 윤기를 줌으로써 건강하고 잘 가꾸어진 모발의 형태를 갖게 해주고 유연한 빗질을 가능하게 한다.

인조모는 나일론이나 아크릴 섬유 같은 화학제품으로 만들어지고, 주로 독일에서 수입한 형상기억모발이 많이 사용되고 있으며, 자연스러움을 유지하고 외관상으로도 탄력성을 갖추고 있다.

## ▣ 머리카락을 불에 태워본다.

### ① 인모

- 완전 연소,덩어리가 남지 않는다.
- 까맣게 말려 올라간다.
- 유황 냄새, 오징어 굽는 냄새, 털 타는 냄새가 난다.

### ② 인조모

- 빨리 탄다.
- 재속에 조그맣고 딱딱한 덩어리가 남는다.
- 연기, 그을음이 심하다.
- 원모가 녹는다.
- 자극적인 화학섬유 냄새가 난다.
- 탈색을 해본다.

〈표 4-2〉 인조모 종류

| 인조모 | 온도 | 설명 |
|---|---|---|
| 프로테인 | 230° | 단백질 종류, 유기 화학제, 나일론 원료 |
| 모다 아크릴 | 100~110° | 패션 가발 위주, PVC나 아크릴이 혼합되어서 패션가발로 만들어지는 것이 통상적, 주로 흑인용 가발로 고가로 판매 |
| PVC | 95~105° | 가볍고, 95% 생산되는 것이 가네카론회사이며, 유광과 무광이 존재 |
| PET | 저열사 (110~120°) | 가발 만들 때 사용 |
| | 고열사 고가의 원사 | 나트라 270° |
| | | 퓨트라 230~240° |
| PP | 85° | 업스타일 할 때 사용하는 재료(씽) |

〈표 4-3〉 인조모 단면 이미지

| 종류 | 이미지 | | |
|---|---|---|---|
|  | 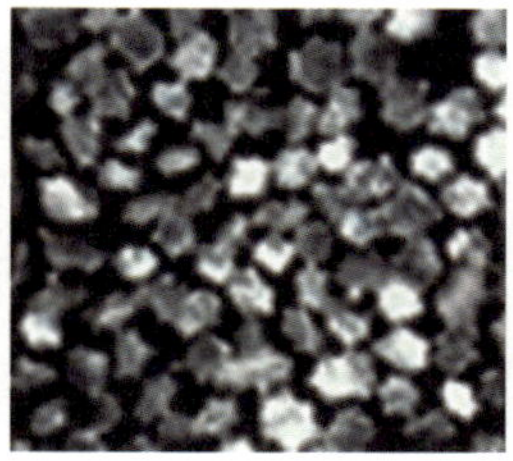 | 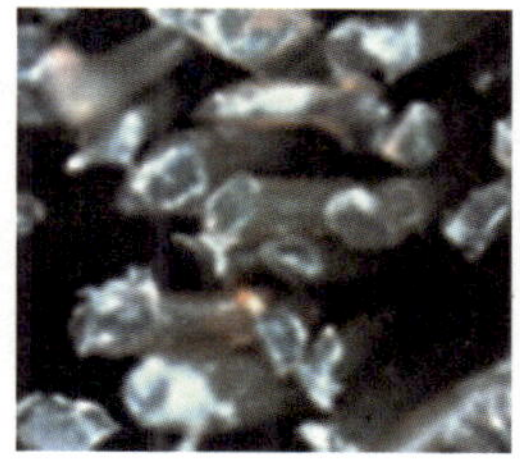 | 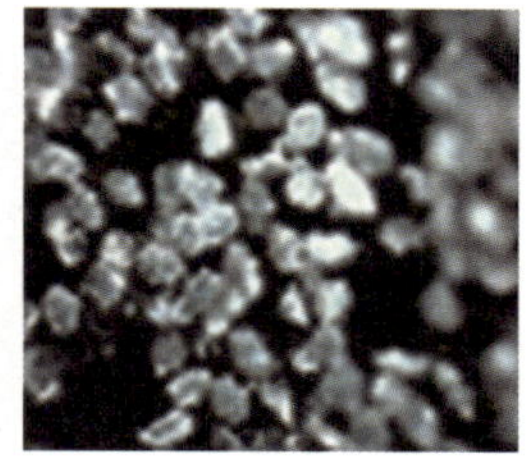 |
| 인모 | PVC(폴리염화비닐 [-鹽化-, Polyvinyl Chloride] = 합성수지 ) | 모다크릴(section of modacrylic fiber) | PET(Polyethylene Terphethalate 폴리에틸렌테레프탈레이트) |

| 인종 | 동양인 | 유럽인 | 흑인 |
|---|---|---|---|
| 이미지 | 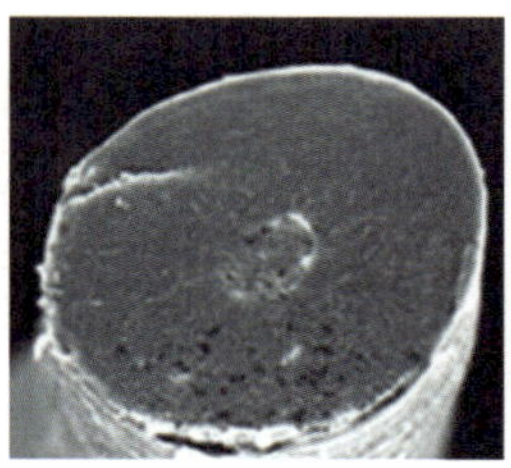 | 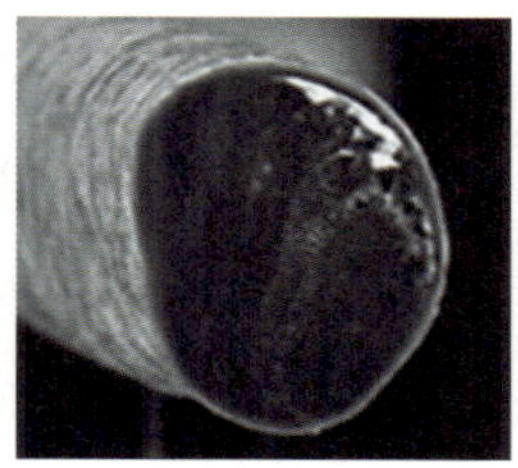 | 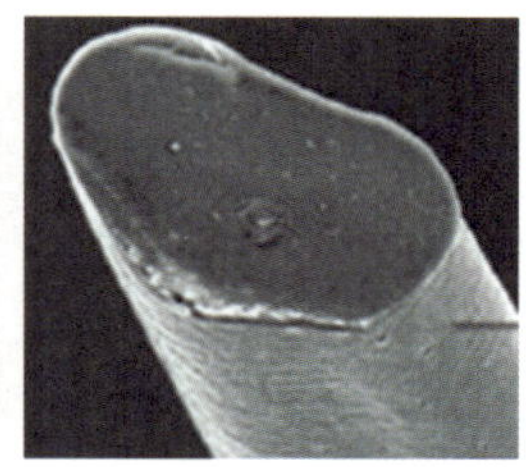 |

# 3 모발의 특성

## 1) 익스텐션용 모발의 현 시점

초창기에는 인도에서 가장 많은 모발이 제공되었다. 전통적으로 긴 머리를 유지하다가 종교 의식을 치르면서 제단에 머리를 잘라 바치는 문화적 관습을 지닌 인도는 길고 흩어지지 않는 모발을 제공하는 유용한 공급지였다.

그러나 육식보다 채식위주의 음식섭취, 더운 기후와 풍토는 모발의 질감에 있어 힘이 없고 건강하지 못하다는 단점이 있다.

수거된 모발을 상품화하기 위해서는 탈색과 염색의 처리 과정을 거치고, 가공이 끝난 직후에는 모발이 부드럽지만 얼마 지나지 않아 힘이 없고 약해져서 스타일을 제대로 살릴 수 없는 경우가 많다.

최근에는 중국인들의 모발을 선호하는데, 한국인들의 모발처럼 굵고 빳빳하다. 가공 처리에는 잘 견디지만 가발을 만들면 모양과 형태가 잘 살지 않는 단점이 있다.

몽고인들의 모발은 초원에서 생활하는 전통적 특성 때문에 튼튼하고 질감이 좋으나, 인구 3백만 이하의 소국으로 대량 공급은 불가능하다.

기타 인도네시아 등에서도 재료용 모발이 공급되고 있으나 미비한 실정이다.

유럽인들의 모발 가운데 가장 상품의 가치가 있는 모발의 원산지는 이탈리아이다.  특히 공기가 좋고 청정한 환경을 가진 '시실리 섬' 사람들의 모발의 질이 가장 우수한 것으로 평가되고 있다. 상대적으로 같은 이탈리아라고 해도 로마와 같은 도시 지역의 사는 사람들의 모발은 염색을 많이 하기 때문에 모질이 좋지 않다.

최근 우수한 질의 모발로 급부상한 나라가 러시아로, 최상의 품질을 자랑하지만 모발의 색상이 다양하지 않고 유사하다는 단점이 있다.

북유럽의 스웨덴이나 덴마크 지역에서 공급되는 모발은 다양한 컬러를 가지고 있으나, 부유한 국가로 모발 판매에 관심이 적기 때문에 공급받기가 다소 어려운 실정이다.

## 2) 익스텐션에 좋은 모발이란?

과거에는 모발 제작을 위해 모발을 자르는 것이 아니라 자연적으로 빠진 모발을 한꺼번에 섞어 가공하였다. 머리카락을 현미경으로 자세히 살펴보면 비늘처럼 일정한 결이 보이는데, 위아래가 마구 섞여있어 표피의 큐티클이 서로 엉겨 붙어 있는 상태다. 결국 강력한 산화 처리를 통해 엉킴은 해결되지만 모발은 이미 약해져 있는 상태이기 때문어 여기에 염색을 더하게 되면 출시된 당시에는 오일 처리가 되어 모발이 품질이 우수하지만, 1~2개월 후에는 영양 성분이 없어 푸석푸석한 상태가 된다.

이 같은 문제점을 해결하기 위해 현 상태를 최대한 유지하면서 커트를 하고, 달비 상태 그대로 보관, 운반하여 80~90%를 원상태를 유지하도록 하는 관리 방법이 개발되었다. 그러나, 모발을 염색하는 데 있어 색상 매치가 어려운 점이 있다. 러시아인의 모발은 이처럼 판매 당시에 최대한 원상태로의 유지가 가능하기 때문에 값어치가 높다.

사람의 모발을 대용하기 위해 개발된 인조머리는 익스텐션에는 좋지 않다. 왜냐하면 샴푸를 하다보면 본인의 모발과 익스텐션 모발이 서로 엉겨 붙고, 익스텐션 모발에는 펌 약이 침투하지 못하기 때문에 퍼머넌트 같은 스타일링이 불가능하다.

## 3) 모발의 분류

### (1) 길이에 의한 분류

헤어 익스텐션용 헤어피스는 롱(long), 미디움(medium), 쇼트(short)의 다양한 길이로 제작된다.

### (2) 텍스처에 의한 분류

헤어피스는 제품의 브랜드에 따라서 명칭이 여러 가지로 표현되고 있지만 크게 스트레이트(straight hair), 굵은 웨이브(wavy hair), 컬(curly hair)로 구분할 수 있다.

### (3) 컬러에 의한 분류

색상, 명도, 채도에 따라 다양한 색상의 헤어피스가 있다.

## 4) 모발의 특성에 따른 종류

① 일반모(인모)

- 펌, 염색은 자유롭다.
- 장시간 사용 시 모발이 많이 거칠어지고 부스스해진다.
- 합성모나 혼합모에 비해 가격은 비싸다.
- 스타일링이 자유로워 자연스럽다.
- 큐티클 방향이 역방향으로 되어 있어 장기간 사용 시 모발이 많이 거칠어지고 부스스해지면 잘 엉킨다.

② 레미모

- 100% 인모라서 합성모나 고열사에 비해 가격은 비싸지만 펌과 염색이 자유롭다.
- 큐티클 방향이 일정해 부스스함과 건조함이나 엉킴 현상이 적다.
- 스타일링이 자연스럽고 보편적으로 숍에서 가장 많이 선호한다.
- 염처리와 산처리 과정을 거쳐 약 손상 모발이라고 생각하고 관리하면 된다.

### ③ 달비모, 생모, 천연모

- 고가 모발이다.
- 큐티클 방향이 일정하게 가공되어 있다.
- 찰랑이는 머릿결이 오래 유지되고 엉킴 발생이 적다.
- 재사용 리터치 기간이 길다.
- 고데기, 염색, 펌 가능하다.
- 염처리는 하지만 산처리(거친 큐티클제거 작업)를 거의 하지 않는 모발로 손상도가 적다.

### ④ 합성모

- 가격이 저렴하지만 인모와 다르게 빛이 나서 자연스럽지 못하다.
- 염색과 펌이 불가능하며 스타일링을 따로 할 수 없다.
- 몇 번 쓰고 나면 엉킴 현상이 생겨 오래 사용하지는 못한다.

### ⑤ 혼합모

- 인모와 유사하나 100% 인모만큼 자연스럽지는 못하다.
- 합성모와 섞여 있어 펌이나 염색이 잘 나오지 않는다.
- 인모에 비해 가격은 저렴하나 드라이 시 합성모가 타서 냄새가 난다.

# 4 익스텐션 시술 방법에 따른 제품의 종류

붙임머리는 모발의 길이를 연장하는 방법으로 그 기법이 다양하며 테이프, 클립, 링 실리콘, 딸기 등이 있다.

## 1) 붙임머리

### (1) 테이프

[그림 4-1] 테이프

가모의 테이프 부분을 모발에 부착하고 열을 전도하여 고정하는 방법이다. 엉킴 현상이 적으며 다른 익스텐션 기법에 비하여 시술 방법이 간단하고 시간도 적게 소요된다.

### (2) 클립

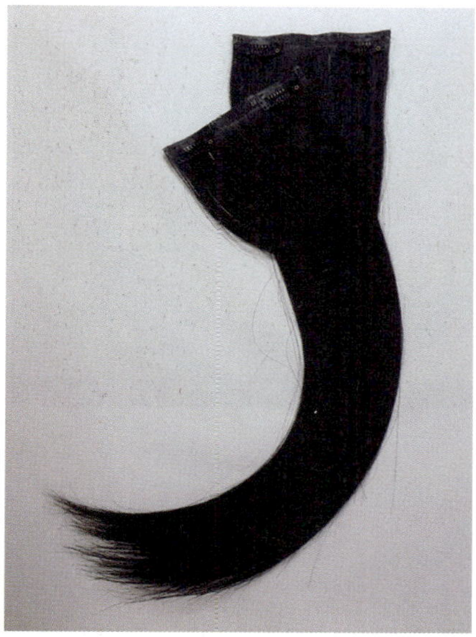

[그림 4-2] 클립

헤어피스에 클립이 부착된 형태로 두상의 둘레에 맞게 피스의 폭이 다양하게 제작된다. 클립을 오픈하여 본래의 모발에 고정하는 방식으로 손쉽게 탈·부착이 가능하다.

### (3) 링

링에 연결된 헤어피스를 붙임머리용 전용 집게를 이용하여 모발에 부착하는 방법이다. 접착제를 사용하지 않으므로 다른 기법과 비교하였을 때 모발의 손상이 적다.

또한 작업이 쉽고 간편한 반면 집게를 사용해 링을 너무 강하게 집어줄 경우 쇠의 성분이 링에 의해 모발이 끊길 수 있다는 점을 유의해야 하며, 집어주는 힘이 느슨하여 모발에서 링이 흘러내리지 않도록 적절한 힘 조절을 요하는 작업이다.

[그림 4-3] 링

(4) 실리콘

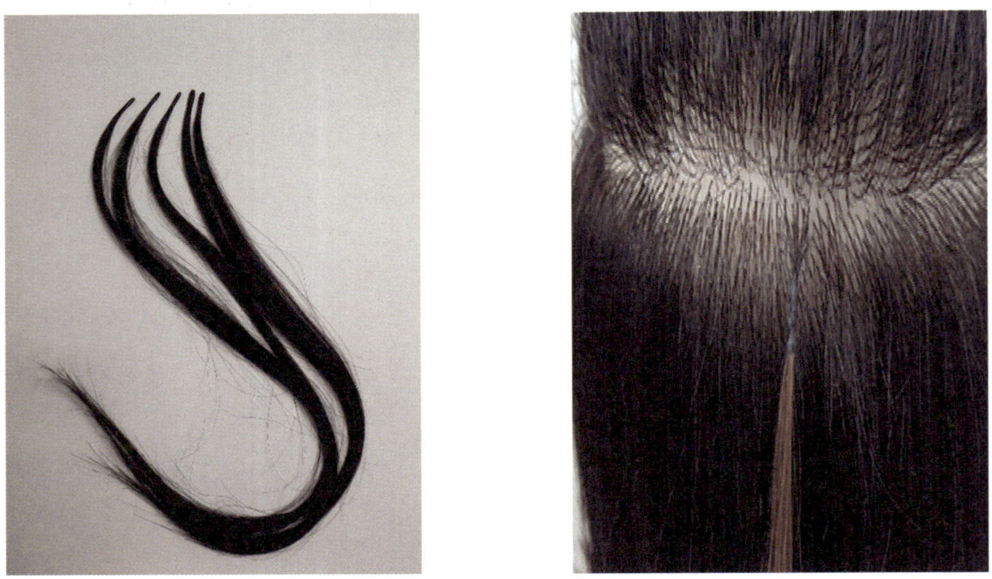

[그림 4-4] 실리콘

글루(실리콘/단백질) 접착제를 이용하여 헤어피스를 모발에 붙여 고정하는 방법이다. 부착할 때 본 모발과 헤어피스의 각도 조절이 중요하며, 뿌리각도가 들리지 않도록(뿌리에서 15°)주의해야 하고, 다량의 모발과 접착했을 때 머리카락 한 올의 당김 때문에 불편함이 느껴질 수 있으므로 유의한다.

실리콘을 과하게 사용하여 실리콘 매듭이 거칠어지거나 뭉치지 않도록 적당량을 사용하여 매듭을 작고 깔끔하게 만들어 주는 것이 중요하다. 또한 모발이 자라나면서 접착 부분이 보일 수 있으며 열에 의해 녹을 수 있다는 단점이 있다.

### (5) 땋기

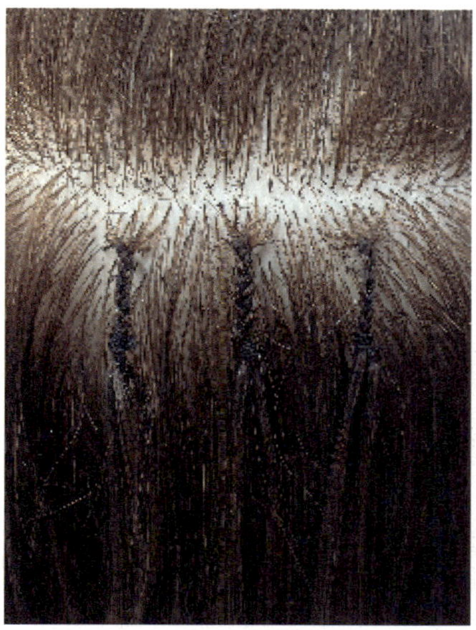

[그림 4-6] 세 가닥 땋기

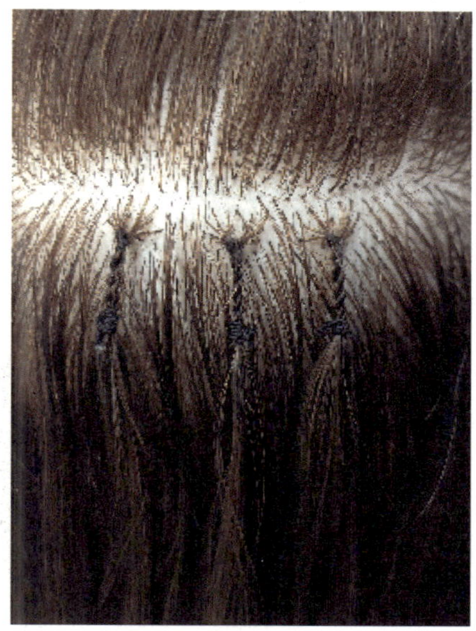

[그림 4-7] 트위스트 땋기

땋기의 종류는 3가닥 땋기, 2가닥(트위스트) 땋기가 있다. 3가닥 땋기는 일명 디스코 땋기 식의 방법이고, 2가닥(트위스트)는 비튼다는 의미로 밧줄의 꼬임과 비슷한 모발 형태를 말하며, 자모모발과 증모모발의 중간부를 서로 교차하여 매듭을 꼬는 방식이다 .

종류로는 싱글 트위스트와 더블 트위스트가 있다. 싱글 트위스트는 파팅 사이의 모발을 한쪽 방향으로 비틀어서 두피에 밀착하는 방법이다. 더블 트위스트는 두 가닥의 모발을 교차하듯이 비틀어서 두피에 밀착하는 방법이다.

## 2) 특수 머리

### (1) 콘로(cornrow)

콘로의 어원은 옥수수 알의 배열을 뜻하고, 땋은 모양이 '옥수수 밭길 같다'하여 콘로라는 이름이 유래되었다. 콘로는 옥수수 콘처럼 한콘 한콘 깔끔하게 시술하는 것을 말한다. 머리가채(가발)를 사용하여 연장해서 땋기를 응용해 모발을 두피에 밀착시킨 후 머리털을 딴딴하게 여러 가닥으로 땋아 3가닥을 뒤집어 밖으로 돌출되게 집어 땋는 흑인 머리형 스타일이다.

파팅의 형태에 따라 직선 콘로, 곡선 콘로, 방사 콘로, 기하학적 문양의 콘로가 있다.

#### ① 직선 콘로

섹션과 선을 직선 또는 사선으로 형태를 만든다.

[그림 4-8]
직선 콘로

### ② 곡선 콘로

섹션을 곡선으로 나눈 다음 슬라이스 라인을 따라 회전하면서 형태를 만든다.

[그림 4-9]
곡선 콘로

### ③ 기하학 콘로

기하학적 무늬를 적용해 슬라이스를 라인을 따라 형태를 만든다.

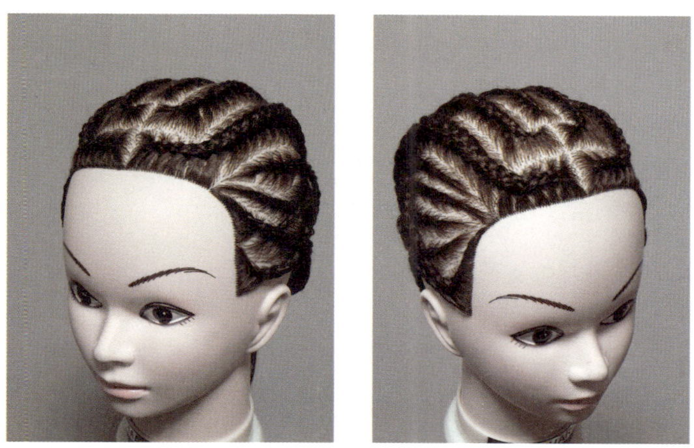

[그림 4-10]
기하학 콘로

### (2) 브레이즈(Braids)

다양한 종류와 색깔이 있는 원사를 이용해 머리카락과 함께 여러 방식으로 땋는 스타일로 길이 변화가 자유롭고 개성 있게 연출할 수 있다. 특수머리 스타일 중 보통 여자들이 얀브레이즈를 가장 선호하는 편이고, 좀 더 남성다움을 나타내고자 할 때 브레이즈를 시술한다.

[그림 4-11] 2가닥 브레이즈(2 strand twist braids)
: 2가닥으로 트위스트 하는 브레이즈

[그림 4-12] 3가닥 브레이즈(3 strand twist braids)
: 3가닥으로 트위스트 하는 브레이즈

브레이즈는 세 가닥 땋기를 기본으로 하여 모발을 교차하거나 가늘고 길게 여러 가닥으로 늘어뜨려 연출하는 헤어스타일이다. 모발을 땋는 방법이나 가모의 종류, 재료에 따라 명칭과 종류가 다양하다. 얀 브레이즈, 3가닥 브레이즈, 마이크로 브레이즈 등이 있다.

[그림 4-13] 얀브레이즈(Yarn braids)
: 색실을 이용한 브레이즈

[그림 4-14] 마이크로 브레이즈 (micro braids)
: 굵기가 가장 얇은 가닥수의 자연스러운 브레이즈

### (3) 드레드(dread)

곱슬 모발에 가모를 연장하여 코바늘을 이용해 로프처럼 엉킨 모발 다발로 연출하는 스타일이다. 장기간 모발을 감지 않아 모발끼리 엉켜 붙어서 관리하지 않은 듯한 헤어스타일로 주로 흑인들의 머리 형태에서 찾아볼 수 있다. 드레드락, 드레드 스핀락 등 그 종류가 매우 다양하다.

[그림 4-15] 드레드(dread)

# 5 고객 상담과 예약

## 1) 고객 상담

일반적으로 고객 상담은 여러 가지 복합적인 요소를 지니고 있다. 서비스를 제공한다는 개념과 수익창출의 개념 중 어느 것에서 출발할 것인가에 따라 상담의 이유와 내용이 전혀 달라지기 때문이다.

헤어 익스텐션은 '서비스'다. 고객이 익스텐션 헤어에 관심이 있어 전화로 문의하고 살롱을 방문하여 성공적으로 익스텐션 서비스를 받고 만족하며, 애프터 케어 서비스를 위해 재방문하는 모든 과정 내내 고객 상담이 필요하다고 해도 과언이 아니다. 익스텐션 서비스에서 고객 상담은 서비스의 시작이자 마무리라고 할 수 있다.

### (1) 전화 문의 상담

광고를 접하거나 주변의 권유 등으로 관심이 생긴 고객의 경우 대다수는 전화 문의를 시도하거나 이메일로 문의하는 것이 첫 시작이다. 처음부터 직접 방문하는 것보다 심리적으로 부담이 덜한 상태에서 정보를 얻을 수 있고 여러 곳의 서비스를 비교해볼 수 있기 때문이다.

일단 문의를 하는 사람은 익스텐션 서비스에 대해 관심이 있는 경우이므로 이 관심을 잘 살려서 직접 방문하는 고객으로 이끄는 것이 중요한 관건이다. 친절하고 성의 있는 답변을 제공하되 방문해도 부담이 없고 자신의 필요에 맞는 더 구체적인 정보를 얻을 수 있다는 믿음을 주어야 한다. 전화 상담의 목소리와 태도, 답변 내용 등은 고객이 살롱의 실력과 분위기, 신뢰도를 가늠하는 잣대가 되므로 신중하면서도 세심한 자세로 고객의 심리적인 상태와 변화를 파악하는 접근이 필요하다.

대답하기 곤란한 질문을 한다거나 무조건 방문해보라는 식의 태도를 지양하고, 고객의 프라이버시를 존중해주면서 고객 스스로 자신의 문제점을 털어놓을 수 있는 분위기를 조성하는 것이 중요하다.

〈표 4-4〉 고객 상담용 차트

<table>
<tr><td colspan="3">헤어 살롱 :</td><td colspan="3">상담일 :</td><td colspan="2">상담자 :</td></tr>
<tr><td>성명</td><td colspan="2"></td><td>주소</td><td colspan="2"></td><td>성별</td><td>남 / 여</td></tr>
<tr><td>전화</td><td colspan="3">집전화 :</td><td colspan="4">휴대전화 :</td></tr>
<tr><td colspan="8">❖ 고객 직접 작성 항목</td></tr>
<tr><td colspan="8">이전에 헤어 익스텐션을 해보신 경험이 있으십니까? ( 예 / 아니오 )</td></tr>
<tr><td colspan="8">해보셨다면 언제, 어떤 스타일을 해보셨습니까? ( 예 / 아니오 )</td></tr>
<tr><td colspan="8">복용 중이거나 복용 예정인 약이 있으십니까? ( 예 / 아니오 )</td></tr>
<tr><td colspan="8">헤어 익스텐션으로 해결하기를 희망하는 불편 사항이 있으십니까? 예를 들어 원형탈모, 항암치료, 여성탈모증 ( 예 / 아니오 )</td></tr>
<tr><td colspan="8">평소에 헤드기어나 헬멧 등의 장비를 착용하십니까? ( 예 / 아니오 )</td></tr>
<tr><td>지금 고객의 헤어는?</td><td>퍼머한 상태</td><td>염색한 상태</td><td>하이라이트 한 상태</td><td>자연 상태</td><td colspan="3">기타</td></tr>
<tr><td>고객의 모발 타입은?</td><td>건성</td><td>중성</td><td>지성</td><td colspan="4">상한머리</td></tr>
<tr><td>희망 익스텐션 타입은?</td><td>스트레이트형</td><td>중간 웨이브형</td><td colspan="5">잔 웨이브형</td></tr>
<tr><td colspan="8">❖ 스타일리스트 체크 항목</td></tr>
<tr><td>모발 길이(네이프)?</td><td>7cm</td><td>12cm</td><td>15cm</td><td colspan="4">기타</td></tr>
<tr><td>익스텐션 타입?</td><td>소량 추가</td><td>볼륨 증가</td><td>길이 연장</td><td>대체 헤어</td><td colspan="3">기타</td></tr>
<tr><td>익스텐션 헤어 형태?</td><td>휴먼익스텐션헤어</td><td>인조익스텐션헤어</td><td>웨트</td><td>프리본드헤어</td><td colspan="3">패션 브레이드</td></tr>
<tr><td>필요 익스텐션 길이?</td><td>14인치</td><td>16인치</td><td>18인치</td><td>20인치</td><td>22인치</td><td colspan="2">24인치 이상</td></tr>
<tr><td>익스텐션 헤어 컬러?</td><td></td><td></td><td></td><td></td><td></td><td colspan="2"></td></tr>
<tr><td>예약일시</td><td colspan="2"></td><td colspan="2">소요시간</td><td colspan="3"></td></tr>
<tr><td>필요 애프터서비스 제품</td><td colspan="7"></td></tr>
<tr><td>스타일 관리 예약</td><td colspan="3">재정비</td><td colspan="4">스타일링 제거</td></tr>
<tr><td>합계 : 원</td><td colspan="3">예약금 50%</td><td colspan="4">잔금 :</td></tr>
<tr><td colspan="8">예약금은 반환되지 않으니 이 점 양지하시기 바랍니다.</td></tr>
<tr><td colspan="8">헤어 익스텐션의 과정과 결과에 대한 충분한 상담을 받았으며 익스텐션을 유지하는 동안에는 애프터 케어 요청에 잘 따라주시기 바랍니다.</td></tr>
<tr><td colspan="8">익스텐션 헤어스타일을 잘 유지하려면 고객께서는 정기적으로 스타일리스트를 방문하여 서비스를 받아야만 합니다.</td></tr>
<tr><td colspan="8">모든 헤어 익스텐션 시스템은 고객의 모발을 보호하기 위해 3개월이 끝날 때 반드시 제거해야 합니다.</td></tr>
<tr><td colspan="5">이에 동의함 고객 서명 스타일리스트 서명</td><td colspan="3">날짜</td></tr>
</table>

### (2) 방문 고객 상담

무엇보다 익스텐션 서비스에 대해 잘 알고 있는 전문가가 상담하는 것이 중요하다. 방문한 고객이 익스텐션 서비스에 대해 확신할 수 있도록 가능한 한 충분한 정보를 제공하고 고객의 특징과 불만사항, 희망사항을 정확히 파악하도록 한다. 여성 고객이 방문했다면 어떤 머리 형태나 스타일을 갖고 있는지 파악하고, 체계적인 상담을 위해 체크리스트가 기록된 상담 차트를 준비하여 고객과 질문 대답을 통해 서비스의 기초가 되는 항목들을 체크해야 한다.

### (3) 서비스 방법의 선택

어떠한 익스텐션 서비스를 선택하여 제공할 것인가를 결정하고 제시할 때는 고객의 나이, 직업, 탈모의 패턴(1기, 2기, 3기)을 분석하고 얼굴색, 라이프 스타일을 고려해야 한다. 고객의 기호와 직업, 성향에 맞는 익스텐션 서비스 방법을 선택하는 것은 어려운 일이며, 고객에게 보여질 결과만 중시하여 복잡하고 시간이 많이 소요되는 익스텐션 방법을 선택하면 반드시 문제가 발생한다. 스포츠 활동을 많이 하는 사람인가, 보수적인 직업을 가진 사람인가 등 라이프 스타일에 따라서 스타일의 선택이 달라진다. 성격적으로도 섬세한 성향인지 활달한 성향인지에 따라 결과물에 대한 만족 기준이 달라진다는 점을 염두에 두어야 한다.

상담이 중요한 이유는 서비스를 판매하는 것도 중요하지만 문제가 생길 소지를 최소화하고 방지하기 위한 수단이 되기 때문이다.

서비스 후에 마음이 변하거나 기대와 달라 실망하고 불평불만을 토로하며 심지어 배상을 요구하는 등의 사건은 얼마든지 가능하다는 점을 늘 상기하고 고객의 요구를 최대한 수용하되 전문가의 입장에서 정확한 조언을 제공하여 만족스러운 결과를 얻어내는 데 초점을 맞춰야 한다.

장점만 강조할 것이 아니라 단점도 함께 알려주어서 고객이 충분히 이해한 상태에서 서비스를 받도록 하고 기대치와 실제 결과의 갭을 최소화하는 것이 문제의 소지를 없애는 방법이다. 또한 이를 위해 고객과의 약속이나 서비스에 대한 내용을 문서화하는 것도 좋다. 법적인 문제를 방지하기 위해 보험에 가입하는 것도 하나의 방법이다.

## 2) 익스텐션 서비스 예약

헤어 익스텐션 서비스는 시간이 많이 소요되는 작업이므로 고객과 시술자 모두에게 적절한 시간을 결정하고 예약하는 것이 효과적인 서비스를 위해 중요한 부분이다. 상담을 통해 익스텐션 스타일을 결정하게 되면 시술자는 필요한 익스텐션 헤어를 준비해야 하며 여기에는 적절한 시간이 소요된다. 컬러와 질감, 스타일에 일치되는 재고가 있는 경우라면 모르지만 대부분의 경우 주문 공급에 소요되는 시간이 필요하고 맞춤용으로 헤어를 주문할 경우는 더 많은 시간이 걸린다. 그러므로 충분히 여유를 두어 서비스를 결정하고, 익스텐션 스타일에 따라 소요되는 작업 시간을 계산하여 시술자와 고객 모두 충분한 시간을 확보해두어야 한다.

익스텐션 서비스에 소요되는 시간은 익스텐션 타입이나 분량, 시술자의 숙련도에 따라 달라지지만 대체로 다음의 기준 시간을 참고로 가늠하면 도움이 될 것이다.

〈표 4-5〉 개별 익스텐션 시간표

| 헤어타입 | 제품 필요량 | 사전 준비 시간 | 시술 총 소요 시간 |
|---|---|---|---|
| 소량 익스텐션 | 1~50 가닥(그램과 동일) | 20분 | 30분~1시간 |
| 중간규모 익스텐션 | 50~100가닥(그램과 동일) | 40분 | 1시간 30분~2시간 30분 |
| 대량 익스텐션 | 100~250가닥(그램과 동일) | 1시간 15분 | 3시간~5시간 30분 |

### (1) 다량 익스텐션

본격적인 익스텐션 서비스의 경우는 100~250 가닥의 익스텐션 스트랜드를 사용하게 되며 사전 준비 30분, 후처리 45분이 필요하므로 모든 서비스는 3시간~5시간 30분 정도의 시간이 소요된다.

### (2) 대체 헤어

대체용 헤어 서비스는 개별 스트랜드(strand)보다 많은 시간이 소요된다. 보다 많은 양의 익스텐션 헤어를 사용하여 드레드락이나 브레이드 같은 형태의 익스텐션 스타일을 만들어내게 되는데 각각의 루스 익스텐션 스트랜드를 적용하는데 3분~5분이 소요되는 것으로 기준을 삼는다. 이 스타일은 100개~250개의 익스텐션 스트랜드가 요구되며, 30분가량의 사전 준비 시간이 필요하므로 100개의 익스텐션을 사용하여 드레드락이나 브레이드 헤어 스타일을 만들게 되면 6시간~9시간이 소요된다.

### (3) 웹트

웹트 익스텐션 헤어는 개별 스트랜드보다 시간이 덜 걸린다는 장점이 있다. 콜드 시스템을 사용하는 웹트는 고객의 기존 헤어스타일에 연결해서 적용하게 되며 한 줄의 웹트 헤어를 익스텐션은 10분 정도 소요되고, 사전 준비에 5분 정도 필요하다.

#### ① 초경량 웹팅

초경량 웹팅은 1~2줄의 웹트 헤어를 사용하므로 10분~20분 정도가 소요되며 사전 준비시간 5분, 정리시간 10분이 필요하므로 전체 25분~35분 정도에 완성시킬 수 있다.

#### ② 중간규모 웹팅

2~4줄의 웹트를 사용하여 좀 더 풍성하게 보이는 결과물을 연출하기 위해서는 사전 준비에 5분, 적용 후 커트와 스타일링 등에 35분이 소요되며, 1시간~1시간 반 정도에 완성된다.

#### ③ 익스텐션 웹팅

4~8줄의 웹트로 완성할 수 있는데, 30분 정도 사전 준비가 필요하고 사후 스타일링에도 30분이 소요되므로 이 서비스에는 총 1시간 30분~2시간 30분이 필요하다.

〈표 4-6〉 웹팅 서비스 시간표

| 헤어타입 | 웹트 필요량 | 사전 준비 시간 | 시술 총 소요 시간 |
|---|---|---|---|
| 소량 익스텐션 | 1~2줄 | 15분 | 35분 |
| 중간규모 익스텐션 | 2~4줄 | 40분 | 1시간~1시간 15분 |
| 대량 익스텐션 | 4~8줄 | 1시간 | 1시간 30분~2시간 30분 |

## 3) 관리 서비스용 예약 기준

익스텐션 서비스는 사후 관리가 매우 중요하다. 익스텐션 헤어는 자연모발과는 처리 방법이 다르기 때문에 정기적으로 관리 서비스를 받아야 하며 고객 상담 시에도 이점을 분명히 알려두는 것이 중요하다.

익스텐션 시스템의 종류에 따라 수많은 애프터 서비스가 이뤄지게 되는데 단계적으로는 다음 네 가지의 관리 서비스가 요구된다.

### (1) 애프터 서비스

익스텐션 서비스 후 일주일이나 열흘 사이에 반드시 방문하도록 권한다. 이는 서비스 후 실생활 중에 어떤 불편이나 문제가 성기지 않는지 점검하기 위한 것으로 기간이 길어져 문제가 발생하기 전에 점검하는 체크업용 예약이다.

### (2) 보완 서비스

익스텐션 작업 후 통상 4~6주 정도가 지나게 되면 익스텐션 헤어를 단단히 올려주거나 채워주는 보완 작업이 필요하다. 대체로 사람의 모발의 변화 주기에 따라 4~6주 사이에 20가닥의 익스텐션이 손실되므로 비워진 부분에는 채워 넣고 떨어지거나 없어진 것은 대체하는 서비스가 이뤄져야 한다. 20가닥의 익스텐션을 보충하는 데 필요한 시간은 보통 1~2시간이다. 여기에는 샴푸와 커트나 트리밍, 스타일링 서비스가 포함된다.

### (3) 스타일링과 웨이브 손질용 예약

웨이브가 있거나 컬이 있는 헤어의 경우 다시 모양을 만들어준다.

### (4) 익스텐션 제거용 예약

익스텐션 후 최대 3개월 전에 반드시 제거 작업을 해야 한다. 3개월이 지나면 익스텐션 헤어는 엉키거나 뻣뻣해지게 되며 그 이상을 유지하게 되면 빗질이 어려워지고 기존 모발의 손상도 가져올 수 있다. 제거 시간은 1~2시간 정도 되며 익스텐션 방법에 따라 소요 시간은 달라진다.

# 6 익스텐션 시 고객모발의 준비

익스텐션 시 고객모발의 준비는 매우 중요한 과정이다. 익스텐션 헤어스타일이 자연모발처럼 보이도록 하는 가장 기본적이고 우선되는 과정이기 때문이다. 자연모발이 곱슬머리라면 익스텐션 헤어도 웨이브가 있어야 하고, 스트레이트 헤어라면 익스텐션도 스트레이트 헤어를 적용해야 한다. 기존 모발에 퍼머나 염색이 필요하다면 익스텐션 작업 전에 미리 해두고 테스트 기간을 거친 다음 익스텐션 하도록 한다.

기존 모발에 퍼머나 염색을 하는 화학처리와 익스텐션 작업 기간은 적어도 1~2일 정도 간격을 두어야 한다. 그 이유는 이런 과정을 거친 후에 디자이너가 정확한 컬러와 질감의 익스텐션 헤어를 주문할 수 있고, 퍼머 등의 화학 성분이 익스텐션 헤어의 본드를 녹여 작업 결과에 대한 부작용을 막을 수 있기 때문이다.

기본적으로 익스텐션 헤어에는 퍼머를 하지 않는 것이 좋다. 익스텐션 헤어는 처리 과정에서 4% 과산화수소로 표백되어 중간 퍼머나 컬러링에 준하는 작업이다. 이 처리를 통해 익스텐션 헤어에 컬러를 입히거나 농도를 더할 수 있게 된다. 따라서 익스텐션 헤어를 더 밝게 만드는 염색이나 블리치는 하지 않는다. 이는 익스텐션 헤어에 과도한 화학 처리를 가하는 셈이 되어 헤어의 손상을 가져온다.

대개 퍼머는 3개월쯤 유지되므로 기존 모발에 퍼머를 할 경우 익스텐션 전이나 익스텐션 제거 후에 하도록 하여 익스텐션의 유지 기간과 맞춰지도록 하는 것이 좋다. 익스텐션 스트랜드 테스트는 퍼머나 컬러링 후에 하는 것이 좋은데, 이것은 새롭게 화학처리 된 기존 모발이 익스텐션을 했을 경우 얼마동안 지지력을 유지할 수 있는지를 체크하기 위한 것이다.

## 1) 고객모발 커팅

자연모발은 헤어 익스텐션 스타일을 자유롭게 연출하기 위해 일정한 길이로 잘 커트된 상태라야 한다.

보다 자연스러운 익스틴션 스타일을 완성하려면 익스텐션 작업 전에 커트하는 것이 좋으나, 고객의 기존 헤어스타일이 뭉툭한 스트레이트 헤어일 경우 좀 더 긴 헤어스타일을 만들기 위해서는 이 뭉툭한 라인을 커팅 해주어야 한다. 그렇게 하지 않으면 뭉툭한 라인이 익스텐션 스타일 위로 빠져 나와 기존 모발과 익스텐션이 분리되어 보이므로 자연스러운 결과가 이뤄지지 않는다.

디자이너는 익스텐션 작업 전에 가위를 사용해서 뭉툭한 라인을 가볍게 제거해주도록 하고 숱을 치는 가위나 면도칼 등을 잘 병용해서 기존 모발과 익스텐션 헤어의 구 선이 드러나지 않도록 커트해야 한다. 익스텐션의 최대 목표는 어디까지나 자연 모발 그대로 연출된 스타일처럼 보이는 것임을 잊지 말아야 한다.

## 2) 고객모발 클렌징

익스텐션 전에 자연모발은 반드시 청결하게 준비되어야 한다. 클레어리 파잉 샴푸를 사용해서 피지, 오일, 기름때, 스타일링 약품, 공해, 염소나 기타 고객의 머리카락에 남아있는 눈에 보이지 않는 성분들을 제거해주도록 한다.

이 같은 물질들은 합성수지의 점착성에 영향을 줄 수 있기 때문에 반드시 제거되어야 하며, 퍼머나 컬러링 등을 한 머리로서 보호제가 필요한 경우라면 익스텐션 적용 전에 자연모발의 끝부분만 가볍게 컨디셔닝 하도록 한다.

샴푸와 컨디셔닝 후에는 충분히 드라이를 하지 않으면 자연모발은 통기성이 있어서 물을 머금었다가 마르게 되면 수축한다. 따라서 젖은 머리에 익스텐션을 한 뒤 마르면 수축되어 본드가 느슨해지며 떨어져나가게 된다는 점을 미리 염두에 두어야 한다.

### 3) 고객모발 체크리스트

고객의 자연모발은 원하는 스타일의 익스텐션이 가능한 정도의 최소 길이가 되어야 한다. 익스텐션 작업 시 모발의 잔여물들이 글루의 내구성에 영향을 주지 않도록 클레어리 파잉 샴푸로 깨끗이 씻어내야 한다.

고객의 자연모발은 중간길이 부분과 끝부분에만 가볍게 컨디셔닝하고 뿌리 부분에는 사용하지 않는다.

컨디셔너는 자연모발이 퍼머나 염색 같은 화학적 트리트먼트를 거친 경우에만 사용하도록 한다. 면도칼이나 가위 등을 사용해서 기존 모발의 끝부분이 뭉툭하거나 두껍지 않도록 라인을 커트해준다. 이렇게 하면 자연모발과 익스텐션 헤어가 서로 자연스럽게 잘 어우러질 수 있다.

익스텐션 전에는 샴푸한 모발을 완전히 드라이어로 말려야 한다.

# 7 익스텐션 헤어 사전준비

## 1) 익스텐션 헤어의 혼합 여부

익스텐션 헤어를 혼합하는 것은 디자이너가 고객의 자연모발과 컬러를 매치하거나 톤을 바꾸거나 하이라이트를 주는 등 사전에 계획된 컬러 작업을 하기 위한 것이다.

## 2) 익스텐션 헤어 컬러의 선택

익스텐션 헤어 컬러의 선택은 휴먼 헤어나 인조 헤어나 방법은 똑같다. 컬러링을 사용해서 고객의 자연모발과 가장 근접한 컬러 스와치를 찾아내도록 한다. 이 때 기준색은 뿌리 부분이 아닌 중간이나 끝부분 모발의 색상과 비교해야 하는데, 부분은 보통 가운데 부분의 컬러보다 어둡기 때문이다.

처음 선택된 컬러는 베이스 컬러, 두 번째 컬러는 자연모발의 색에 가장 가까운 메이저 컬러, 세 번째 컬러는 자연모발의 연한 색조와 매치되는 것을 말하며 마이너 컬러라고 부른다.

# 8 익스텐션의 부착 배치

## 1) 단독 혹은 연속 열 익스텐션

간격 없이 연속으로 이어서 익스텐션을 자연모발에 동량으로 연결하는 것으로서 하나의 익스텐션을 배치하고 바로 그 옆의 단독 열에 다른 익스텐션을 배치하는 것이다.

단독 열 배치는 대용량이며 두터운 익스텐션 헤어를 만드는 방법이기 때문에 자연모발의 길이를 늘리거나 완전히 커버를 해서 본래의 헤어스타일을 대체하고자 할 때 사용한다.

OOOOOOOOOOOOOOO

## 2) 촘촘히 분산된 배치

하나의 익스텐션 옆에 나란히 일렬로 배치하되 본래 모발 사이에 0.25~0.5cm의 간격을 두는 것이다.

이는 뿌리를 들어 올려 볼륨감과 두께를 만드는 효과가 있다. 고객의 본래 모발과 익스텐션 헤어를 섞어서 길이를 늘리며 익스텐션 헤어의 자연스런 움직임과 일정한 방향이 필요할 때 사용된다.

x-x-x-x-x-x-x-x-x-x-x-x-x-x-x-x

### 3) 분산배치

익스텐션 사이의 간격을 더 띄운 것으로서 하나의 익스텐션 옆에 다른 것을 줄이어 배치하되 좀 더 먼 0.5~1cm의 간격을 둔다.

이 방법은 하이라이트나 로 라이트를 주고자 할 때 사용된다. 익스텐션 헤어로 볼륨을 더하고자 할 때 기존 모발에 섞어서 만든다.

X_ _ _ _ _X_ _ _ _ _X_ _ _ _ _X_ _ _ _ _X_ _ _ _ _X

### 4) 비주얼 배치

보수 작업에 해당되는 것으로서 완성된 익스텐션 헤어스타일을 점검하여 스타일 안에 빈틈이 드러나거나 섞어줘야 하는 위치에 작은 익스텐션을 배치한다.

### 5) 웹트 배치

콜드 시스템으로 자연 모발에 익스텐션 헤어를 붙이거나 두피 판에 박음질하여 붙이는 경우 모두 사용된다. 이 방법은 흑인용 헤어스타일에 가장 성공적인 작업이지만 단일열로 배치해서 아시아인이나 백인에게도 적용한다.

# 9 익스텐션 부착 시 모양과 사이즈

익스텐션은 정사각형, 삼각형, 직사각형의 각기 다른 모발의 구획 안에 적용하는 것으로서 가장 흔한 구획은 정사각형이다. 선택된 익스테션 시스템에 따라 그 사이즈는 달라진다. 개별 가닥 익스텐션은 그 분량이 적으면 적을수록 자연스럽고 사이즈가 너무 크지 않아야 한다.

하나의 익스텐션 가닥을 1cm의 장방형 사이즈에 적용하는 것이 가장 널리 사용되는 사이즈 기준이다. 이 사이즈라면 익스텐션이 부착되었는지 구분이 안 될 정도로 자연스러운 익스텐션 스타일을 만들 수 있기 때문이다. 하나의 루스 스트랜드와 글루를 이용해 적은 양을 붙인다. 보다 적은 익스텐션을 적용하려면 0.5cm 장방형 섹션의 기존 모발을 잡고 같은 분량의 익스텐션 헤어를 같은 섹션의 뿌리 부분에 붙여서 만든다.

익스텐션은 글루를 사용해서 붙이는데 두피의 긴장감을 덜 주면서 효과를 좋게 하려면 글루는 익스텐션 헤어의 분량과 동일한 사이즈로 만들어져야 하며, 글루의 끝부분은 두피에서 0.5cm 이하로 떨어진 위치의 0.5cm의 장방형의 기초 위에 놓여져야 한다.

이 때 다른 부위의 머리를 잡아당겨 붙이지 않는 것이 중요하다. 사선으로 모아져 붙이게 되면 빗질할 때 끊어질 수 있기 때문에 정해진 위치의 장방형 프레임 안에 있는 모발만을 사용하도록 한다. 글루를 두피에서 떨어진 위치에 기존 모발에 불필요한 긴장감을 일으키지 않고 루스 익스텐션이 자유롭게 움직일 수 있도록 하기 위해서다.

브레이딩할 때는 사각 섹션을 정한 다음 잡아서 작업하게 되는데 지나친 긴장감으로 원형탈모를 유발할 수 있다는 점을 가장 중요하게 고려해야 한다. 흑인 헤어에서 흔히 쓰이는 방법이지만 백인이나 동양인의 모발은 스트레이트 하기 때문에 긴장감을 주지 않는 노력이 중요하다. 브레이드를 느슨하게 해야 작업 후에도 편안하고 탈모도 예방된다.

# 10 수행내용

## 1) 특수머리

재료

전체 준비물

〈표 4-1〉 특수머리 재료 및 용도

| 사진 | 재료명칭 | 용도 |
|---|---|---|
|  | 원사 | 땋아서 연결할 때 사용하는 재료 |
| 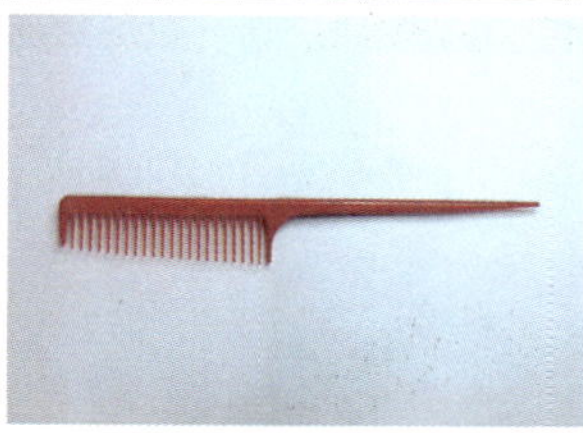 | 꼬리빗 | 섹션이나 결을 정리할 때 사용 |
| 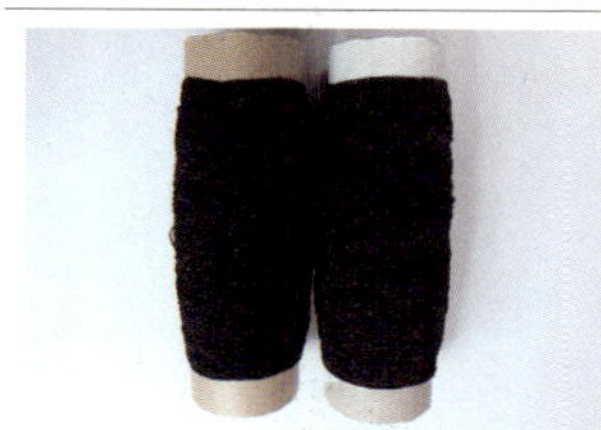 | 고무실(줄) | 매듭 마무리 부분 묶을 때 사용 |
|  | 라이터 | 원사부분에 녹여 풀리지 않게 녹일 때 사용 |
| 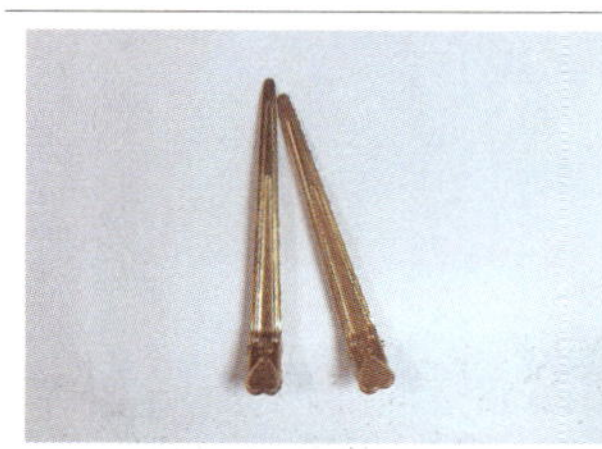 | 철 핀셋 | 모발 고정용으로 사용 |
|  | 털실 | 얀 브레이즈 시 사용 |

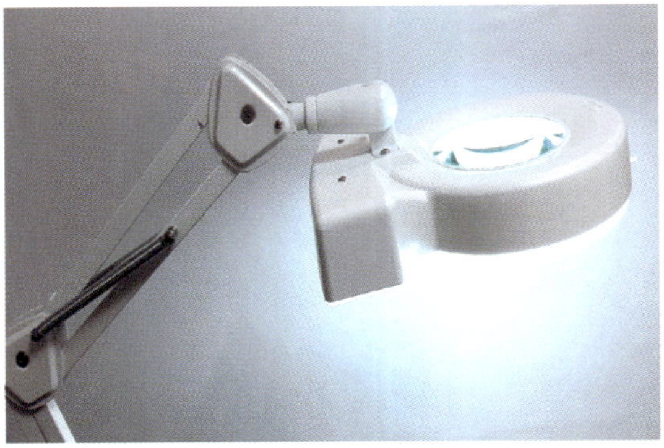

기기(장비, 공구)

의자

거울

마네킹

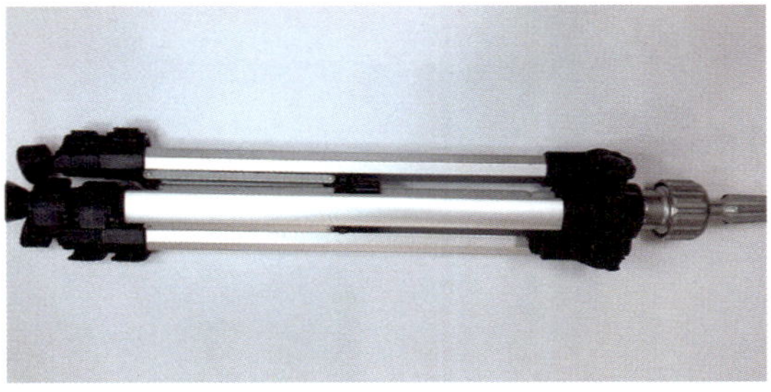

삼각대

플랫 아이롱

안전 유의 사항

- 이 작업은 가모와 본 모발을 연결하는 작업이므로 텐션을 고르게 유지할 수 있도록 유의한다.
- 장시간 작업으로 인한 손가락, 어깨, 허리 등의 통증에 유의한다.
- 두상 곡면의 흐름을 이해하며 작업에 임한다.

수행순서

### (1) 콘로 땋는 방법

- 콘로 제작을 위해 가발, 핀셋, 꼬리빗, 고무줄, 젤을 준비한다.
- 파팅을 나누고, 소량의 모발을 떠서 세 가닥 바깥 땋기를 시술한다.
- 세 가닥 바깥 땋기를 하면서 새로운 모발을 집어땋기 하여 텐션을 유지하면서 두상에 밀착될 수 있도록 시술한다.
- 두상의 곡면을 고려하여 텐션을 유지하면서 네이프까지 진행한다.
- 마무리할 때에는 백콤을 넣거나 고무줄로 묶어 준다.
- 콘로(cornrow)를 완성한다.

① 사선으로 섹션을 나누고 모발을 세 가닥으로 일정하게 잡아준다.

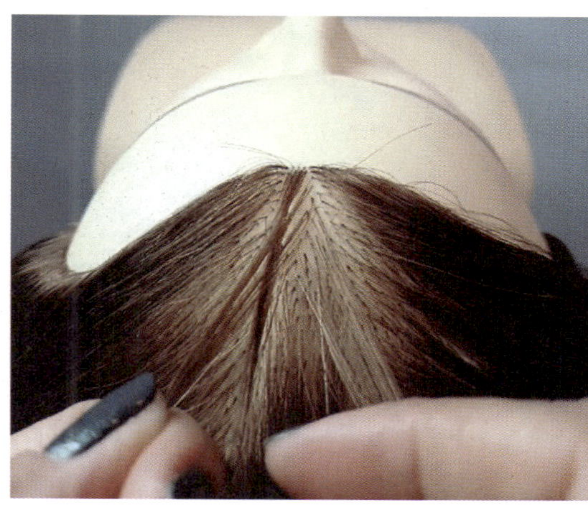

② 가운데 모발을 중심으로 좌측에 있는 모발을 가운데 모발 아래로 교차한다.

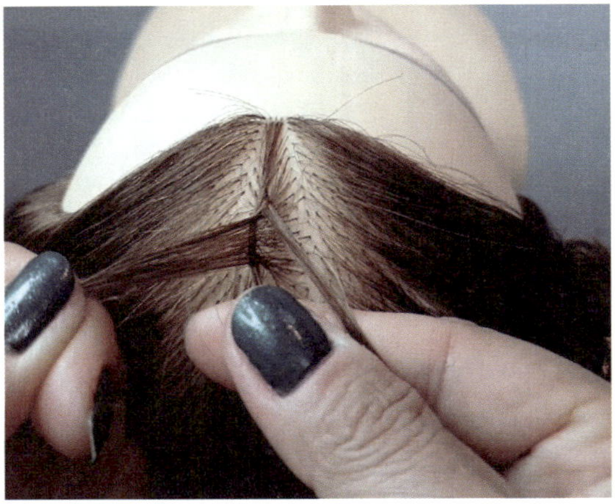

③ 가운데 모발을 중심으로 우측에 있는 모발을 가운데 모발 아래로 교차한다.

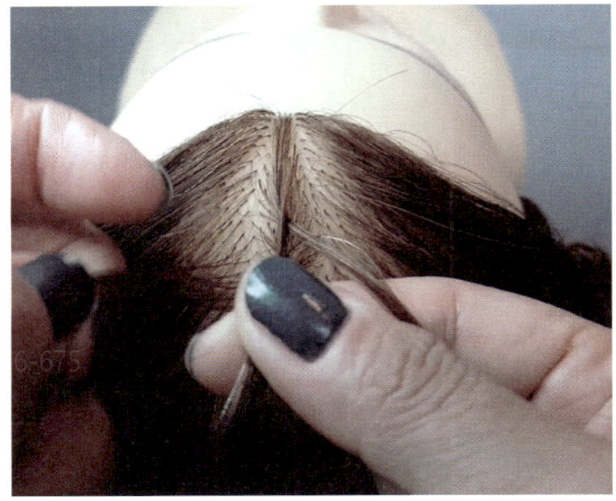

④ 왼손으로 좌측에 있는 모발을 집어와 오른손에 잡고 있는 좌측모발과 합친다.

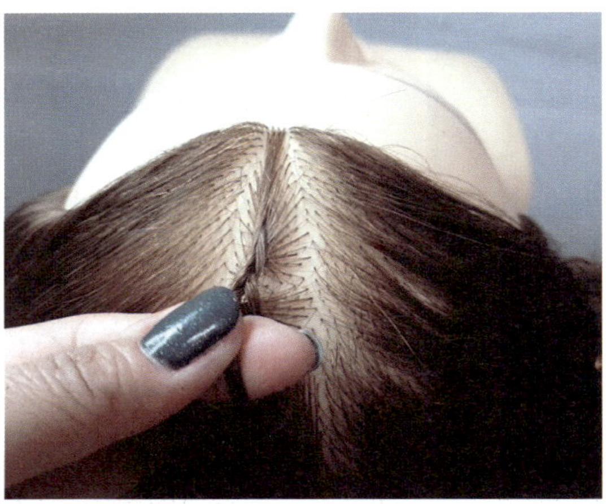

⑤ 왼손으로 가운데 모발을 좌측으로 당긴 후 우측 모발을 가운데 모발 아래로 통과시켜 잡아준다.

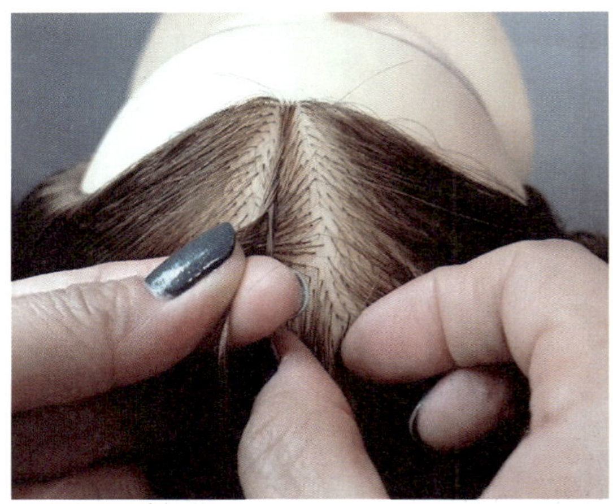

⑥ 오른손으로 우측에 있는 모발을 집어와 왼손에 잡고 있는 우측모발과 합친다.

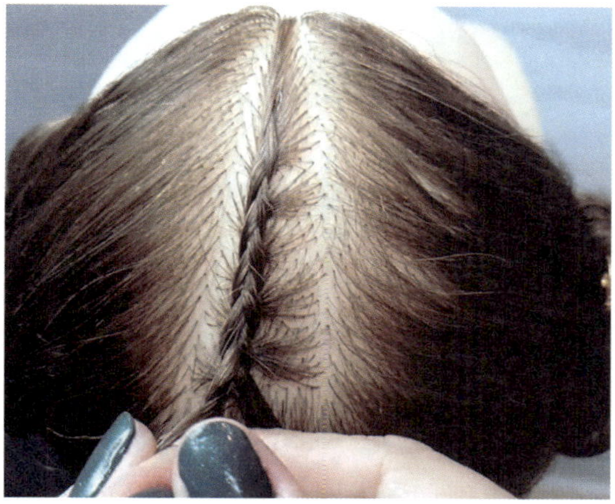

⑦ 오른손으로 가운데 모발을 우측으로 당긴 후 좌측 모발을 가운데 모발 아래로 통과시켜 잡아준다.

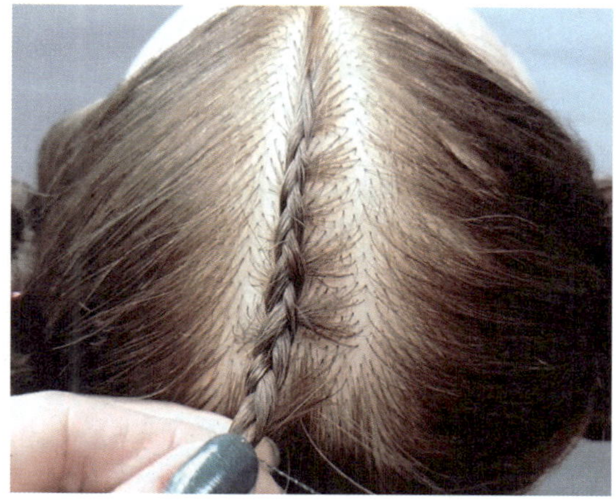

⑧ 같은 방법으로 텐션을 고르게 유지하며 진행한다.

⑨ 마무리를 위해 고무줄 실을 이용하여 5~6회 정도 감아준 후 매듭을 2번 지어준다.

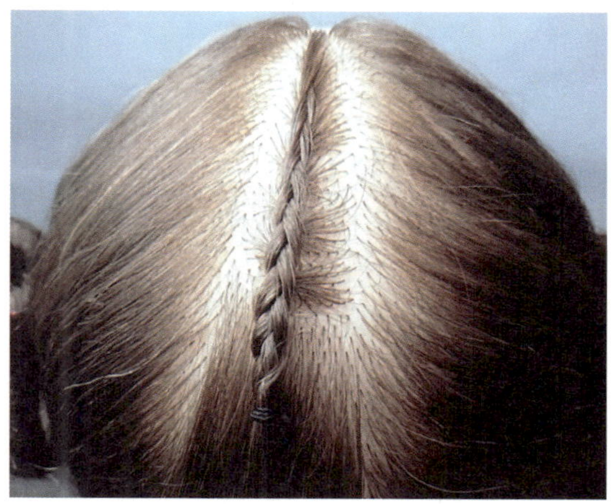

⑩ 완성된 모습

### (2) 브레이즈 땋는 방법

#### ① 얀 브레이즈 2가닥 꼬기

① 꼬리빗을 이용하여 섹션을 가로로 이등분한다.

② 이등분한 섹션에 모발 길이의 3배가 되는 색실을 준비해 잡아준다.

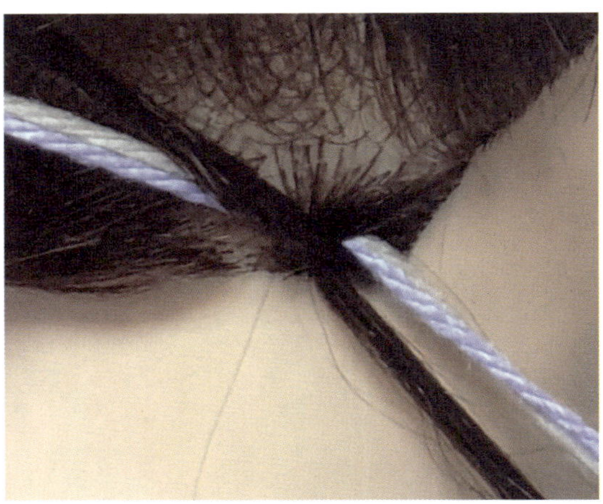

③ 아래 모발은 위로, 위 모발은 아래로 교차하여 색실과 함께 틀어잡는다.

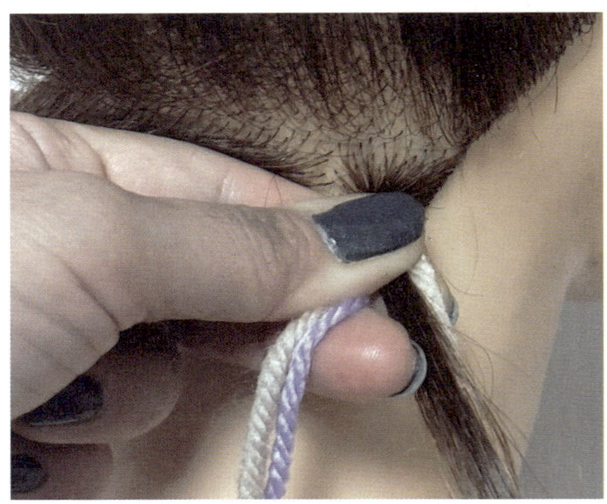

④ 양쪽 모발의 1/3을 가운데로 보낸 후 3가닥 땋기를 할 수 있도록 왼손으로 잡아준다.

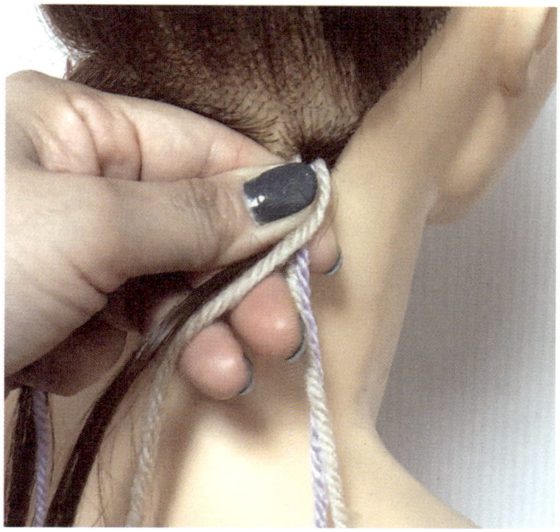

⑤ 우측 모발을 가운데 모발 위로 겹쳐준다.

⑥ 좌측 모발을 가운데 모발 위로 겹쳐준다.

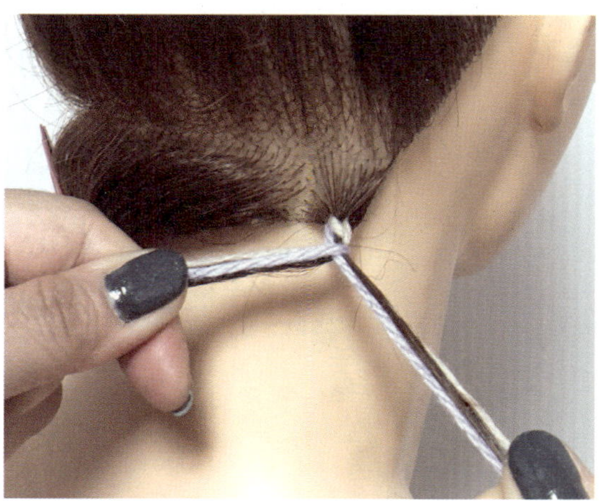

⑦ 우측모발을 겹친 후 가운데 모발을 반으로 나눠서 양쪽으로 잡아 2가닥 꼬기를 할 수 있도록 준비한다.

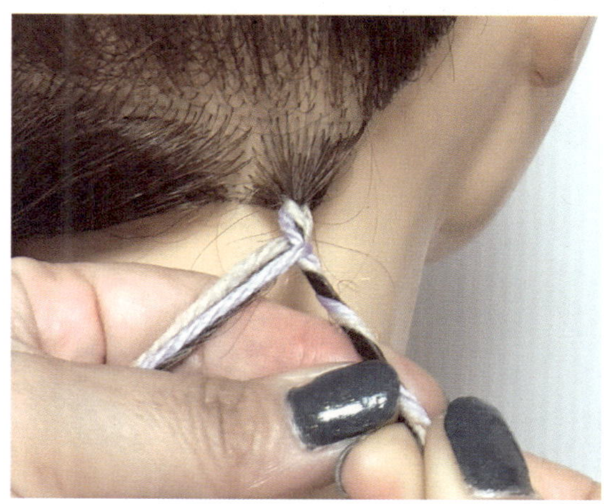

⑧ 엄지와 검지를 이용하여 우측모발을 시계방향으로 트위스트한다.

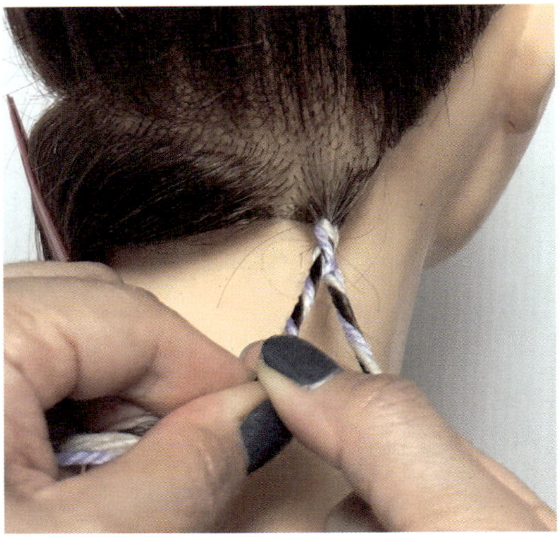

⑨ 엄지와 검지를 이용하여 좌측모발을 시계방향으로 트위스트한다.

⑩ 트위스트한 우측모발을 좌측 모발 위로 보내준다.

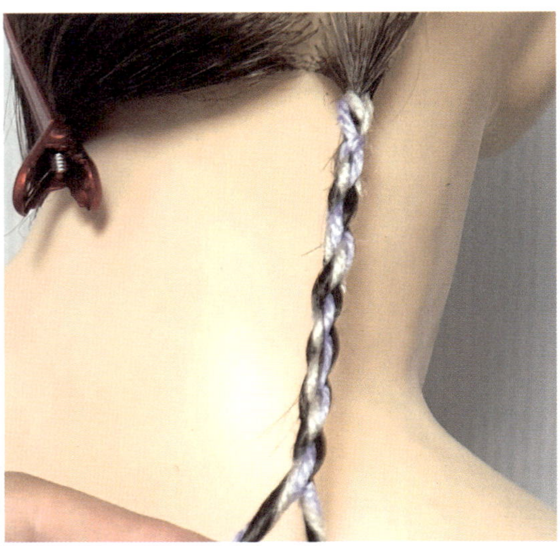

⑪ 양쪽 모발의 꼬임이 같도록 텐션을 고르게 잡아준다.

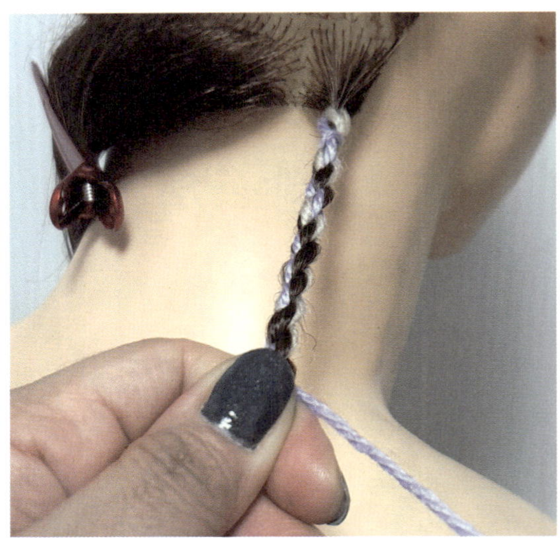

⑫ 꼬아진 모발은 왼손에 잡고 마무리를 하기 위해 색실 한 가닥을 빼서 오른손으로 잡아준다.

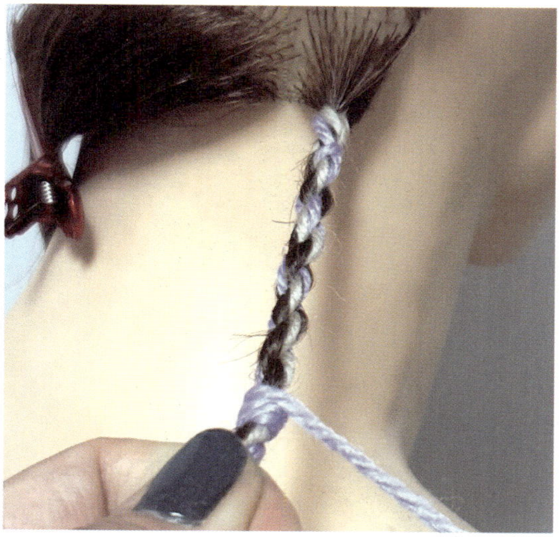

⑬ 오른손에 잡은 색실을 아래쪽으로 5~6회 감아준다.

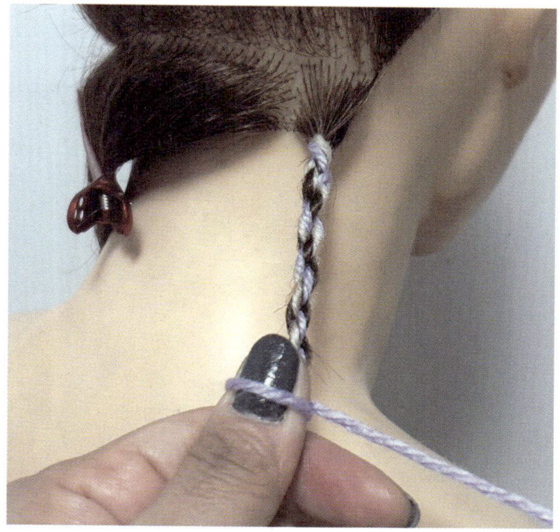

⑭ 왼손 엄지 위에 실을 한 바퀴 돌려서 사이로 빼준다.

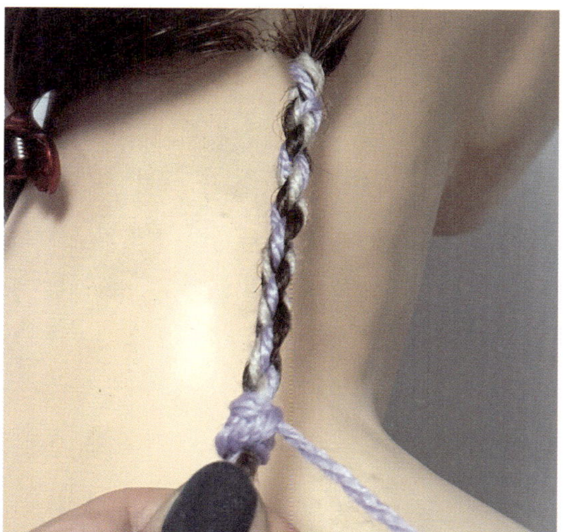

⑮ 2회 정도 돌려서 매듭을 지어준다.

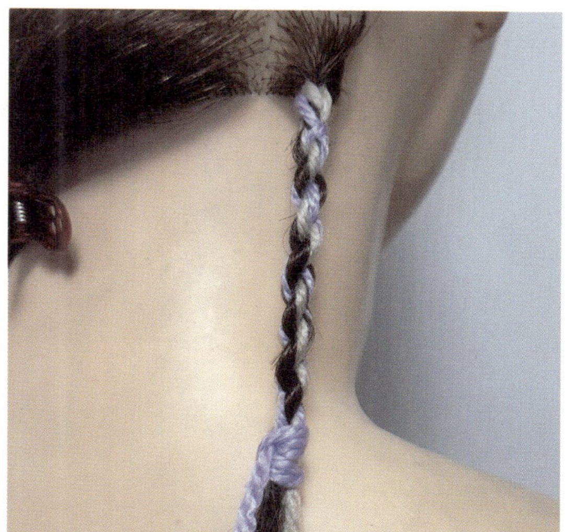

⑯ 완성된 모습

② 얀브레이즈 3가닥 땋기

① 꼬리빗을 이용하여 섹션을 가로로 이등분한다.

② 이등분한 섹션에 모발 길이의 3배가 되는 색실을 준비해 잡아준다.

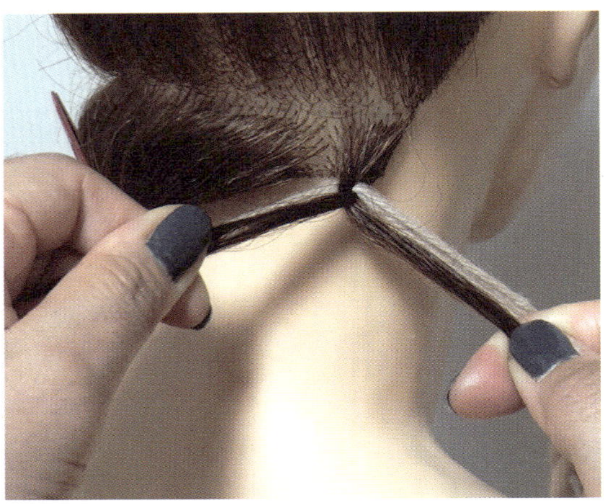

③ 아래 모발은 위로, 위 모발은 아래로 교차하여 색실과 함께 틀어잡는다.

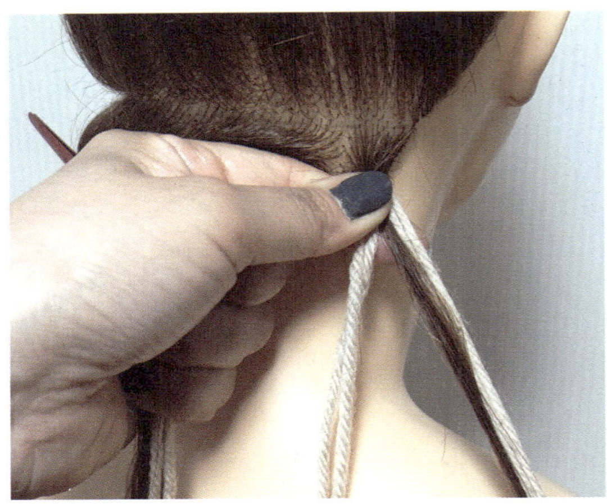

④ 양쪽 모발의 1/3을 가운데로 보낸 후 3가닥 땋기를 할 수 있도록 왼손으로 잡아준다.

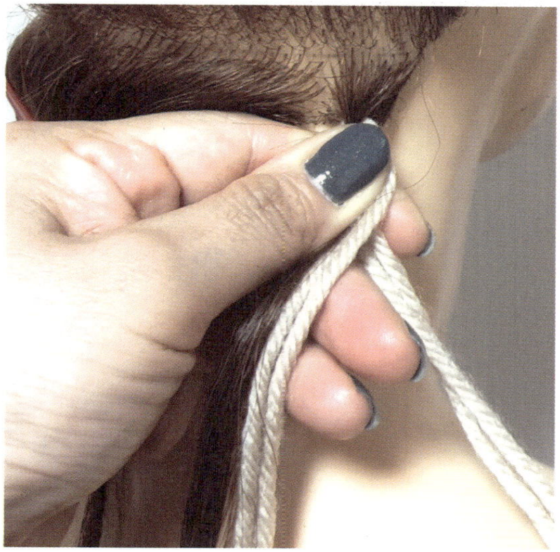

⑤ 우측 모발을 가운데 모발 위로 겹쳐준다.

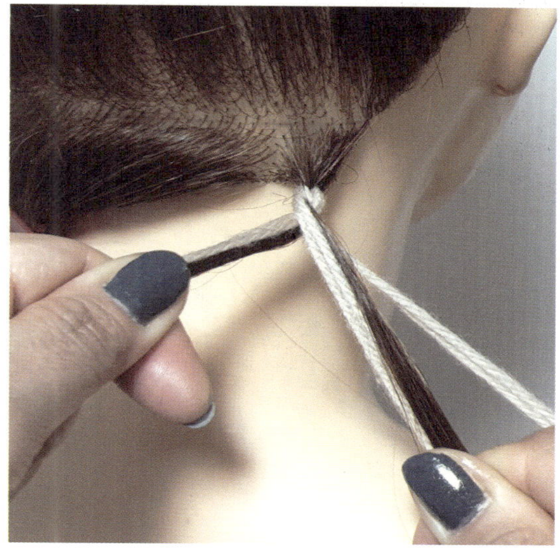

⑥ 좌측 모발을 가운데 모발 위로 겹쳐준다.

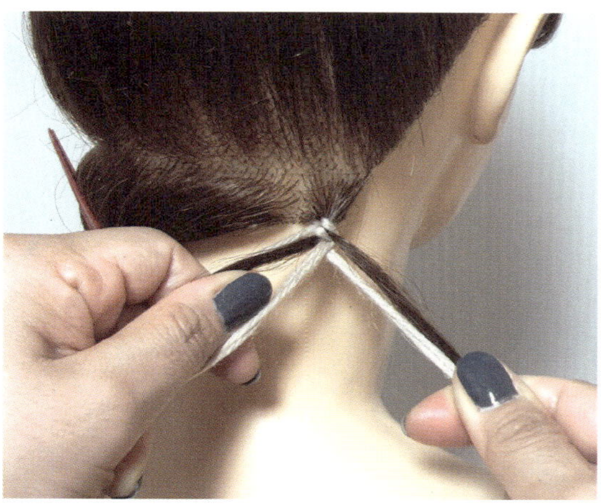

⑦ 깔끔하게 땋아질 수 있도록 모발과 색실을 분리하여 모발 1, 색실 2가 되도록 나눈 후 3가닥 땋기를 한다.

⑧ 꼬아진 모발은 왼손에 잡고 마무리를 하기 위해 색실 한 가닥을 빼서 오른손으로 잡은 후 5~6회 감아준다.

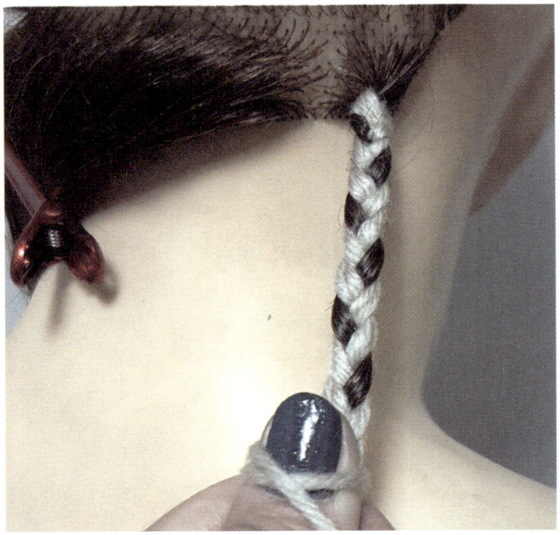

⑨ 왼손 엄지 위에 실을 한 바퀴 돌려서 사이로 빼 준다.

⑩ 2회 정도 돌려서 매듭을 지어준 후 마무리한다.

⑪ 완성된 모습

### (3) 드레드 땋는 방법

- 드레드(dread) 작업을 위해 가발, 드레드 원사, 코바늘 등을 준비한다.
- 철사를 이용하여 전체 퍼머넌트 웨이브를 실시한다.
- 모발을 세 가닥으로 나누고 뿌리부터 균일하게 백콤을 넣어 준다.
- 미리 만들어 놓은 드레드 가닥의 끝부분을 세 가닥 중앙에 놓고 퍼머를 한 자모를 감아줄 양만큼 위로 고정시킨다.
- 드레드 가닥과 함께 서 가닥 땋기를 한 뒤, 고무줄을 이용하여 묶어 뿌리를 고정시킨다.
- 뿌리부터 시작하여 드레드싱 가닥으로 본 모발과 드레드 가닥을 땋은 연결 부분을 감아 준다.
- 코바늘을 이용하여 연결한 부분을 촘촘히 매듭을 지어 나간다.
- 네이프부터 벽돌 섹션으로 드레드를 시술한다.

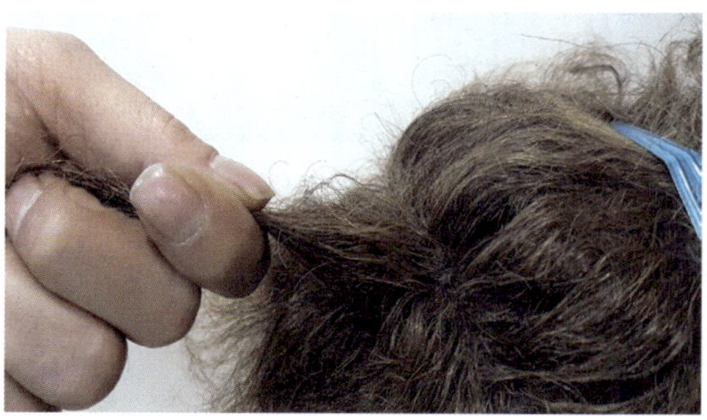

① 두상에 블록형태의 섹션을 나누어 모발을 트위스트 형태로 꼬아서 고정시킨다.

② 얇은 도구를 이용해 모발이 엉겨붙을 수 있도록 형태를 변형시킨다.

③ 형태 변형을 위한 도구를 제거한다.

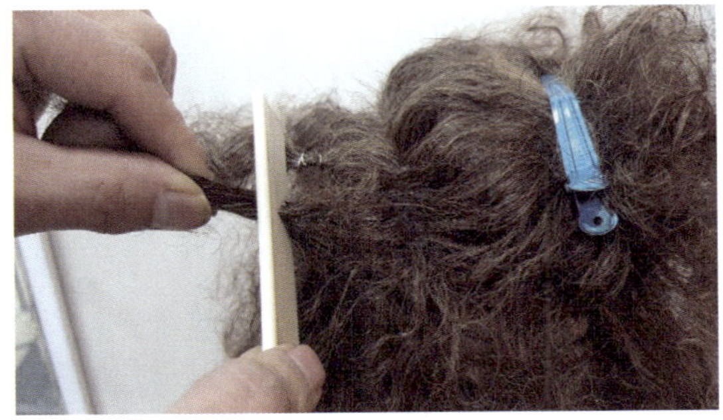

④ 빗을 이용해 백콤 작업을 하여 모발이 한쪽으로 엉겨 붙도록 한다.

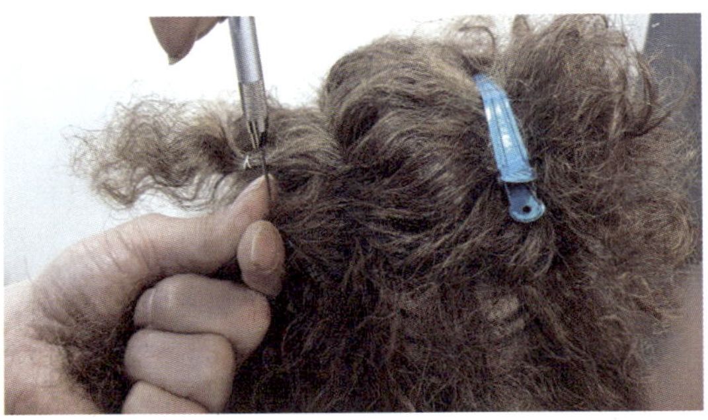

⑤ 뾰족한 도구를 사용하여 뭉쳐 있는 모발이 서로 엉켜서 뭉치도록 작업한다.

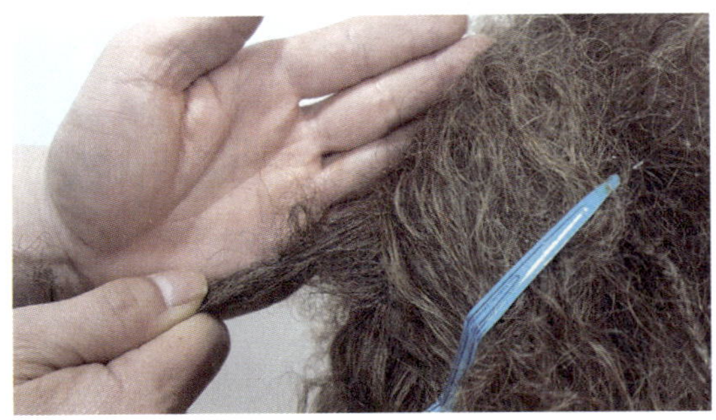

⑥ 사진과 같이 둥근 형태의 모발의 반대편 모발이 서로 엉켜서 뾰족한 도구에 의해 끌려 올라온다.

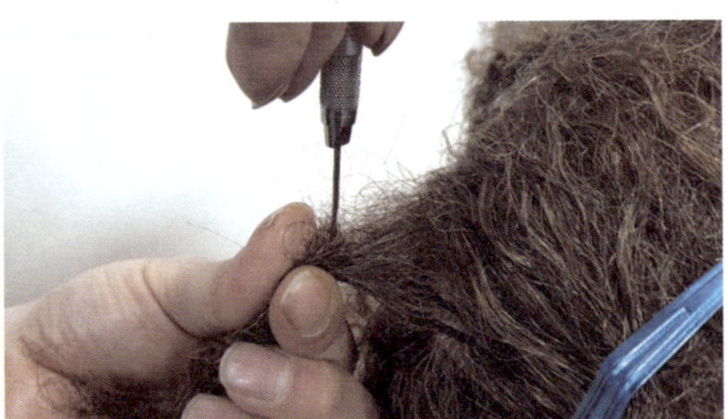

⑦ 계속해서 모발을 꼬아 주면서 뾰족한 도구를 사용해 작업한다.

⑧ 모발과 모발이 서로 엉겨 붙어 단단하게 뭉쳐지도록 한다.

⑨ 반복된 작업으로 모발 끝까지 모발을 꼬아가면서 서로 엉겨 붙어 단단하도록 반복작업을 한다.

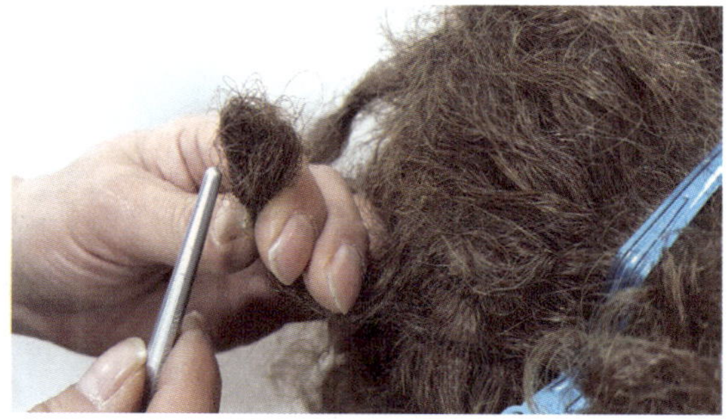

⑩ 모발 끝선에서는 모발을 접어서 뭉틀해지도록 도구를 이용하여 모발과 모발을 엮어준다.

⑪ 완성된 모습

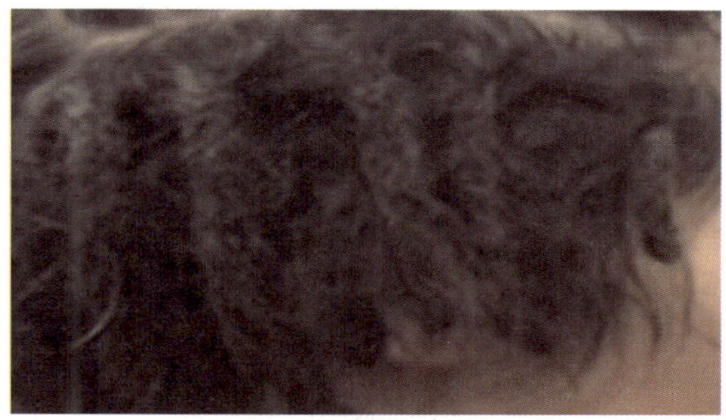

⑫ 완성된 앞모습

## 2) 붙임머리

**재료**

전체 준비물

〈표 4-2〉 붙임머리 재료 및 용도

| 사진 | 재료명칭 | 용도 |
|---|---|---|
| 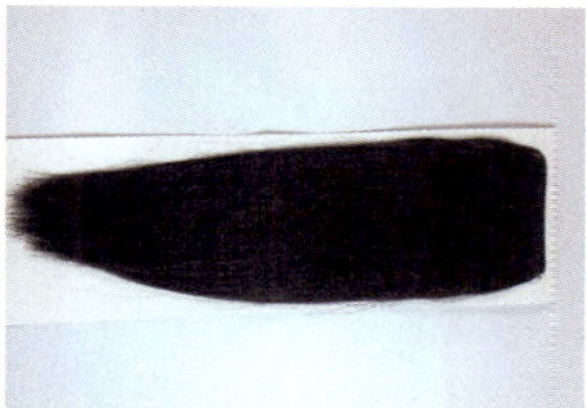 | 붙임머리 모발 | 시술에 쓰이는 붙임머리 모발 |
| 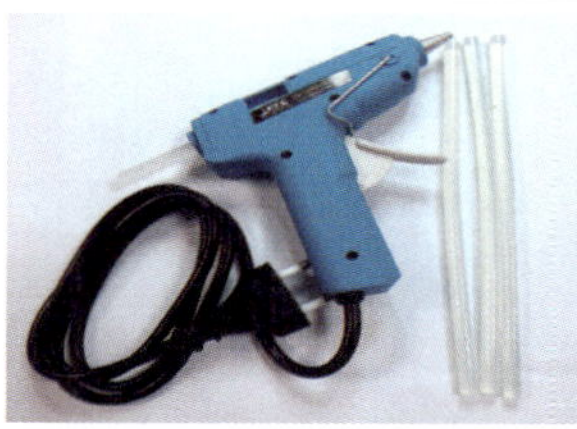 | 글루건, 글루 | 연결부위에 고정용으로 사용 |
| 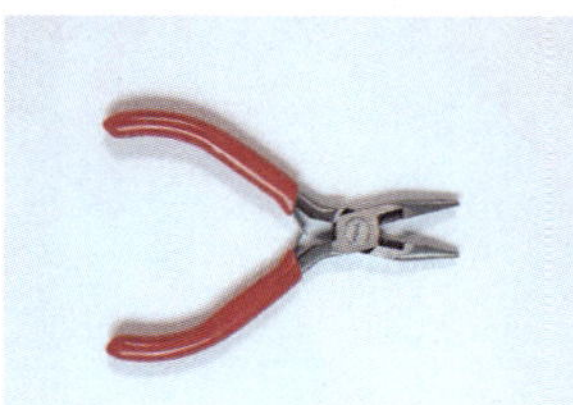 | 펀치 | 링 붙임머리에 고정할 때 사용하는 기구 |
| 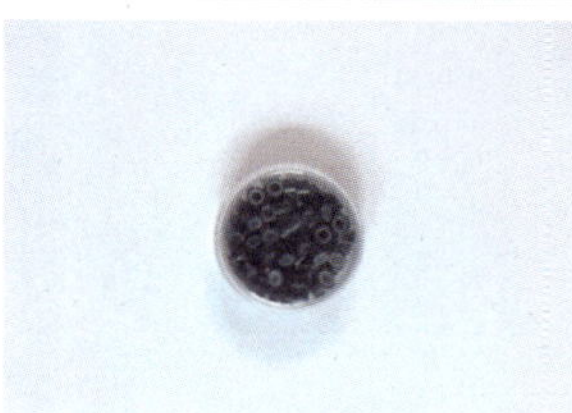 | 링 | 연결부위에 고정용으로 사용 |
| 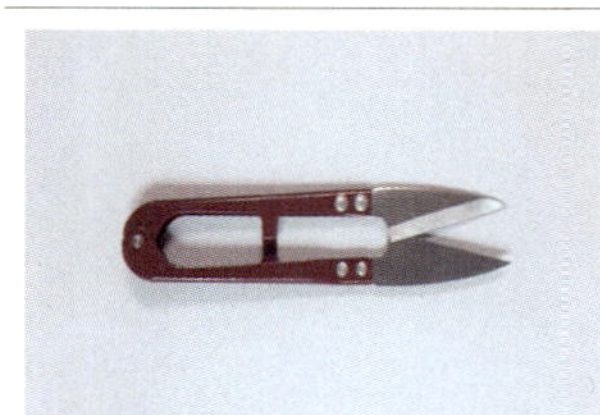 | 가위 | 고무 실을 자를 때 사용 |
|  | 핀셋 | 모발 고정용으로 사용 |

| 사진 | 재료명칭 | 용도 |
|---|---|---|
| 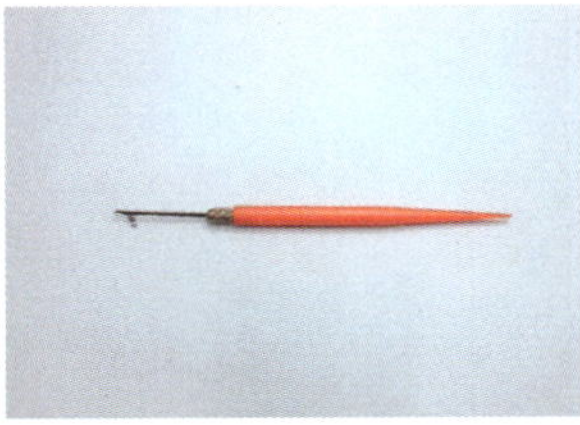 | 스킬바늘 | 스킬방법을 사용하거나 섹션을 나눌 때 사용 |
| 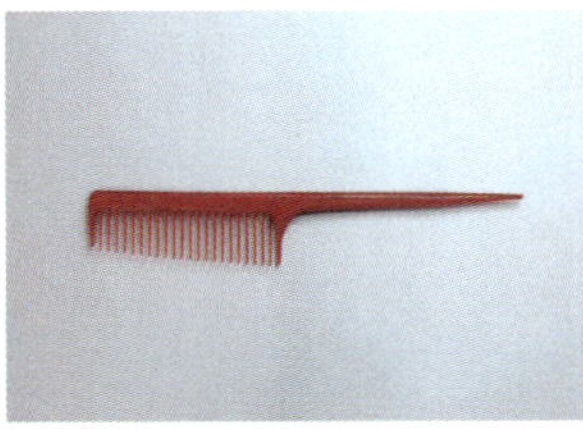 | 꼬리빗 | 모발정리할 때 사용 |
|  | 분무기 | 잔머리를 일시적으로 정리할 때 사용 |
| 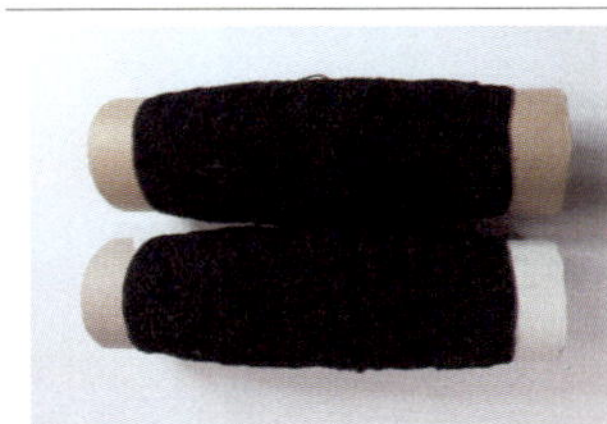 | 고무실(줄) | 매듭부위 고정용으로 사용 |
|  | 리무버 | 글루나 테이프 잔여물 제거용 |

거울

의자

마네킹

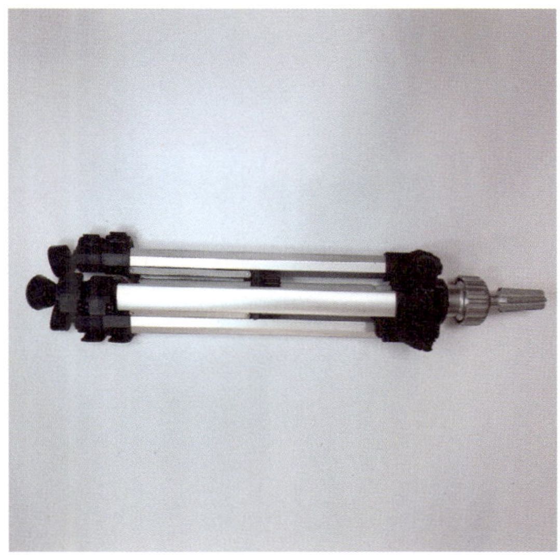

삼각대

안전 유의 사항

- 테이프에 먼지나 이물질이 묻지 않도록 유의한다.
- 모량에 따라 파팅의 폭을 조절하여 작업한다.
- 익스텐션을 부착할 때 모발의 텐션에 유의하며 모발의 각도를 최대한 자연스럽게 유지한다.

수행순서

## (1) 붙임머리 종류

### ① 실리콘

실리콘 붙임머리는 시술방법들 중 가장 먼저 시작된 시술 방법이며 대중적인 방법으로도 많이 알려져 있다. 고객의 모발과 가모의 연결 부분에 실리콘을 녹여 비벼서 붙이는 방법으로 시술부위에 따라 가모 모량을 조절 할 수 있으며 쉽고 간단하다.

- 붙임머리 시술 방법으로는 가장 많이 알고 있는 방법이다.
- 고객의 모발과 가모의 연결 부분에 실리콘을 녹여 비벼서 붙이는 방법이며 시술방법은 쉽고 간단하다.
- 실리콘이 저렴하여 재료비가 많이 들지 않으며 한 포인트에 하나의 팁을 연결한다.
- 실리콘은 열에 약해 사우나나 드라이 시 실리콘이 녹아 모발이 엉키는 일이 생기기도 한다.
- 제거를 할 때도 열을 이용해야 하기 때문에 고객의 모발이 손상을 입고 또한 완벽하게 제거가 되지 않아 지저분하다.

제거는 열을 이용하여 실리콘을 녹여서 제거해야 한다.
실리콘을 녹여 제거할 때 오일이나 크림을 실리콘 부위 발라주고, 신문을 퍼머종이 4장만한 크기로 잘라 반을 접어(2겹) 준비해 놓는다. 한 팁에 한 장씩 반으로 접어(4겹)열을 가하여 녹여서 제거해주어야 하며, 바로 꼬리빗으로 실리콘이 묻었던 자모를 빗어 내려주면 깔끔하게 정리 제거된다.

실리콘 붙임머리

## 실리콘 시술방법

① 고객 모발의 섹션만큼 피스의 모발을 준비한다.

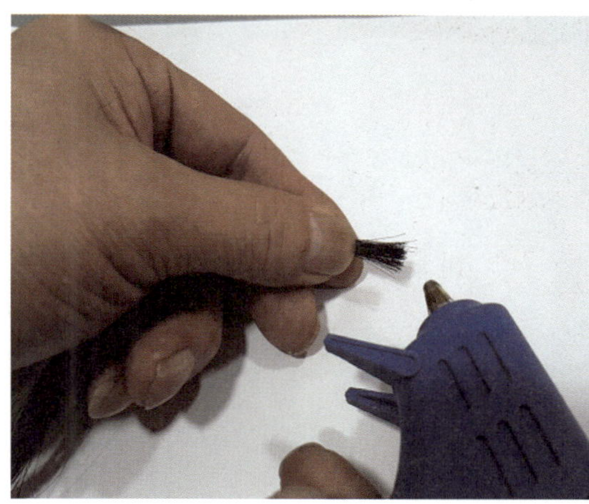

② 글루건(실리콘)을 준비한다.

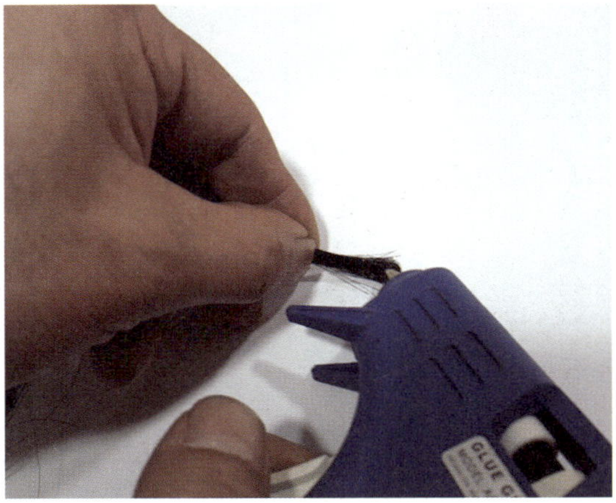

③ 모발 위에 실리콘을 적당량 바른다.

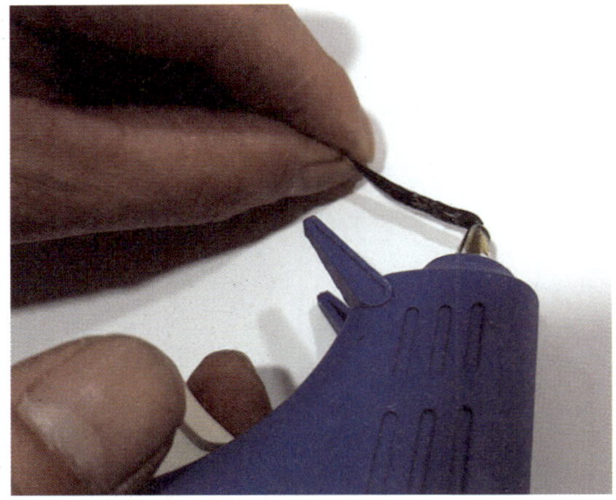

④ 모발에 실리콘이 사이사이 고르게 발라질 수 있도록 판넬을 넓게 펴 바른다.

⑤ 완성된 모습

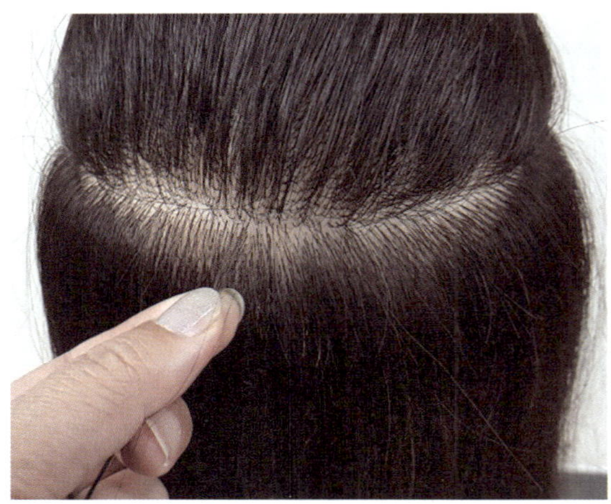

⑥ 고객의 자모에 섹션을 잡아준다.

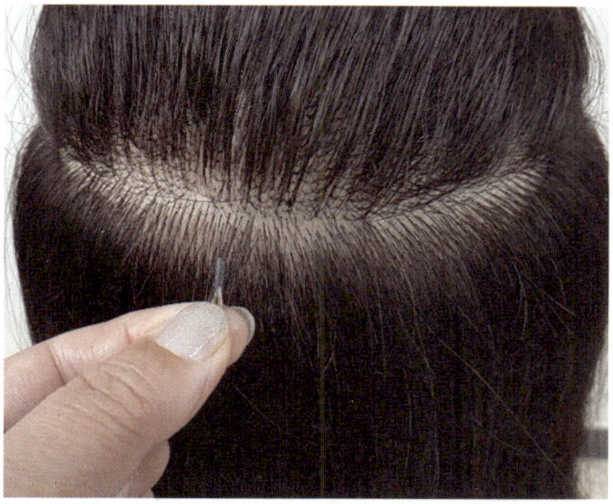

⑦ 미리 만들어놓은 실리콘 모발을 섹션 중앙에 가져다 댄다.

* 섹션 중앙에 가져다놓은 실리콘을 열기구로 녹인 다음 바로 손을 대면 데일 수 있으므로 주의가 필요하다.

⑧ 고객의 모발과 실리콘 모발을 함께 잡고 열기구로 실리콘을 녹여준다.

⑨ 실리콘을 충분히 녹여준 후 손이 데이지 않도록 3~5초 후 작업을 한다.

⑩ 손가락으로 비벼준다.

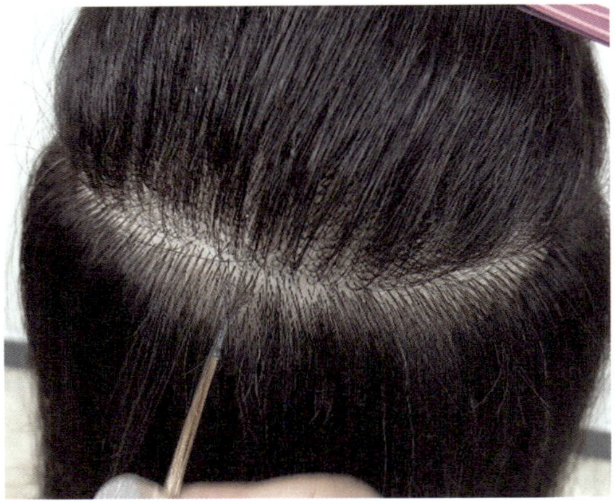

⑪ 완성된 모습 1

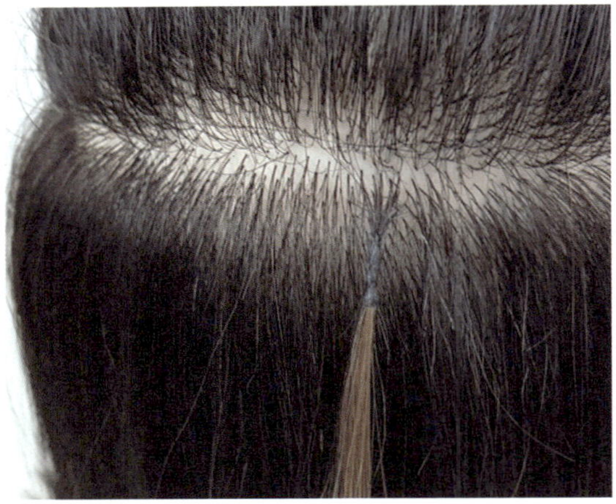

⑫ 완성된 모습 2

## 실리콘 제거방법

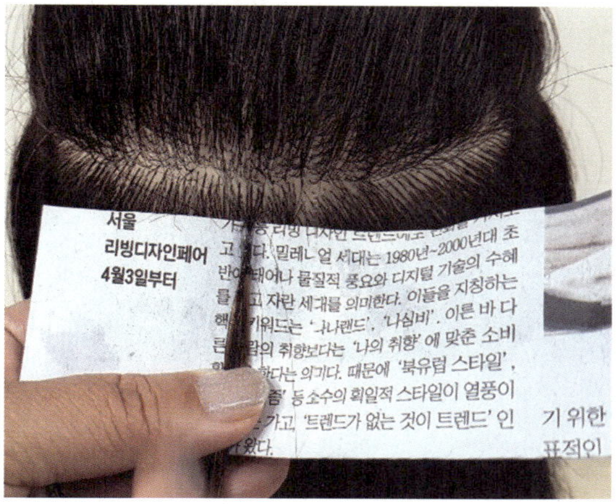


① 신문지를 퍼머종이 4장만한 크기로 잘라서 미리 준비해놓고, 반을 접어(2겹) 사용한다.

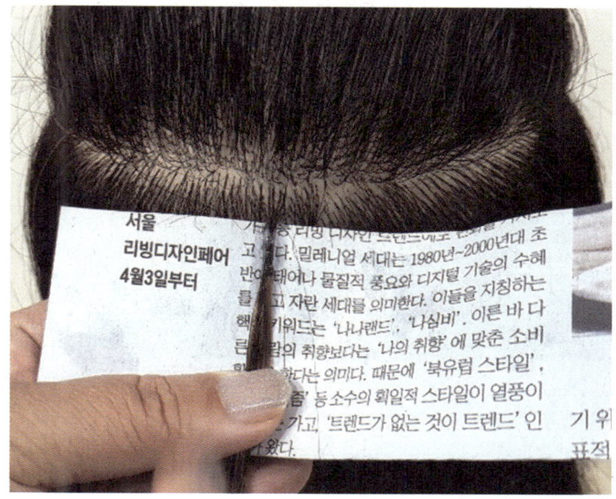


② 실리콘 매듭1팁을(2겹) 신문지 3/1지점 위에 올려놓고, 에센스나 오일 마사지 크림 등 오일성분의 크림을 실리콘 매듭에 발라준다.

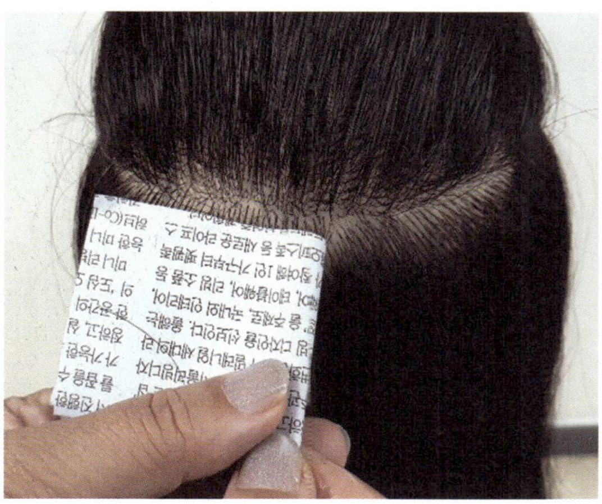

③ 신문지 1/3 지점에서 크림이 발라진 실리콘 매듭을 감싸며 4겹이 되도록 신문지를 반을 접어준다.

④ 플랫 아이롱으로 열을 가해 글루를 녹인다.(녹아내리는 실리콘을 최대한 신문지가 흡수해줘야 실리콘의 잔여물이 번지지 않기 때문이다)

⑤ 실리콘이 녹으면 가모가 분리되어 떨어진다.

⑥ 가모가 분리됨과 동시에(실리콘이 굳기 전에 신속히) 실리콘이 제거된 곳을 꼬리빗으로 빗질을 하여 모발을 정리정돈 해준다.

⑦ 실리콘 제거가 깔끔하게 안된 곳은 유분기가 남아있는 상태에서 신문을 한번 더 대어 열을 가해주고 꼬리빗으로 깔끔하게 빗어 정리해준다.

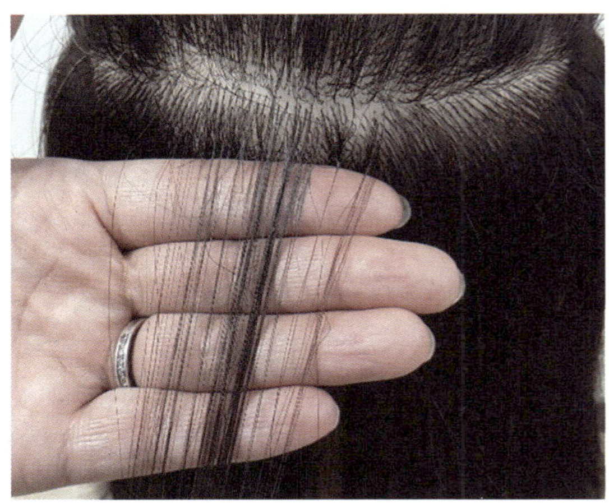

⑧ 완성된 제거 모습

### ② 링

- 시술시간이 가장 짧다.
- 고객의 모발에 연결 후 펀치로 눌러 고정하는 방식이다.
- 링이 금속재질로 되어있기 때문에 두피 가까이에서 시술을 할 때 두피에 자극을 주지 않도록 해야 한다.
- 제거는 펀치를 이용한다.

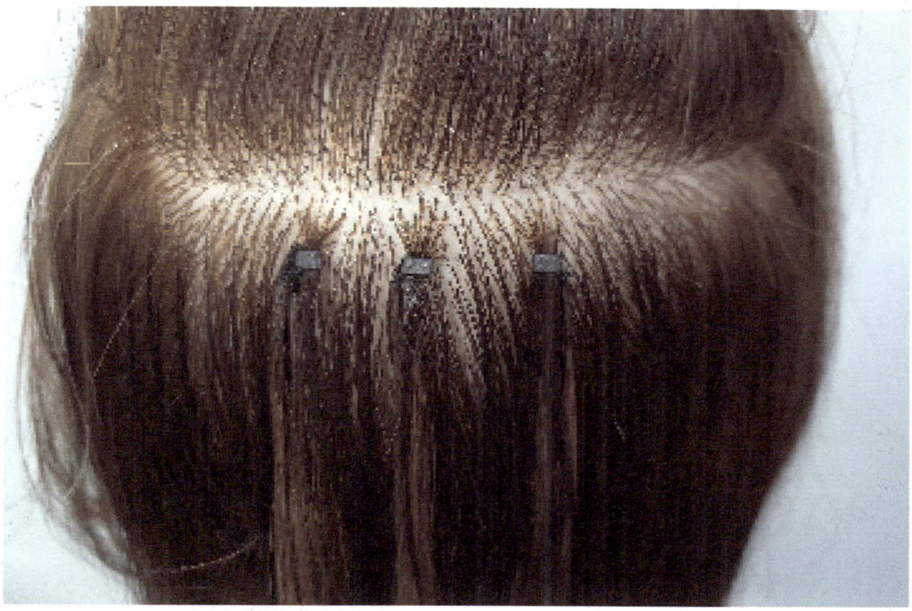

링 붙임머리

## 링 시술방법

① 일정량의 섹션을 준비한다.

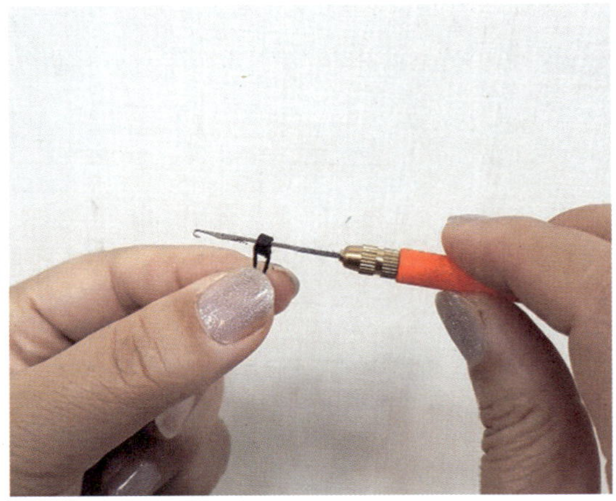

② 링 사이로 코바늘을 밀어 넣는다.

③ 미리 준비해둔 섹션의 모발을 코바늘로 걸어 준다.

④ 링을 왼손으로 잡고 코바늘에 걸린 모발을 링 사이로 빼낸다.

⑤ 펀치로 링을 잡는다.

⑥ 두피 가까이 밀어서 펀치 자체를 90도로 꺾어 주고, 두피 1.5cm 정도 떨어진 위치까지 끌어올린다.(두피 뿌리 가까이 닿지 않도록 주의)

⑦ 펀치 자체를 90도로 꺾어준다.
(뿌리각도 들리지 않도록 주의)

⑧ 꺾어 둔 상태로 눌러 준다.

⑨ 다시 펀치 안쪽으로 자리를 잡고 2차로 눌러준다.(흘러내림 방지 차원)

⑩ 완성된 모습

주의 사항

- 펀치를 누를 때 링을 두피에서 1.5cm를 띄우고, 아래쪽 방향으로 방향을 잡아서 힘껏 눌러준다.
- 각도 주의(링이 제대로 고정이 되지 않으면 흘러내릴 수 있다)

## 링 제거방법

① 펀치로 눌려진 링을 잡는다.

② 납작해진 링 가장자리를 펀치로 잡는다.

③ 펀치로 눌러 원형의 상태로 만든다.

④ 펀치로 링을 잡고 붙임머리를 당겨준다.

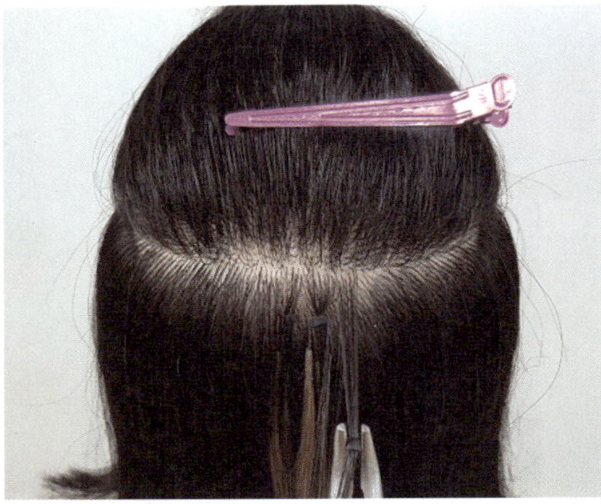

⑤ 고객의 모발이 당겨지지 않게 링만 잡아 당겨 주는 게 좋다.

⑥ 완성된 제거 모습

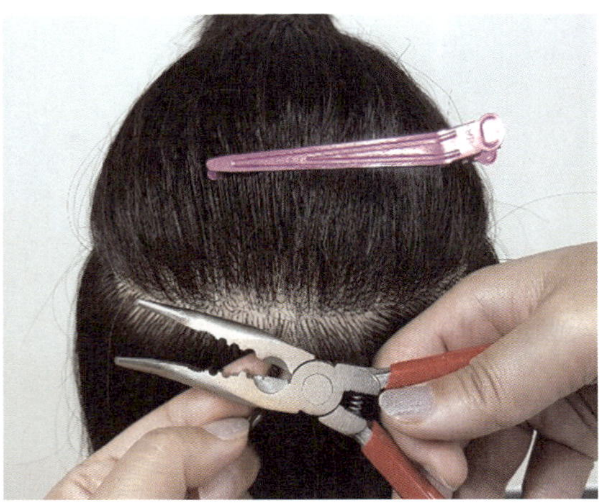

⑦ 링 제거 시 원형의 상태가 이루어지지 않고 사진과 같이 같이 꺾였다면 펀치의 중간에 있는 날로 제거를 해야 한다.

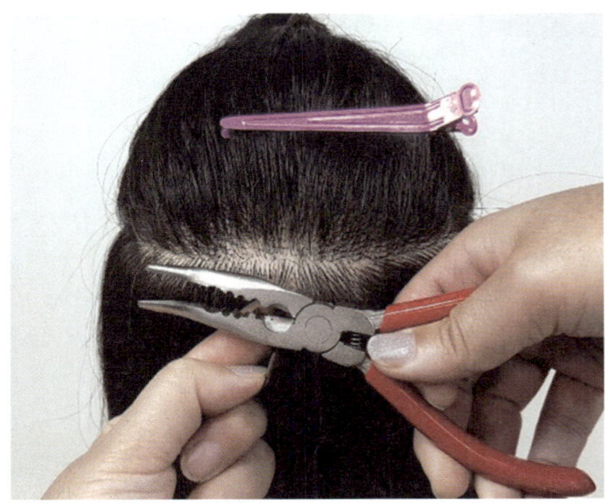

⑧ 이때 주의할 점은 고객의 모발을 같이 집지 않도록 주의한다.

### ③ 스킬

- 종류는 대표적으로 두 가지로 원 스킬과  투 스킬로 나뉜다.
- 숱이 없는 경우 배김이 발생할 수 있다.
- 스킬기법이 단단하지만, 연모에는 당겨지는 현상이 발생한다.
- 무게감이 있어서 시간이 지나면 내려오는 속도가 빠르다.
- Top부위 두상이 커져 보일 수 있다.
- 건강모는 스킬기법이 단단하게 고정된다.
- 다른 기법에 비해 작업시간이 단축된다.
- 연모에 작업하는 경우 단단함으로 뽑힐 수 있다.
- 붙임머리 제거 시 모발의 엉켜있는 부분을 풀어내는 과정에서 모발의 손상이 있을 수 있다.

㉠ 원 스킬

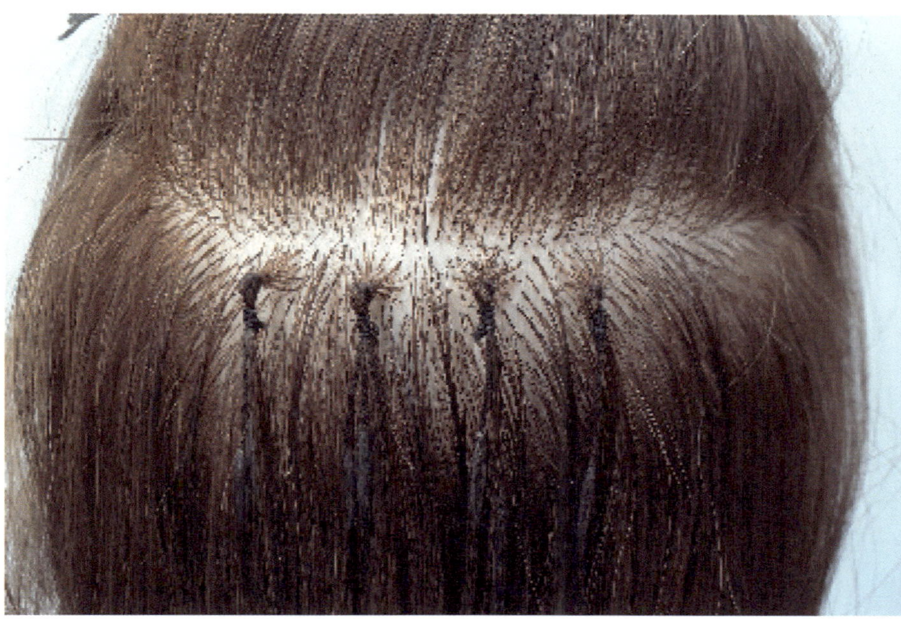

원 스킬

## 원 스킬 시술방법

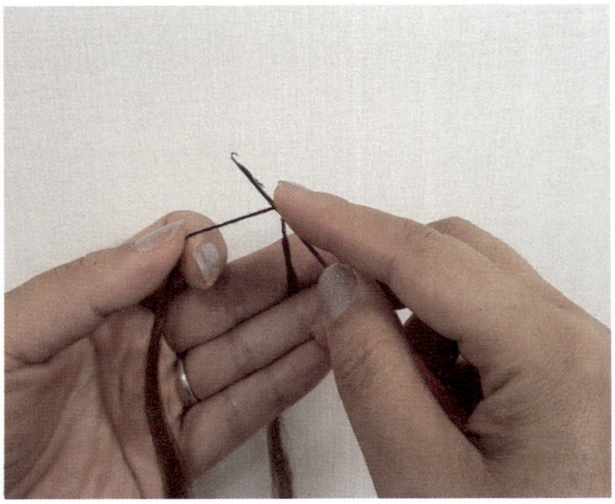

① 익스텐션용 모발 하나의 중간지점을 스킬바늘 위에 놓고, 오른손 검지로 눌러 잡은 후 익스텐션 모발 하나를 스킬바늘에 끼워 스킬바늘 뚜껑 입구에 둔다.

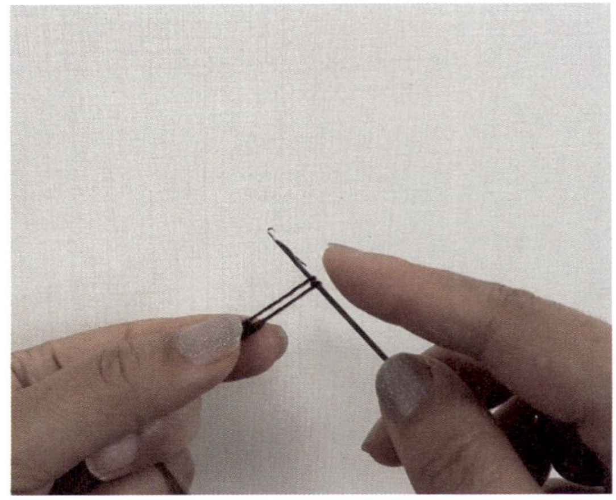

② 스킬바늘의 뚜껑은 하늘을 향해 놓고 한쪽을 한 바퀴 돌려 감는다. 이때 스킬바늘이 수평이 되어야 익스텐션 모발이 뒤로 밀리지 않는다.

③ 양쪽을 모두 잡고 스킬 뚜껑을 하늘을 향해 놓고 스킬 뚜껑을 열고 안으로 넣는다. 섹션을 뜬 모발을 15도 각도로 잡고 스킬바늘 코 아랫방향 고리에 모발을 걸어 준다.

④ 오른손검지로 누르고 있는 실을 앞쪽으로 밀어서 스킬 머리 부분을 통과해 스킬바늘로 오게 뒤쪽으로 당겨준다. 스킬바늘 코 위에서 아래로 모발을 걸어 각자 반대방향으로 적당한 텐션을 주면서 스킬바늘을 비틀어 스킬 바늘 코가 내 얼굴을 바라보게 한다.

⑤ 스킬바늘 뚜껑을 닫고 삼각형 섹션을 뜬 모발을 15도 각도로 잡고, 스킬바늘 뚜껑을 열어서 모발을 걸고 닫는다. 스킬바늘에 있는 매듭을 왼손으로 잡아당기면 뚜껑이 닫히면서 모발 고리모양으로 0.5cm 정도 빼낸다.

⑥ 스킬바늘에 있는 매듭을 밀어서 매듭 안으로 모발을 고리모양으로 0.5cm 빼낸다. 다시 한번(③같은 방식) 모발을 걸어 모발을 완전히 빼낸다.

⑦ 스킬바늘을 그대로 다시 밀어 넣고, 왼손에 잡고 있는 모발을 걸어 다시 빼주고, 익스텐션 모발을 나누어 중앙부 고리부분을 조여준다.

⑧ 연결된 모발을 반으로 나누어 안쪽으로 당겨 텐션을 준다. ⑦모발을 반으로 나누어 조여준다.

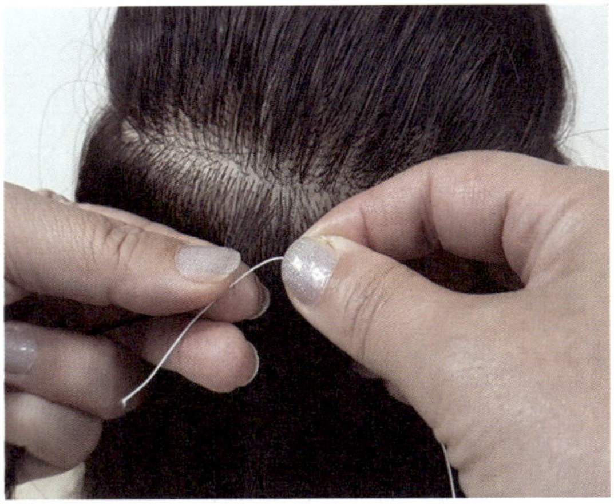

⑨ 고무줄 묶기

⑩ 완성된 모습

㉡ 투 스킬

- 매듭의 굵기가 다르다는 걸 알 수 있다.
- 붙임머리는 투 스킬 매듭으로 만들어지며, 그대로 스킬바늘에 꼽아 고객의 모발을 엮어 묶는 방법이다.
- 시술 후 매듭 자체가 있어 누웠을 때 두피에 닿는 느낌이 있을 수 있다.
- 제거방법은 묶은 고무줄 제거 후 마지막으로 빼낸 모발을 역으로 풀어야 한다.

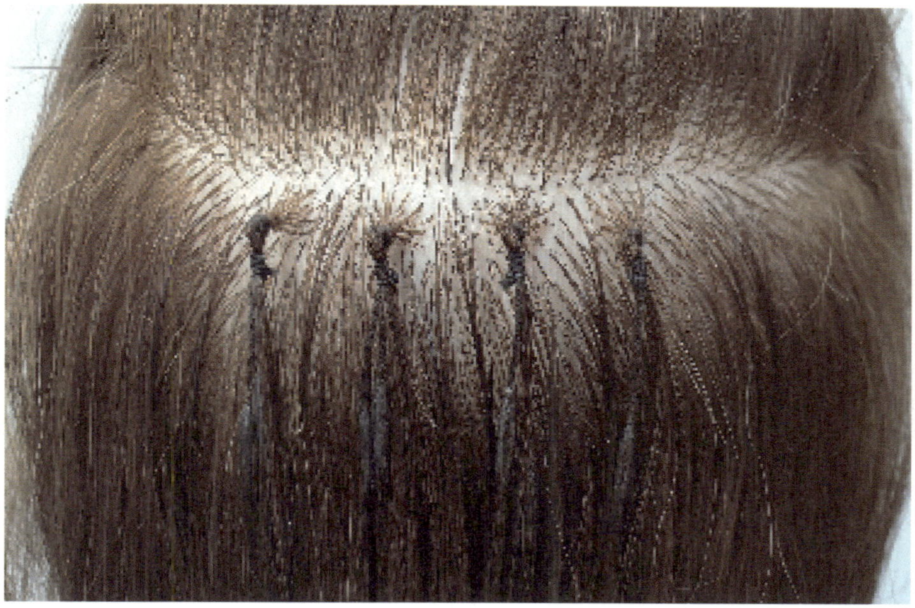

투 스킬

## 투 스킬 시술방법

① 익스텐션용 모발 하나에 중간지점을 스킬 바늘 위에 놓고, 오른손 검지로  눌러 잡은 후 익스텐션 모발 두 개를 스킬 바늘에 끼워 스킬 마블 홀 입구에 둔다.

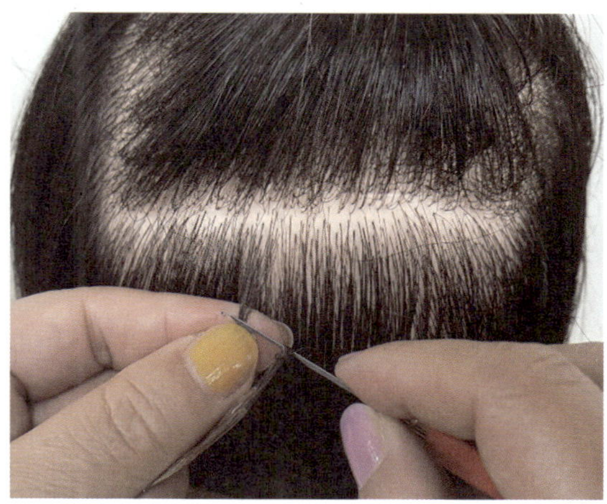

② 스킬 바늘의 뚜껑은 하늘을 향해 놓고 양쪽을 모두 잡고 스킬 뚜껑을 하늘을 향해 놓고 스킬 뚜껑을 열고 안으로 넣는다.

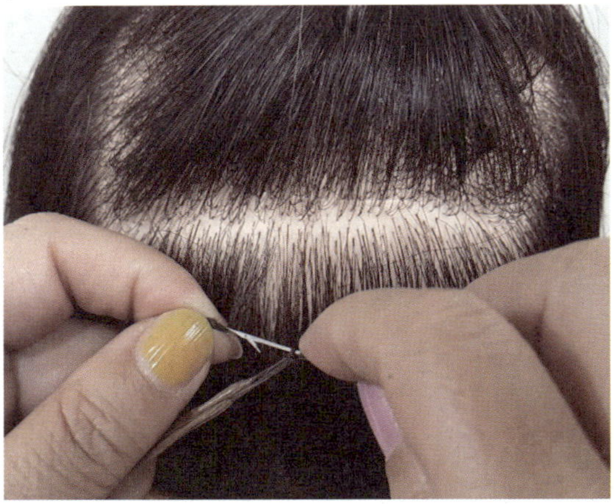

③ 오른손 검지로 누르고 있는 실을 앞쪽으로 밀어서 스킬 머리 부분을 통과해 스킬 바늘로 오게 뒤쪽으로 당겨준다.

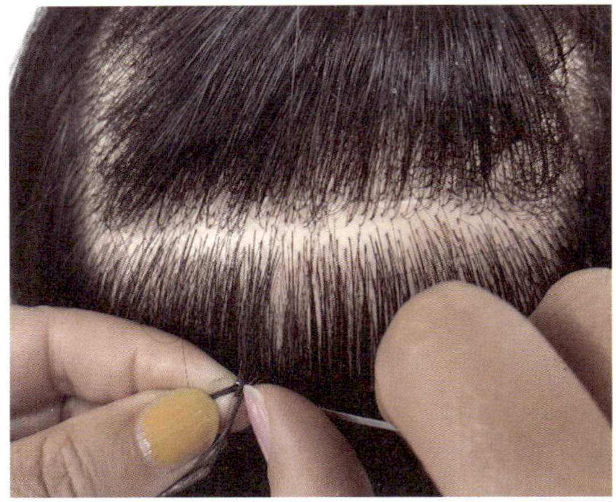

④ 스킬바늘 뚜껑을 닫고 삼각형 섹션을 뜬 모발을 15도 각도로 잡고, 스킬바늘 뚜껑을 열어서 모발을 걸고 닫는다.

⑤ 스킬 바늘에 있는 매듭을 밀어서 매듭 안으로 모발을 고리모양으로 0.5cm 빼낸다.

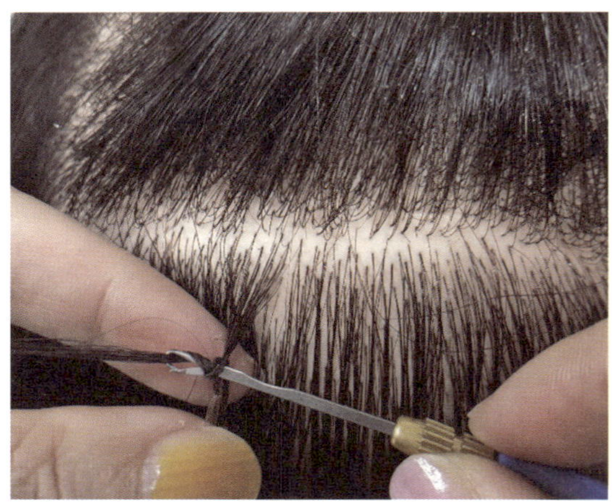

⑥ 스킬 바늘을 그대로 다시 밀어 넣고, 왼손에 잡고 있는 모발을 걸어 다시 빼낸다.

⑦ 연결된 모발을 반으로 나누어 안쪽으로 당겨 텐션을 준다.

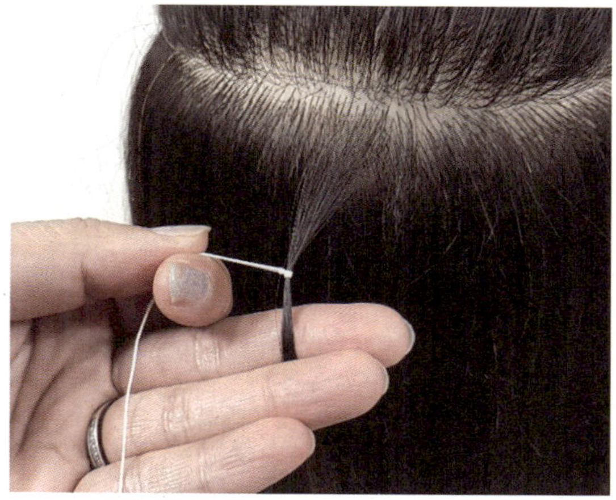

⑧ 고무줄 묶기

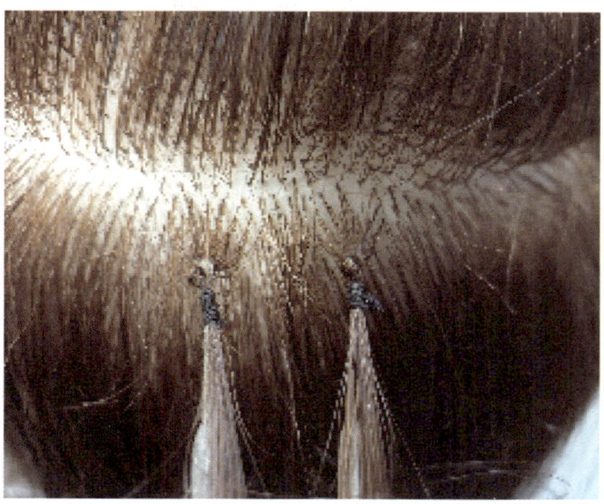

⑨ 완성된 모습

## 원 스킬, 투 스킬 제거방법

① 원 스킬 제거 방법

② 고무실을 제거한다.

③ 고무실을 제거한 모습

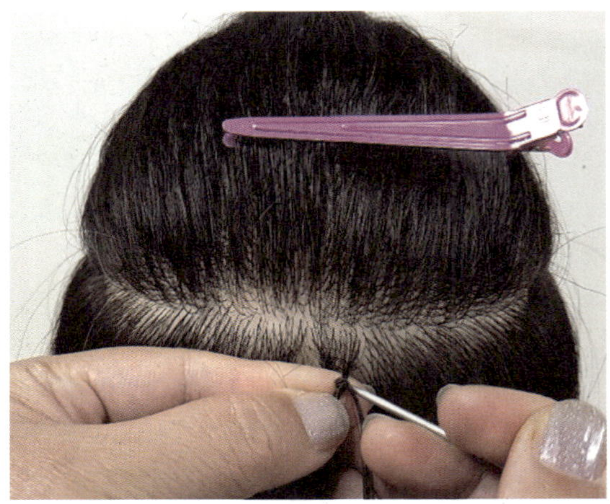

④ 뒷부분을 돌려보면 마지막으로 매듭연결 부위가 있다.

⑤ 이 부분을 반대로 빼내 주면 쉽게 풀린다.

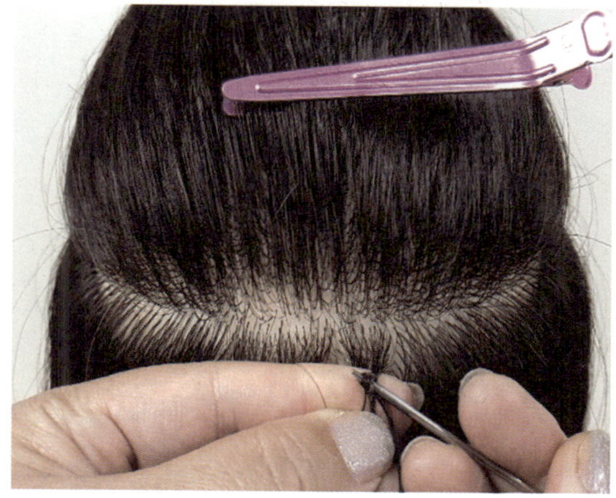

⑥ 사진에서는 방금 만든 매듭이라 단단하지만 붙임머리를 풀 때에는 대부분 헐거워져 있어 제거하기 쉽다. 대략 2~3개월 유지 후 매듭에 모발이 엉켜있으므로 자모에 손상이 가지 않도록 모근에서 머리가 빠지지 않게 매듭의 마지막에 만들어진 스킬 고리를 잘 찾아 풀어내는 것이 중요하다.

⑦ 사진처럼 코바늘이나 스킬바늘 뾰족한 부분으로 당겨준다. 바늘이나 실 송곳 같은 것을 이용하여 스킬 마지막 만들어진 고리를 찾아 공간을 만들어 준다.

⑧ 모발을 끝까지 당겨주어야 하며 빠져나오지 못한 모발이 많을수록 풀어내기가 힘들다. 충분히 고리의 공간을 만들어서 고객이 따가워서 불쾌감을 느끼지 않도록 조심스럽게 풀어낸다.

⑨ 완성된 제거 모습
고리를 풀어내고 엉켜있는 고객의 모발을 따가워서 불쾌감을 느끼지 않도록 린스 물을 분무하며 꼬리빗으로 엉킴을 조심스럽게 풀어내면서 깔끔하게 정리한다.

### ④ 땋기

- 땋기는 다른 도구 없이 손과 고무줄만 있으면 시술이 가능한 방법이다.
- 고객의 모발과 함께 잡고 두 가닥, 세 가닥, 네 가닥으로 잡고 땋아서 밑을 고무줄로 묶어 고정하는 방식이다.
- 매듭에서 모발에 힘이 분산되어 두피 트러블이 적고, 무게감을 적게 느끼며 자연스럽다.
- 너무 짧은 모발은 기술이 충분하지 않으면 붙이는 데 어려움이 있다.
- 시술시간이 길고, 충분한 연습이 필요하다.
- 배김이 없다.
- 두상이 커지지 않고 자연스럽다.
- 이질감이 없다.
- 이음새 부분이 얇아서 숱이 없는 모발에 자연스럽게 시술가능하다.

• 가격이 고가이다.
• 붙임머리 제거 시 모발 손상이 없다.
• 손과 고무줄로만 시술한다.
• 종류로는 세 가닥 땋기와 트위스트 땋기가 있다.
• 매듭부위가 뭉쳐있지 않기 때문에 일상생활이 편하고, 두피 트러블도 없는 편이다.
• 숙련되지 않으면 얇은 모발의 경우 시간이 오래 소요되기 때문에 충분한 연습이 요구된다.
• 세 가닥 땋기의 포인트는 땋기 시작하는 첫 번째이다.
• 땋을 때 아래로 밀려 나오지 않게 왼손의 힘 조절을 잘 해야 한다.

㉠ 세 가닥 땋기

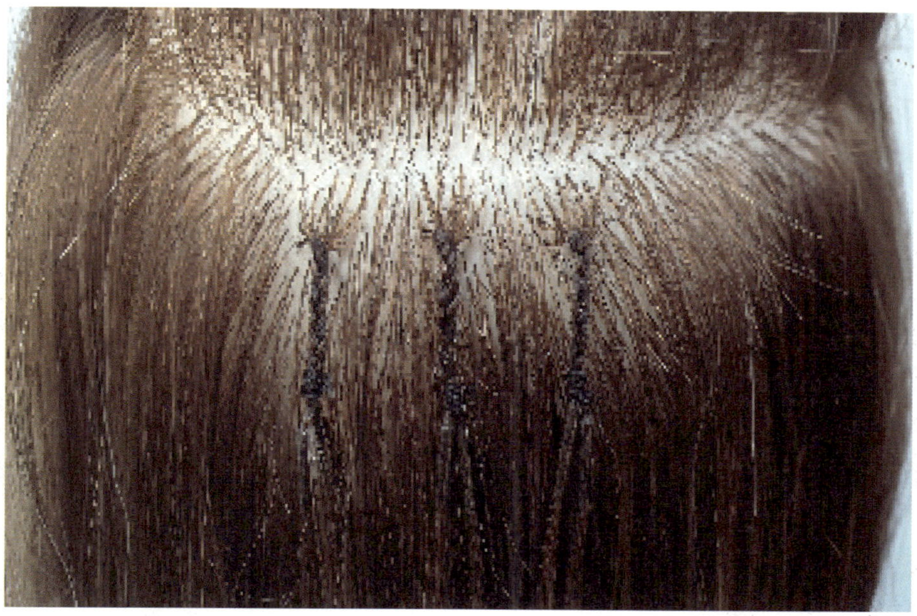

세 가닥 땋기

## 세 가닥 땋기 시술방법

① 섹션을 뜬 모발을 가로로 나누어 왼손 엄지와 검지로 한쪽 잡고 나머지 모발을 중지와 약지로 잡는다.

② 익스텐션용 하나의 팁을 오른손 중지와 약지 사이에 얹어 놓는다.

③ 오른손 엄지 검지로 중지와 약지 사이 모발과 팁이 걸쳐져 있는 것을 함께 잡는다.

④ 이때 왼손은 바닥을 보이고 있는데 손등이 보이도록 뒤집은 후 오른손 중지로 모발을 당겨 가장 아래로 당겨온다.

⑤ 왼손은 중지아래 세 손가락으로 단단히 잡고 엄지와 검지로는 팁을 잡아준다.

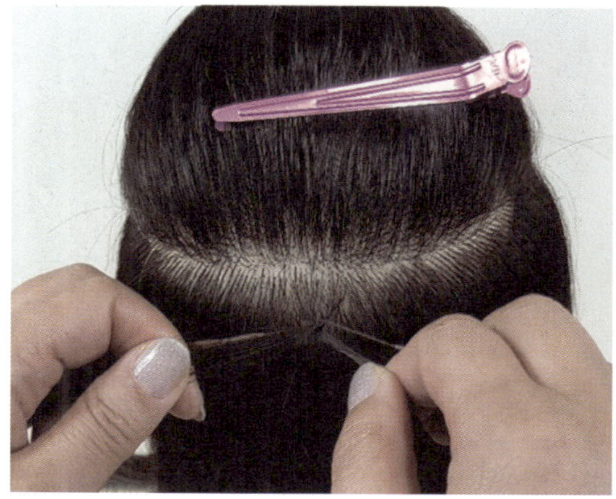

⑥ 섹션으로 뜬 모발은 X자 형태이고, 익스텐션 모발은 중간에 오도록 만들어 준 후 한쪽만 합친 후 세 갈래를 만든다.

⑦ 15도 각도로 두피에 가깝게 밀착시켜 세 갈래 땋기로 땋는다.

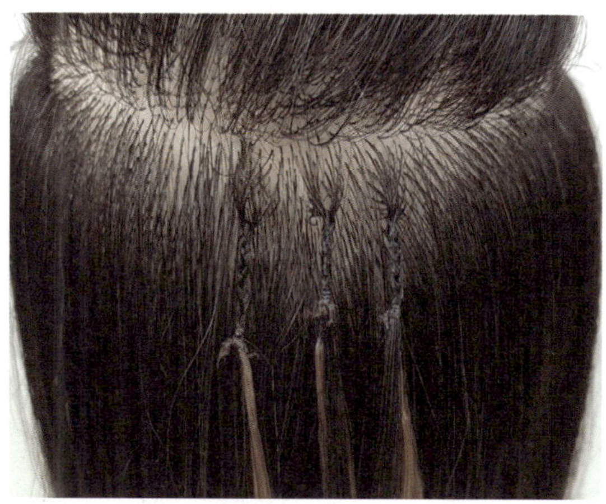

⑧ 고무줄 묶기

⑨ 완성된 모습

## 세 가닥 땋기 제거방법

① 세 가닥 땋기 제거방법

② 고무실을 제거한다.

③ 세 가닥으로 땋았던 역방향으로 풀어 나간다.

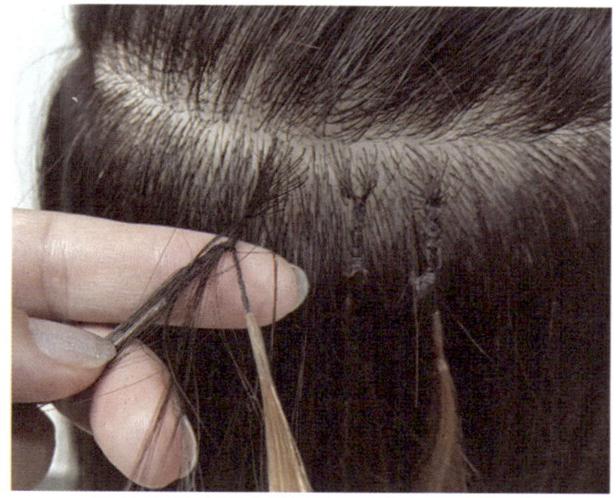

④ 연속진행

⑤ 연속진행

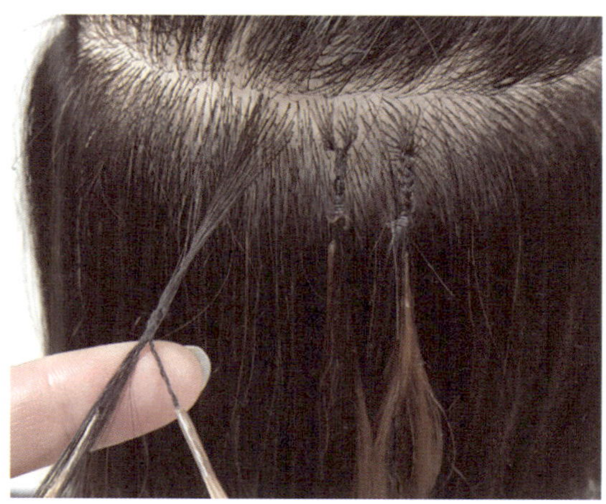

⑥ 어느 정도 풀면 붙임머리피스가 나오게 된다.

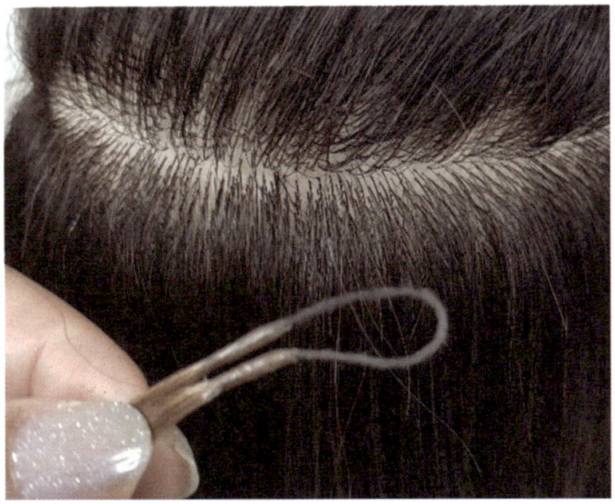

⑦ 완성된 제거 모습

㉡ 트위스트

- 손과 고무줄로만 시술한다.
- 종류로는 세 가닥 땋기와 트위스트 땋기가 있다.
- 매듭부위가 뭉쳐 있지 않기 때문에 일상생활이 편하며, 두피 트러블도 없는 편이다.
- 숙련되지 않으면 시간이 오래 걸리기 때문에 충분한 연습이 필요하고, 특히 짧은 모발은 시술시간이 많이 소요된다.
- 누워도 배김이 적어서 편하다.
- 시술이 다소 어려운 만큼 가격이 고가이다.

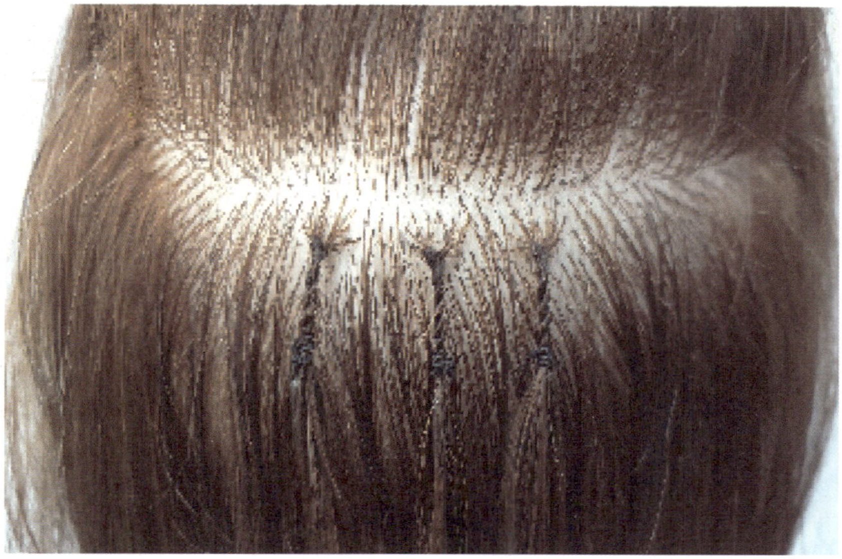

트위스트

## 트위스트 시술방법

① 섹션 모발을 사선으로 2등분 나누어 왼손 엄지와 검지 사이 중지와 약지 사이로 나누어 잡는다 .

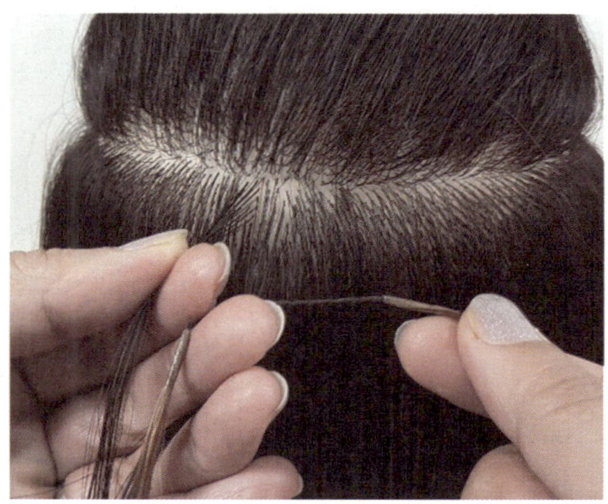

② 오른손 중지와 약지 사이에 익스텐션 모발의 팁 부분을 왼손 양 갈래로 잡고 오른손 모양 그대로 오른손에 쥔 익스텐션 모발의 팁 부분을 왼손의 비어있는 검지와 중지 사이로 잡는다.

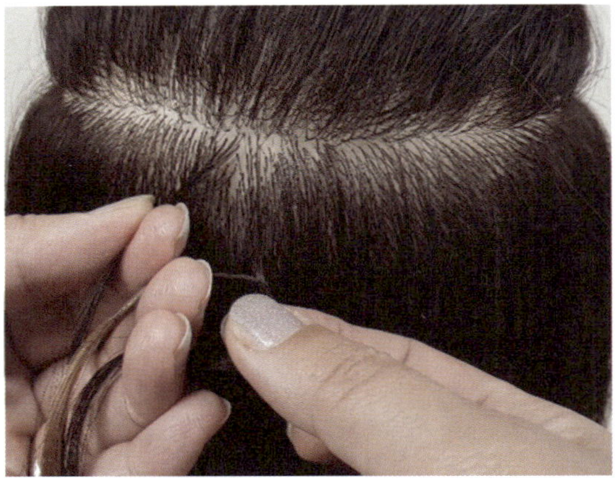

③ 왼손 엄지와 검지를 오른손 중지와 약지에 낀 모발을 잡는다. 2등분으로 나눈 모발 중 왼손 중지와 약지로 잡은 모발을 오른손 엄지와 검지로 옮겨 잡아준다.

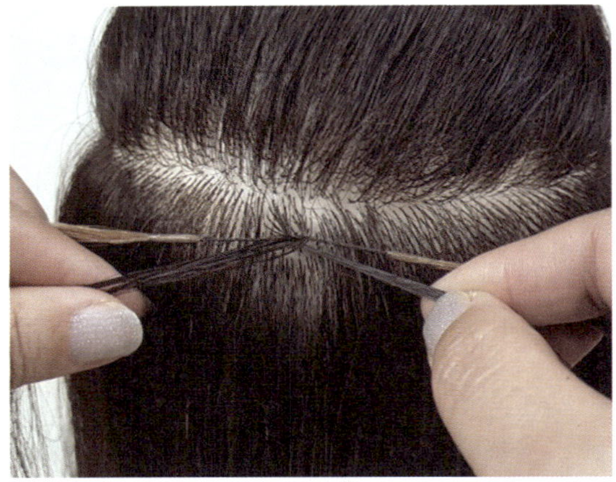

④ 그대로 왼손 엄지와 검지 사이에 쥔 모발을 살짝 꼬아 위로 올려준 후 오른손 중지를 뻗어 잡아준다. 오른손으로 옮겨 잡은 모발 아래로 오른손의 엄지손가락을 넣어준다.

⑤ 오른손 엄지와 검지가 쥔 모발을 왼손 엄지와 검지로 잡아준다. 2등분으로 나누어진 모발 중 왼손 엄지와 검지로 잡고 있는 모발을 오른손 엄지와 검지로 잡아 오른손으로 옮겨 잡는다. 동시에 오른손에 잡고있는 모발을 왼손으로 옮겨 감아준다.

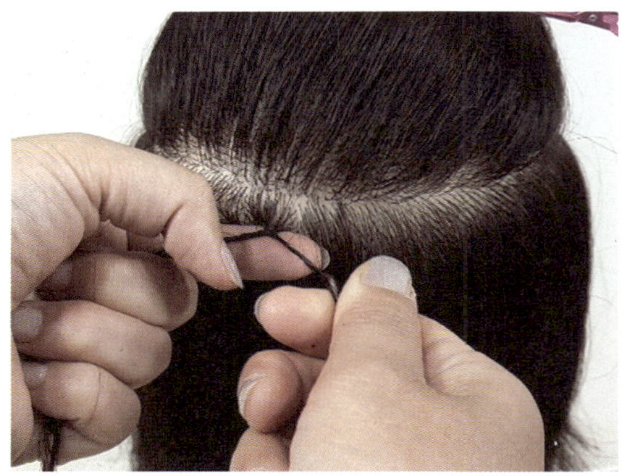

⑥ 섹션으로 뜬 모발과 그대로 오른손 엄지와 검지가 쥔 모발을 왼손 엄지와 검지로 잡아주면 된다. 이때 섹션모발을 사선으로 2등분한 다음 서로 교차하면 X모양 사이로 익스텐션 중앙부가 갖히게 된다.

⑦ 섹션으로 뜬 모발과 익스텐션 모발을 반반 나누어 양쪽으로 X자 모양을 만들고 익스텐션용 모발이 고정부가 중간에 오도록 만들어준다.

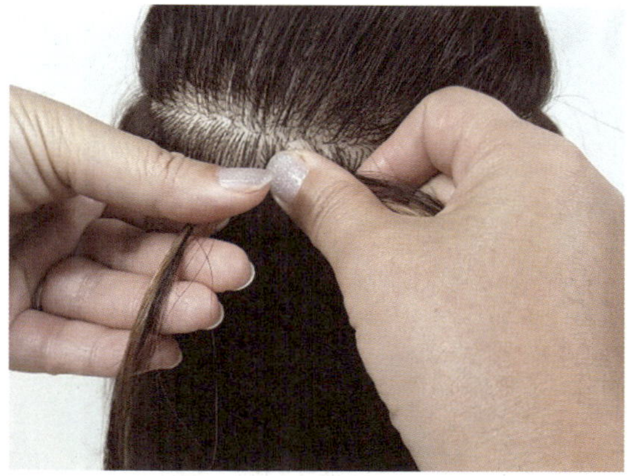

⑧ 15도 각도로 두피에 가깝게 밀착시켜 오른손과 왼손에 각 모발을 잡고 있게 되는데 익스텐션용 헤어의 팁 부분을 잡고 왼손에 있는 모발은 안쪽으로 베베 꼬아준다. 두피에서 15도 이상 뜨지 않도록 X자 모양 사이에 익스텐션 중앙부가 두피에서 늘어지지 않도록 각각 오른쪽 방향으로 꼼꼼히 꼬아 돌려준다.

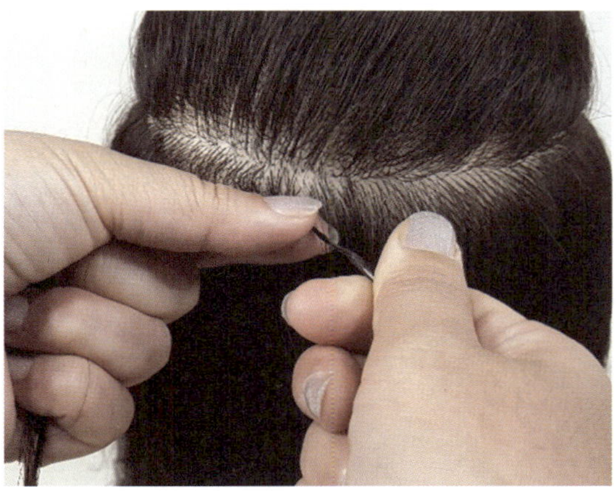

⑨ 단단한 정도로 꼬이면 오른손에 잡은 익스텐션용 팁과 모발을 같이 잡고 바깥쪽으로 꼬아 준다. 오른손으로 잡고 있는 꼬아진 1가닥을 위로하고, 왼손에 꼬아진 1가닥은 아래로 같은 방식으로 고정부 끝지점까지 노끈모양으로 단단하게 꼬아 내려온다.

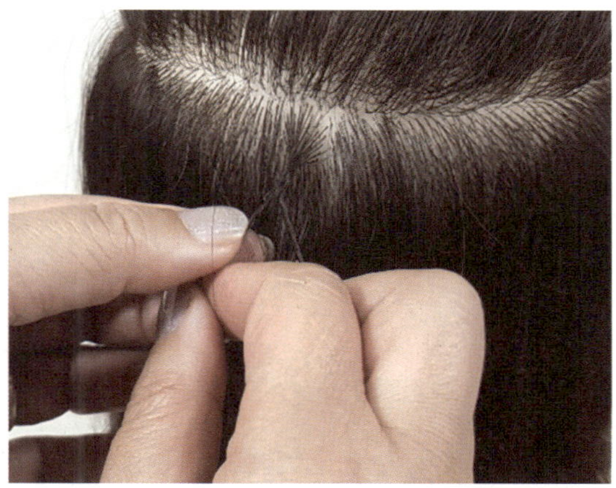

⑩ 단단할 정도로 꼬이면 두 갈래로 잡고 있는 모발을 각각 왼손 오른손 한번씩 꼬아 둘을 다시 꼬아 준다. 트위스트 2가닥 꼬임이 느슨해지지 않도록 익스텐션용 고무줄을 이용해 고무줄의 일정 텐션을 유지하여 3~4회 회전하여 2~3회 묶어준다.

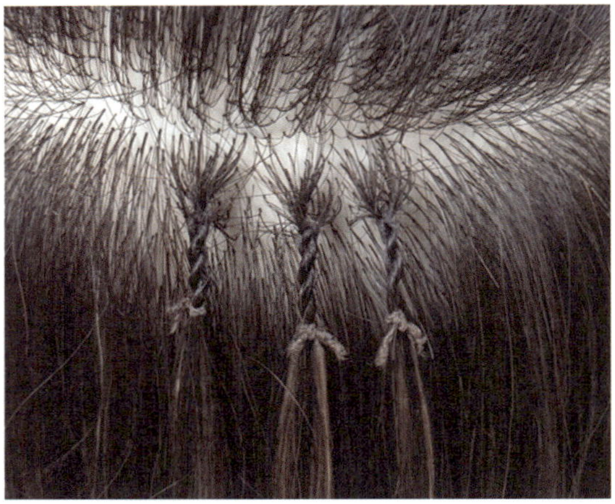

⑪ 땋기를 하는데 왼손에 있는 머리카락을 꼬고, 오른손에 있는 머리카락을 꼬아 잡는 것을 4번 반복해서 4개의 꼬임매듭이 보이게 만들어 준다. 길게 남은 고무줄은 텐션을 느슨하게 하여 가위 끝을 안에서 밖으로 모발이 잘리지 않도록 주의하여 잘라낸다(고무줄을 잘라낼 때 고무줄에 텐션이 많이 들어가면 고무줄의 올이 풀려 지저분해지고 매듭이 풀릴 수 있어 주의해야 한다.)

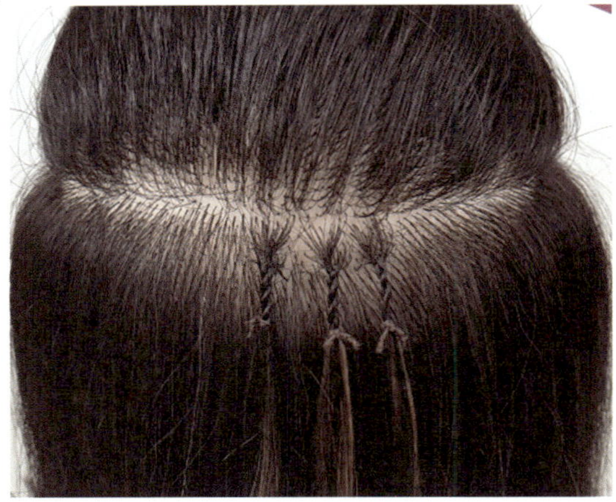

⑫ 길게 남은 고무줄은 가위로 잘라낸다.

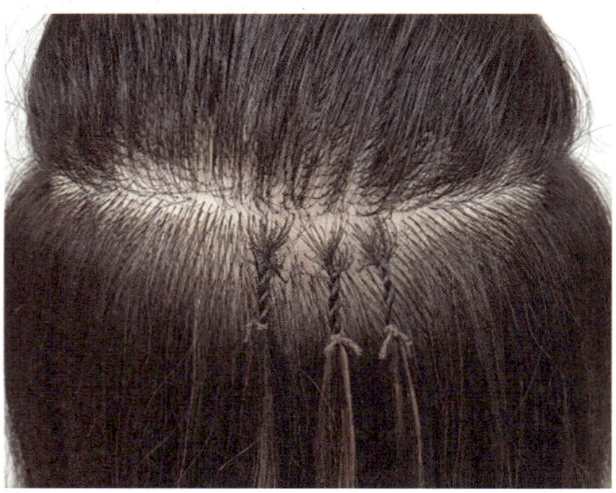

⑬ 완성된 모습

## 트위스트 땋기 제거방법

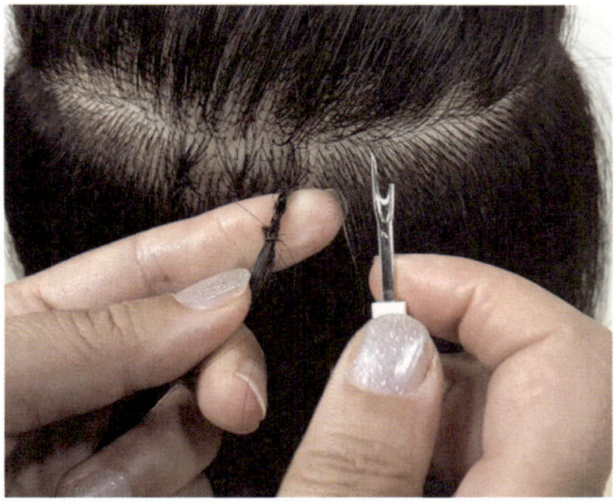

① 트위스트 땋기 제거방법

② 고무실을 제거한다.

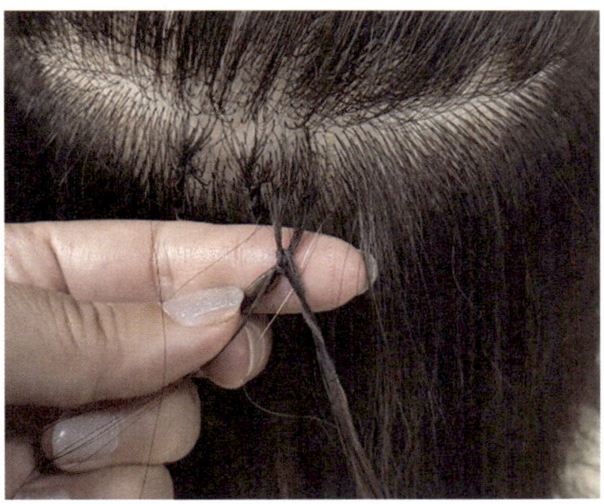

③ 트위스트는 꼬아서 비튼 형태이기 때문에 꼬아진 반대 방향으로 풀면서 돌리면 쉽게 제거 가능하다.

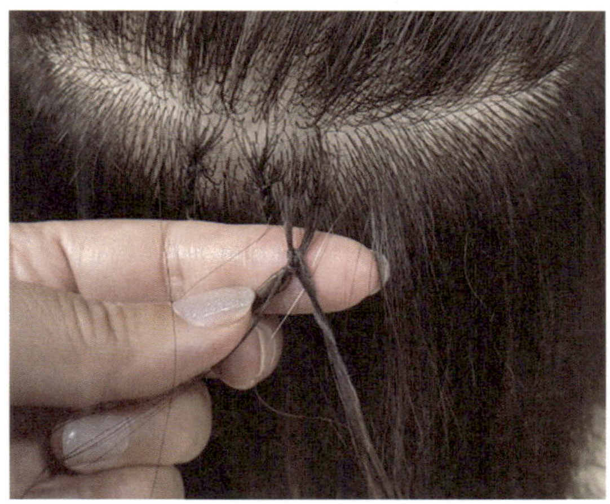

④ 연속 진행

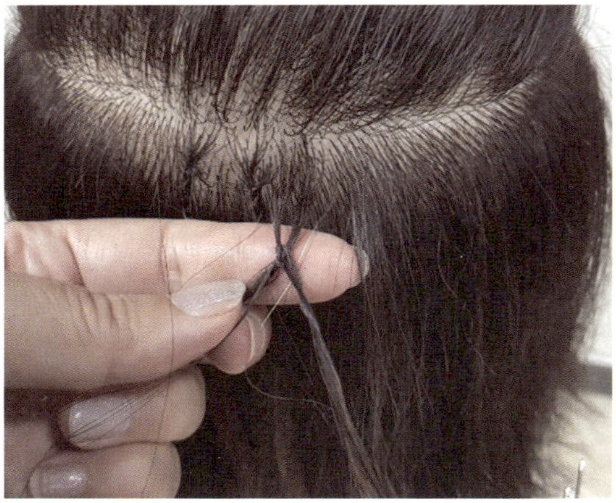

⑤ 연속 진행

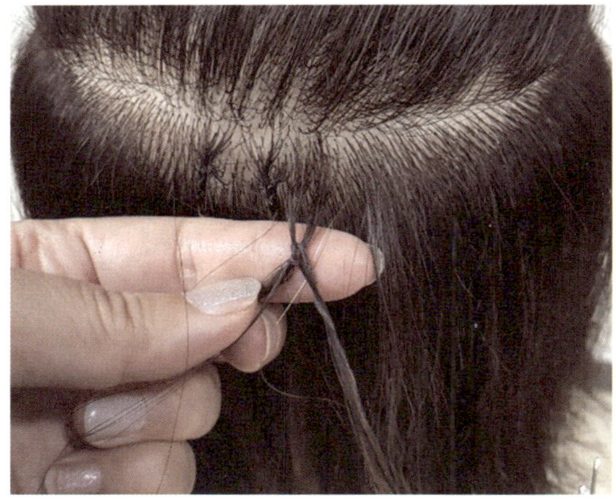

⑥ 연속 진행

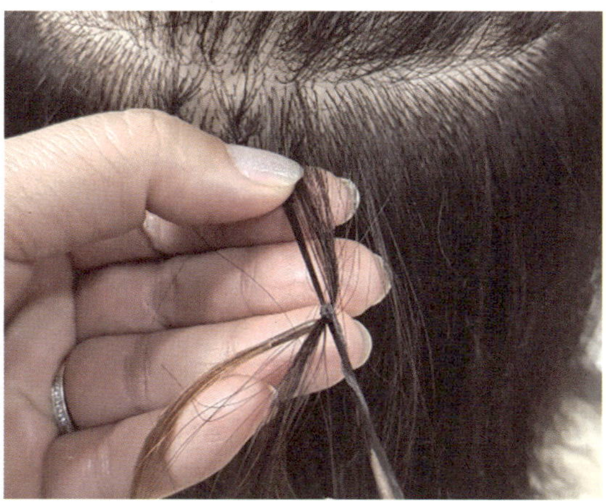

⑦ 어느 정도 풀어내면 붙임머리 피스가 제거된다.

⑧ 완성된 제거 모습

## 고무실(줄) 묶는 방법

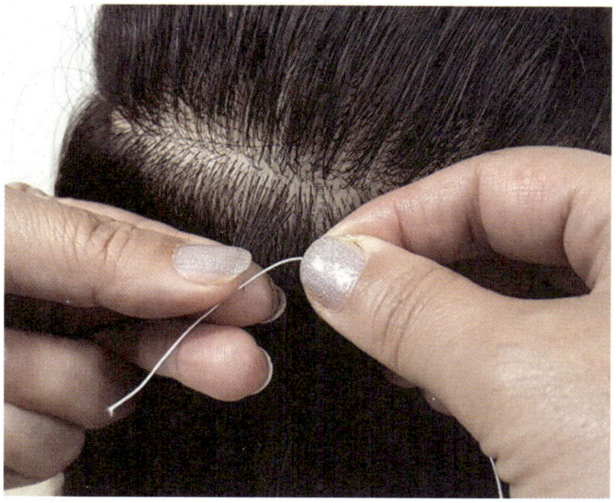

① 왼손에 모발과 고무줄을 따로 잡는다.
(고무줄 1/3 지점)

② 엄지와 검지는 힘을 주어 잡고 있고, 오른손으로 고무줄을 당긴다(텐션주의).

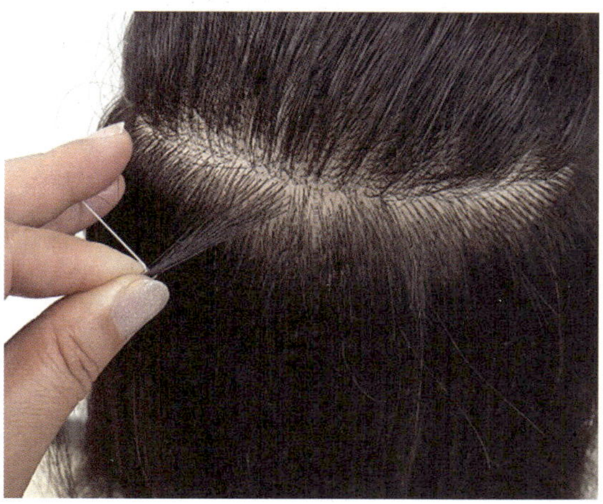

③ 당긴 고무줄을 왼손 중지 약지 사이에 끼워 잡고 왼쪽 손목을 돌려 벌린다.

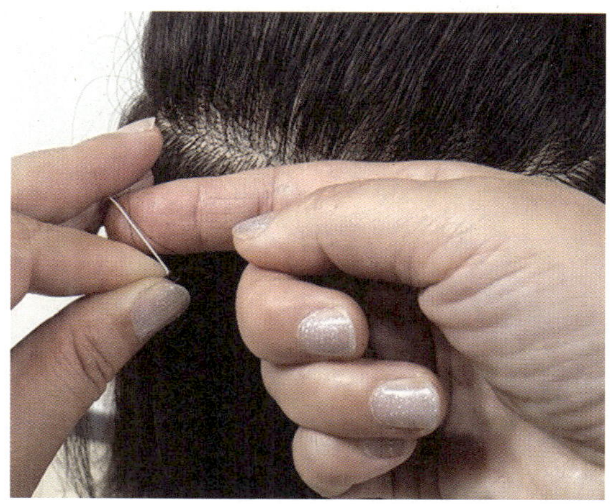

④ 벌어진 사이의 고무줄을 오른손으로 잡는다.

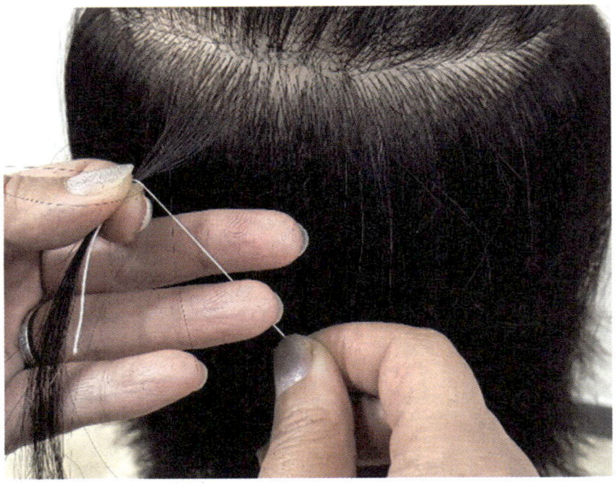

⑤ 오른손으로 다시 고무줄을 당겨 온다.
(텐션주의), ②~ ⑤까지 4~5번 반복한다.

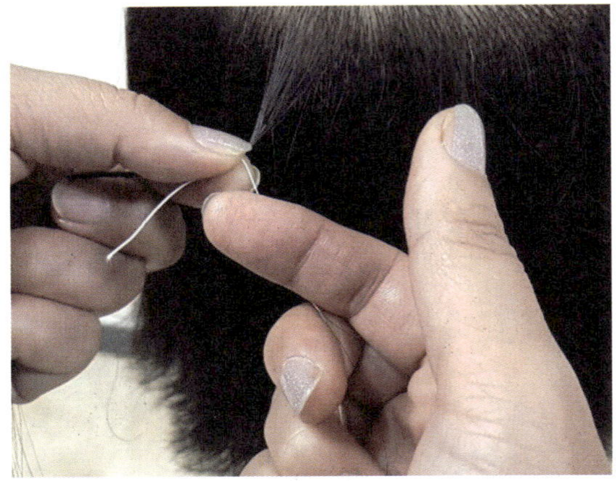

⑥ 오른손에 돌아온 고무줄은 중지로 단단히 접어 잡는다.

⑦ 엄지와 검지로 왼손에 잡는다.

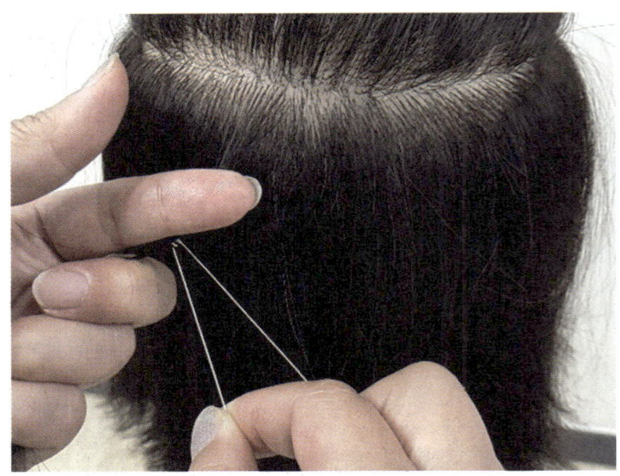

⑧ 고무줄 사이를 벌린다.

⑨ 벌려준 고무줄 사이에 왼손 엄지와 검지를 밀어 넣는다.

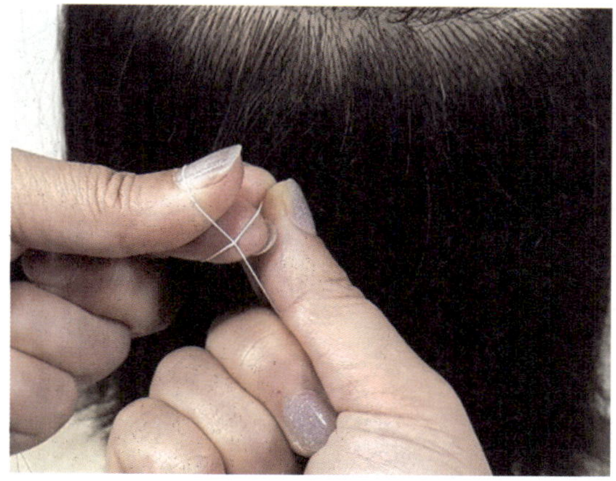

⑩ 오른손을 비틀어 당긴 고무줄을 왼손 엄지와 검지로 잡는다.

⑪ 잡은 모발을 당겨 매듭을 완성한다.
(⑥ ~ ⑪까지 한번 더 반복)

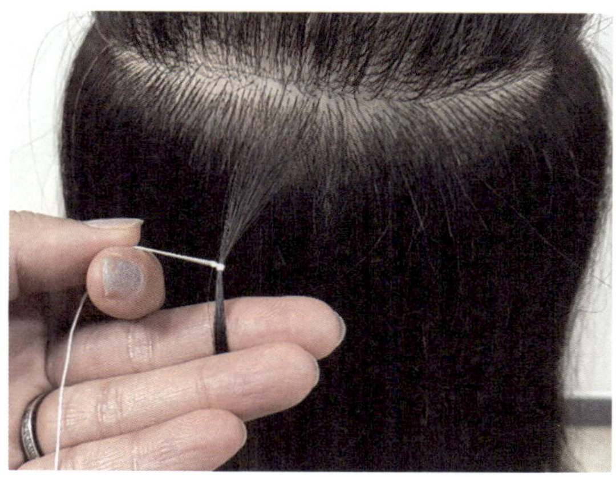

⑫ 왼손에 고무줄을 잡고 살짝 당긴다.

⑬ 매듭 안쪽 끝까지 잘라준다. 매듭이 안풀리는 곳까지만 자르도록 주의한다.

⑭ 완성된 모습

### (2) 작업 시 주의해야할 점

- 시술 시 두상 커짐을 주의한다
- 붙임머리 시술 후 리터치의 경우 시술한 위치가 아닌 다른 두피 쪽에서 작업한다. (붙임머리 시술된 두피 쪽이 약해져서 옮겨서 작업)
- 고객의 두피와 모질은 다양하므로 상태에 따라서 상담을 진행해 맞는 작업 기법으로 시술한다.
- 붙임머리를 작업하는 섹션에 맞춰 깔끔한 라인작업을 진행한다.
- 하나의 매듭 작업 시 고객의 두피의 숱에 따라서 모발량을 조절하여 배김 없는 편한 착용감을 느끼도록 작업이 진행되어야 한다.
- 붙임머리 작업 시 한줄의 섹션이 마무리될 때마다 잔머리 걸림을 확인하고 정리하고 다음 섹션으로 넘어간다.
- 쇼트 컷, 쇼트 단발 기장의 경우 작업 기술력이 높아 가모와 잘 섞여 어우러지게 하는 기술력이 중요하다.(모발길이 3cm 이상부터 시술가능, 5cm 미만은 빠짐 현상으로 스킬 땋기 작업으로 진행한다. 잔머리 주의)

### (3) 붙임머리 부작용

- 붙임머리 작업 부위를 잘못 잡고 작업하는 경우 모근이 뽑혀 하얗게 보일 수 있다.
- 건강한 모공에서 잘못된 작업과 관리 부주의로 인해 견인성 탈모가 발생할 수 있다.(붙임머리의 무게를 견디지 못해 발생 할 수 있는 견인성 탈모)
- 두피에 멍, 트러블, 뾰루지가 발생할 수 있다.

### (4) 붙임머리 리터치 기간

- 붙임머리는 고객의 모발의 성장에 따라서 리터치 기간이 달라질 수 있다.
- 2~3개월 사이에 리터치하는 것을 권장한다.
- 하루에 기본적으로 빠지는 모발의 수량이 50~80가닥 정도이며, 빠진 모발 정리와 머리를 건조시킬 때 손 걸림으로 인해 빠지지 않을 머리도 뽑히는 현상이 발생한다. 반면 빠진 머리를 정리 안하는 경우 꼬임현상으로 인해 작업매듭 부위에 엉킴이 발생할 수 있다.

### (5) 붙임머리 작업 스타일링

- 쇼트 컷, 단발머리, 중단발 기장에서 원하는 다양한 길이연장
- 숱이 없는 경우 모량 증가
- 탈색이나 염색 시술을 하지 않고 원하는 컬러 피스로 포인트
- 긴 머리 연장 작업이 아닌 미디움 길이에도 원하는 스타일 연출
- 모발이 자라나는 길이에 비해 끊어지는 모발이 많아 자라나지 않는 모발의 부분보완 작업
- 붙임머리 가모 염색, 펌 시술 (레벨 1번 블랙컬러는 염·탈색이 안 되고, 레벨 2번 이상부터는 가능)

## 3) 관리법

### (1) 샴푸하는 법

- 샴푸하기 전 익스텐션 모발에 가볍게 빗질 후 린스를 해서 엉킨 모발을 풀어 준다.
- 비벼서 샴푸하지 않는다.
- 서서 머리를 감는 것이 좋고 엉킴 방지 모발을 위해서 아래로 물을 적셔준다.
- 익스텐션 헤어용으로 사용하는 샴푸는 손상모용으로, 세정력이 강하지 않은 모이스처한 샴푸를 사용하는 것이 좋다.
- 손바닥에 샴푸를 덜어 거품을 충분히 내준 후 모발보다는 두피를 꼼꼼히 씻어준다.
- 손끝 지문으로 마사지하듯이 매듭점을 피해 두피를 문질러서 씻어주고 행굴 때는 두피를 꼼꼼하게 헹궈 준다.
- 모발에 코팅이 빨리 벗겨져 결이 빨리 손상될 수 있기 때문에 샴푸를 직접적으로 익스텐션 헤어에 바르지 않는다.
- 주기적으로 숍에 방문하여 케어 받을 수 있도록 한다.

### (2) 샴푸 후 관리법

- 모발에 보습을 충분히 해주어야 오랫동안 좋은 결을 관리해줄 수 있다.
- 보습성분이 좋은 트리트먼트제를 모발에 잘 흡수될 수 있게 바른다.
- 린스나 트리트먼트는 두피 쪽으로 가지 않도록 가급적 주의하도록 한다.
- 트리트먼트를 바른 상태에서 빗질을 해 모발 결을 정리해준다.
- 마지막에는 보습에센스를 반드시 발라준다.

### (3) 드라이 방법

- 익스텐션 모발은 젖은 상태에서 빗질을 하면 손상이 심해진다.
- 찬바람과 따뜻한 바람을 쏘여 교대로 말리고 마무리는 찬바람으로 말려 준다.
- 두피에서부터 중간부, 끝지점까지 꼼꼼히 말려 주어야 한다. (끝 지점의 모발이 엉키지 않도록 주의)

### (4) 취침 시 관리법

- 취침 시 익스텐션 헤어가 엉킬 수 있으므로 양 갈래로 느슨하게 땋아 묶고 자면 엉킴을 방지할 수 있다.

### (5) 빗질하는 법

- 익스텐션 모발은 마른모발 상태로 빗어 주는 것이 좋다.
- 빗질을 할 때 굵은 쿠션 브러시로 빗질을 하도록 하고 끝부분에서 차츰차츰 위로 올라가면서 빗질 해준다.
- 익스텐션 위쪽 부분을 잘 잡고 모발만 빗질을 해주면 두피를 보호해주고 붙임머리의 고정부가 빠지거나 빗에 걸리는 걸 방지해준다.

### (6) 고객님의 주의해야할 점(홈 케어)

- 빗질을 자주해준다.
- 헤어 팩을 자주해준다.
- 샴푸는 두피만하고 가모부분은 트리트먼트를 사용한다.
- 샴푸 시 뒤집어서 감지 않는다.(무게감으로 뿌리가 들려서 모발이 더 뽑힐 수 있다)
- 머리 건조 시 온풍과 냉풍으로 섞어서 건조한다.(붙임머리의 표면에 있는 코팅력으로 머리결의 상태를 볼 수 있어서 열이 가해지는 현상을 최소화하여 머리 결 관리를 하는 것이 재사용 기간이 길어진다)
- 가모부분이 젖은 상태에서 빗질하는 경우 모발조직률이 늘어나 손상되기 때문에 60% 이상 건조 후 빗질하여 말린다.
- 고데기 또는 매직기를 사용할 때는 머리를 바짝 말리고 사용한다.
- 머리를 묶을 때 뿌리가 들리지 않도록 높게 묶지 않는다.
- 정전기로 인한 머리 결 손상을 조심한다.
- 붙임머리 전용 빗을 이용해 머리 아래쪽부터 빗질한다.
- 에센스 사용은 드라이 전과 후 사용하는 것이 좋다.
- 헤어 팩을 자주해 준다.
- 붙임머리 드라이 시 두피 쪽부터 건조시키고 바짝 말려야 이음 부분 쪽에서 냄새가 나지 않고 엉킴이 없다.

• 머리 건조 시 아래쪽으로 드라이를 해주면 머리결 손상이 덜하고 차분하게 마무리된다.
• 수영장, 바닷가, 계곡에 놀러가는 경우 붙임머리 모발을 정돈하여 잘 땋아 주거나 번헤어로 두피에 가까이 묶어준다.(물속에서 머리카락이 담겨져 있을 경우 엉킴이 심해 딱딱해짐)

## 헤어 익스텐션 (붙임 머리) 용어사전(Hair extension glossary)

• 아세톤/알코올(Acetone/alcohol) : 정화용으로 쓰이는 화학 용액이다.
• 아프리카-캐리비언(African-Caribbean hair) : 굵은 자연 곱슬머리 혹은 아주 잘고 타이트한 곱슬머리이다.
• 애프터케어 제품(Aftercare products) : 청결하고 부드러운 모발 유지를 위한 모발 관리제품이다.
• 애프터케어 필수요건 (Aftercare requirements) : 익스텐션 헤어를 건강하고 부드럽게 오랜 기간 동안 유지시켜주는 요건 또는 제품이다.
• 환기(Air flow) : 통풍 또는 환기이다.
• 탈모증(Alopecia) : 머리가 부분적으로 또는 전체적으로 빠지는 대머리가 되는 현상이다.
• 견인성 탈모증(Alopecia traction) : 머리카락을 지나치게 세게 묶거나 땋아 머리카락이 빠지는 현상이다.
• 동물 모(Animal hair) : 야크 혹은 앙골라 털로 만든 동물모이며, 주로 가발 혹은 수염을 만들 때 사용된다.
• 익스텐션 도구(Extension applicator) : 헤어 익스텐션에 사용되는 도구를 칭하나 일반적으로 레진 같은 풀을 녹여 붙일 수 있게 하는 열을 가하는 기구이다.(고데기)
• 동양 모(Asian hair) (vs. European hair ) : 중국, 일본, 한국 또는 인도네시아에서 온 붙임머리(영구 붙임머리/임시 붙임머리)이다.
• Attachments/permanent attachment/temporary attachments : 부분 머리 또는 머리카락을 실제 머리나 두피에 붙여 유지시키는 방법으로 매일 제거할 수 있는 임시 붙임머리와 30~40일 정도 긴 머리를 유지시켜주는 영구 붙임머리 등 여러 가지 방법이 있다.
• 기본 색(Basic color) : 모발의 기본이 되는 원 색상으로 하이라이트와 구분된다.
• 블렌딩(Blending) : 익스텐션 시술 전 모발의 기존 색깔에 맞추기 위해 여러 색상을 섞는 과정이다.
• 헤어 본드(Bond/Hair bond) : 붙이거나 접착을 의미하며 보통 핫 글루 혹은 레진을 사용하여 영구적으로 머리를 붙이는 것을 뜻한다.

• 본딩/본딩 접착제/퓨전 솔루션/본딩 테이프(Bonding/bonding adhesive/fusion solutions/bonding tapes) : 본드와 동일한 뜻으로 붙임머리를 자연모와 연결하는 접착제를 말한다.

• 브레이드(Braid) : 댕기머리처럼 땋은 머리이다.

• 브레이딩 익스텐션 시스템(Braiding extension system) : '위빙' 방식의 붙임머리 시술을 말하며 웨프트를 사용하여 위빙하는 것을 말하나 원 뜻은 땋은 머리를 의미한다.

• 모발손상(Breakage) (hair breakage) : 약한 머리나 손상된 머리카락은 쉽게 부서진다. 머리손상의 주원인은 심한 산 처리에서 생긴다.

• 브리스틀 브러시(Bristle brush) : 주로 돈모로 만든 동물 모를 통해 육모를 촉진하는 것을 말한다.

• 코카시안 모(Caucasian hair) (s. Asian hair) : 혼혈 백인의 머리카락은 동양모보다 가는 편이며 더 부드러운 편이다. 동양모의 반대되는 뜻이다.

• 고객 사후 관리 절차(Client aftercare procedures) : 익스텐션 후 반드시 필요한 서비스 관리를 의미한다.

• 고객 상담 시트(Client consultation sheet) : 고객의 머리타입 등을 기록한 양식으로 붙임머리(익스텐션) 시술 방식과 가격을 결정하는 데 중요한 자료가 된다.

• 클립/클립-인 헤어 익스텐션(Clip hair extension/Clip in hair extension) : 클립 형식으로 붙였다 떼었다 할 수 있는 방식의 익스텐션이다.

• 근접배치(Close placement) : 붙임머리 한 줄을 다른 한 줄과 틈이 없이 매우 근접하게 배치하는 시술방식이다.

• 콜드 접착제/콜드 솔루션(Cold adhesives/cold solutions) : 핫 글루를 사용하지 않고 접착제만으로 붙임머리를 완성하는 익스텐션 방식이다.

• 콜드 퓨전(Cold fusion) : 콜드 접착제 방식과 동일하다.

• 콜드 퓨전 익스텐션 시스템(Cold fusion extension systems) : 핫 글루 외 보통 글루로 모발을 붙이는 시술이다.

• 링(색상표)(Color rings/color charts) : 여러 가지 색상들로 구성되어 있는 링 차트이다.

• 컨설테이션(상담)(Consultation) : 머리의 증상과 해결책에 대해 상담하는 과정이다.

• 콘브레이드 붙임머리(Cornrow braids extension) : 붙임머리의 종류로 주로 흑인들이 사용하는 방식이다.

• 크라운(Crown) : 머리 뒤 중앙에 위치한 가마를 의미한다.

• 실린더/링(Cylinder/ring) : 자연머리와 붙임머리 글루 끝부분을 결합시키는 튜브이고 주로 알루미늄이나 동 재료를 사용한다.

• 딥 웨이트(Deep wave) : 곱슬거리는 머리이다.

• 디탱글링 컨디셔너/스프레이(De-tangling Conditioner/Spray) : 머리를 부드럽게 또 엉키지 않도록 해주는 컨디셔너이다.

- 디스인펙팅 헤어/클렌징 헤어(Disinfecting hair/cleansing hair) : 상업용 인모를 세척 또는 산을 이용하여 깨끗하게 만드는 방법이다.
- 디스펜서(Dispenser)(hot bond extension dispenser) : 핫 글루를 사용하여 익스텐션을 연결하는 도구
- 드로잉 매트(Drawing mat) : 작고 뾰족한 쇠 이빨이 돋아 있는 쇠 매트로 머리카락을 한데로 묶거나 또는 묶여있는 머리카락을 길이별로 구분하는 데 쓰이는 도구이다.
- 드레드록(Dreadlocks) : 흑인 머리스타일의 한 종류로 굵게 땋은 머리이다.
- 습진(Eczema) : 피부병의 일종인 버짐으로 이런 증상이 있으면 익스텐션은 피하는 것이 좋다.
- 유럽모(European hair) ( vs. Asian hair ) : 독일, 스칸디나비아, 스페인, 프랑스 또는 러시아에서 온 머리카락으로 주로 동양모보다 질이 높기 때문에 가격이 훨씬 비싸다.
- 익스텐션 실린더/구리 실린더/브라스 실린더/알루미늄 실린더(Extension cylinder/Copper Cylinder/Brass Cylinder/Aluminum Cylinder) : 붙임머리 시술에 사용되는 작은 튜브 형식의 링 혹은 비드로 각각의 붙임머리카락을 붙잡아주는 역할을 한다.
- 판타지 컬러/펑키 컬러/크레이지 컬러(Fantasy colors/funky colors/crazy colors) : 흔하지 않은 특이한 색상들로 주로 하이라이트용으로 사용되는 머리카락이며 예로 빨강 또는 파랑 색상이 있다.
- 핑거 레이저(Finger razor) : 모발을 층이 지지 않고 자연스럽게 커트하도록 제작된 도구로 손가락에 끼워 사용하는 면도칼이다.
- 구급상자(First aid kit) : 가위 등에 베었을 때 또는 응급 시를 대비한 비상품이다.
- 헤어 에디션(Hair additions) : 하이라이트나 다른 효과를 주기 위해 자연모에 몇 가닥의 모발을 증모시키는 방법이다.
- 헤어 아날리시스(머리카락 분석, Hair analysis) : 머리카락의 세기 및 건강상태를 확인하기 위한 테스트이다.
- 헤어 블록/헤드 블록(Hair block/head block) : 나무 또는 스티로폼으로 만든 머리모양으로 핀을 꽂아 스타일링이나 붙임머리 등을 연습할 때 쓰이는 도구이다.
- 헤어 밀도(헤어 덴시티, Hair density) : 머리카락의 양을 재는 단위로, 한 스퀘어 인치(inch) 영역에 해당되는 머리카락의 양을 표시하는 기준치이다.
- 헤어 인헨스먼트(Hair enhancements) : 익스텐션 시술 방법 중의 하나로 자연머리 색상에 최대한 맞추어 볼륨을 더하는 등 주로 본래 헤어스타일을 살리기 위한 시술이다.
- 헤어 익스텐션(Hair extension) : 머리의 길이 혹은 볼륨을 더하기 위해 머리를 붙이는 시술이다.
- 헤어 익스텐션 서비스(Hair extension service) : 미용실에서 붙임머리 시술 및 제거와 관련된 애프터케어 서비스를 말한다.

- 헤어 익스텐션 시술 : 머리카락을 붙이는 다양한 시술을 일컬으며 핫 본드, 콜드 퓨전, 브레이딩, 플레이딩, 실로 꿰매는 재봉 등의 다양한 시술을 일컫는다.
- 탈모(Hair fall/hair loss) : 자라는 머리보다 빠지는 머리카락의 양이 더 많은 증상을 말한다. 일반인의 경우 하루 평균 50개에서 80개의 머리카락이 빠지고 다시 자라난다.
- 헤어 인테그레이션(Hair integration) : 붙임머리 또는 부분 붙임머리를 자연모에 연결시켜 볼륨이나 길이를 연장시키는 기술이다.
- 헤어 프레퍼레이션(Hair preparation) : 붙임 시술을 하기 전 가장 흡사한 붙임머리를 사용하기 위해 머리의 색상과 질감 등을 관찰 및 준비하는 과정이다.
- 헤어 스트립(Hair strip) : 스킨 헤어 또는 웹트 형식의 머리카락이나 주로 얇은 테이프 같은 스킨에 머리가 부착된 익스텐션의 일종이다.
- 헤어 본드(Hair bond) : 머리를 머리카락 또는 두피에 고정시키는 접착제이다.
- 핸드 노팅(Hand knotting) : 머리를 특정 기반에 붙이거나 연결시키는 방법 또는 기술이다.
- 하이라이트(Highlights)(vs. lowlights) : 염색을 통해 원래 머리 색상을 밝게 하거나 또는 반대이다.
- 홀더/후크 홀더(Holder/hook holder) : 붙임머리 시술용 바늘이 붙어있는 손잡이다.
- 후크/후크니들(Hook/hook needle) : 머리 바늘이다.
- 핫 본드/핫멜트 익스텐션 시스템(Hot bond/Hot melts extension systems) : 접착제를 뜨겁게 녹여 머리를 부착하는 방법이다.
- 부분 붙임머리(Individual extension strands) : 개개의 머리카락을 접착제를 사용하여 자연모에 붙이는 것이다.
- 케라틴 본드/케라(Keratin bond/Kera) : 레진과 흡사한 접착 재료이다.
- 컨디셔너(Leave in conditioner) : 머리카락이 엉키는 것을 방지하기 위해 수분 및 영양을 공급하기 위해 바르는 제품이고, 붙임머리는 주로 염색된 머리를 사용하기 때문에 머리가 쉽게 건조해지는 경향이 있다.
- 라인 퓨젼(Line fusion) : 각각의 머리카락을 낚시줄 같은 줄에 이어 자연모에 붙이는 것이다.
- 메인 컬러/세컨드 컬러(Main color/second color) : 기본 색상이다.
- 서비스 예약(Maintenance appointments) : 붙임머리 시술 이후 머리를 떼어내거나 다시 붙이는 등의 사후 서비스를 위해 다시 미용실을 방문하는 일이다.
- 매팅/탱글링(Matting/tangling) : 머리카락이 엉키는 것을 의미한다.
- 마이크로 실린더 시스템/마이크로 링크 시스템(Micro cylinder system/Micro links system) : 붙임머리의 한 시술방법으로 자연모와 붙임머리를 작은 튜브(링) 로 이용해 묶어주는 시술이다.

- 믹싱/블렌딩(Mixing/blending) : 익스텐션 헤어를 고객의 자연모발 색상에 맞추기 위해 여러 가지 컬러를 사용하여 머리를 섞는 방법이다.
- 믹싱 매트/사이징 매트(Mixing mat/sizing mat) : 12cm × 12cm 크기의 매트로, 작은 쇠로 된 돌기가 있어 헤어를 섞거나 길이별로 분류시키는 데 사용된다.
- 모다크릴릭(Modacrylics) : 일본 카네칼론과 미국 다이넬로 만들어진 합성섬유이다.
- 넌 포러스(통기성 없는 모)(Non-porous) : 가공된 파이버 같은 인조붙임머리는 통기성이 없어 기름이 섞인 제품으로만 모발관리가 가능하다.
- 환불 불가(Non-refundable deposit) : 주문 시 예약금을 환불하지 않는 조건이다.
- 옥시피탈 본(Occipital bone) : 머리 뒤 부분의 뼈이다.
- 오리엔탈 헤어(Oriental hair) : 동양모와 같은 뜻이다.
- 파팅(Parting/left parting/right parting/center parting/off center parting) : 머리카락을 구분지어 가르마를 만드는 것이다.
- 산알칼리 균형(PH-balanced) : 용액의 농도지수를 나타내는 차트로 산성 혹은 알칼리성으로 분리되며 붙임머리를 자연모와 같은 농도로 맞추는 데 쓰인다.
- 폴리머(Polymer) : 작은 분자들이 결합되어 이뤄진 플라스틱형의 종합체이다.
- 폴리머 레진(Polymer resin) : 핫 본드 디스펜서와 함께 쓰이는 용액으로 용기에 따라 다른 접착 도구가 사용된다. 용기를 공급하는 업체에서 추천하는 접착 도구를 사용하는 것이 권장사항이다.
- 포러스/다공성(Porous) : 사람의 머리카락은 구멍이 많아 물이 통과하기 쉬우나 인공 합성섬유는 통기성이 없다.
- 프리본드 익스텐션(붙임머리, Pre-bonded individual extension/Pre-bonded strand) : 붙임머리의 뿌리 부분에 폴리머 레진이 이미 붙어 있어 쉽게 익스텐션을 할 수 있게 한 것이다.
- 소리에이시스(Psoriasis) : 버짐같은 피부병의 일종으로 가려움, 염증 혹은 피부가 벗겨지는 증상을 나타낸다.
- 자연 인모/자연모/자연모 붙임머리(Real human hair/natural hair/ real human hair extension) : 사람의 실제 머리카락으로 동양, 유럽 등으로부터 추출되어 붙임머리로 쓰이기도 한다. 가닥, 혹은 웨프트나 머리다발로 거래되며 공급량이 적기 때문에 인공 합성섬유보다 가격이 비싸다. 현재 시장에서 가장 높은 가격은 공급량이 가장 적은 유럽 머리카락이다.

- 제거/분리 시술(Removal) : 모든 붙임머리는 3개월 후 제거되어야 한다. 붙임머리 제거 시술을 포함한 유지 시술은 모두 사전에 예약하여야 하며 집에서 제거하는 것은 옳지 않은 방법이다.
- 제거 용액(Removal solutions) : 분리 용액은 붙임머리를 잇는 부분에 발라 떨어지게 한다.
- 제거 도구(Removal tools) : 분리 용액이 붙임머리 부분에 충분히 스며들고 난 후 붙임머리를 자연머리에서 완전히 분리하기 위해 사용되는 집게 등의 도구이다.
- 레진(Resin) : 접착제의 한 종류로 나무나 식물에서 나오는 송진 같은 분비물로 만들어졌다. 핫 본드 익스텐션 디스펜서가 폴리머 레진을 붙임머리 끝부분에 접착시키고 완성된 폴리머 레진은 프리본딩 익스텐션에 사용된다.
- 뿌리(Root/Hair root)(vs. hair point) : 모근(머리카락의 뿌리)이다.
- 뿌리 포인트(Root point/Root point perfect/cuticle correct) : 붙임머리는 반드시 뿌리 포인트에 연결되어야 하며 이때 붙임머리의 뿌리 부분이 자연모의 뿌리 부분과 연결되어야 한다. 반대 방향으로 붙임머리를 연결할 시 엉키거나 제거하기 불가능할 수 있다.
- 두피 보호장치(Scalp protectors/scalp shields) : 디스크 모양의 보호장치로 가운데 구멍을 통해 붙임머리 시술을 하고 열 혹은 뜨거운 폴리머 레진 등으로부터 머리카락을 보호하기 위해 쓰이는 도구이다.
- 두피 민감성(Scalp sensitivity) : 두피부분의 통증 혹은 느낌이다.
- 두피 텐션(Scalp tension) : 두피의 당기는 정도 혹은 팽팽한 정도를 말한다.
- 세범(Sebum) : 피지 샘에서 분비되어 나오는 기름으로 기름진 머리의 근원이다.
- 민감성 테스트(Sensitivity test) : 붙임머리 시술에 사용되는 화학제품에 손님이 알레르기 반응을 일으킬 수 있으므로 테스트를 거쳐 반드시 확인해야 하는 준비 절차이다.
- 수잉 익스텐션 시스템/꿰매는 붙임머리(Sewing extension system) : 곡선의 바늘과 실크 실을 이용해 웨프트를 콘브레이드나 땋는 머리에 꿰매는 기술이다.
- 쉐딩(Shedding) : 머리카락이 빠지는 현상이다.
- 실키 스트레이트(Silky straight) : 동양 직모를 일컬을 때 사용하는 단어이다.
- 심레스 헤어 익스텐션(Seamless hair extension systems) : 새로운 붙임머리 시술로, 붙임머리가 연결될 얇은 투명한 테이프로 고객의 머리에 부착시킨다. 울퉁불퉁하게 튀어나온 부분이 없는 것이 장점이다.
- 스킨 스트립 익스텐션(Skin strip extension) : 심레스 붙임머리 시술과 유사하다.
- 스파이럴 웨이브(Spiral wave) : S 모양을 띄고 있는 굵은 곱슬머리로 붙임머리를 사용하였을 때에도 직선이 아닌 S 모양의 곡선을 유지하고 있는 것이 특징이다.

- 스피릿 검(Spirit gum) : 인조머리를 붙임머리(코케이젼, 동양 모)에 사용되는 풀의 일종으로 영화용 수염 등에 사용된다.
- 머리카락 검사/스트랜드 테스트(Strand test) : 붙임머리 시술 전 손님의 머리카락을 검사하는 과정으로 보통 붙임머리가 자연모에서 떨어지지 않을 만큼 강한지 보기 위함이다.
- 인공 붙임머리(Synthetic extension) : 인공 합성섬유로 만든 붙임머리로 보통 자연모보다 가격이 저렴한 편이다.
- 테일 콤(Tail comb) : 실 빗처럼 생긴 빗으로 길게 튀어나와 있는 부분으로 머리를 가르는 데 사용된다.
- 테이퍼드(Tapered) : 긴 머리를 잘랐을 때 끝 머리수가 점점 적어지는 형태이다.
- 테이프/더블 페이스 테이프(Tapes/double face tapes) : 접착제가 양면으로 붙어있는 투명 테이프이다.
- 인장 강도(Tensile strength) : 압력으로 인한 혹은 길게 늘어뜨렸을 때의 머리카락의 강도이다.
- 텐션 스팟(Tension spots) : 브레이딩 또는 위빙했을 때 주로 일어나는 현상으로 머리가 심하게 당겨지는 부위를 칭하고 머리 결이 약한 백인 머리는 쉽게 머리가 빠진다.
- 질감(텍스처, Texture) : 머리카락의 만져지는 느낌이나 보이는 느낌으로 부드럽거나 거칠거나 하는 느낌이다.
- 틴닝(Thinning) : 길이의 변화 없이 모발의 볼륨감을 줄이는 방법이다.
- 투페(Toupee) : 남성용 부분 가발이다.
- 투페 테이프(Toupee tapes) : 부분 가발에 사용되는 접착테이프이다.
- 트레스(Tress) : 여자의 머리털, 주로 부분 가발을 뜻한다.
- 투 톤 칼라(두 가지 색상)(Two tone colors) : 한 머리카락에 두 가지 색상이 나타나는 것으로 보통 뿌리부분과 머리카락 끝부분이 다른 색상을 띄거나 두 색상을 뜻한다.
- 벤티레이션/노팅(Ventilation/Knotting) : 모발을 일종의 천이나 망사에 뜨는 방법이다.
- 자연인 모(Virgin human hair) : 아무런 화학처리가 되지 않은 자연 머리카락이다.
- 자연모(Virgin natural colors) : 염색하지 않은 자연모이다.
- 워터 솔루블(Water-soluble): 물에 잘 녹거나 씻기는 물질이다.
- 위브/웨프트/헤어 스트립/웨프트 헤어(Weaves/wefts/hair strips/wefted hair): 합성섬유로 만든 붙임 머리카락으로 자연모에 실크 실로 연결하여 붙이거나 핫본드 또는 콜드 퓨전 시스템을 통해 붙이기도 한다.

### Tip

- 고객이 헤어 익스텐션을 유지하는 최대 기한은 3개월이다.
- 익스텐션과 관련된 모든 툴을 사용할 때는 언제나 제조회사의 사용 안내법과 매뉴얼을 따라야 한다.
- 고객 상담 카드와 기록카드는 추후에 참조용으로 보관해야 한다.
- 익스텐션 제거용 제품들은 네일 익스텐션이나 네일 에나멜, 나무용 바니시 칠을 제거할 수 있고, 플라스틱 파이트 등에 구멍을 낼 수도 있다.
- 인조헤어는 자연스럽지 않은 대체 헤어스타일을 만들어낼 때 사용된다. 자연모발로는 원하는 결과를 내기 어려울 때 인조모발을 이용하여 다른 스타일을 연출하게 된다.
- 자연 모 익스텐션을 자연모발에 붙일 때 위아래를 바꾸지 않도록 주의한다. 큐티클층이 두 헤어를 서로 붙잡아서 엉클어지게 만들며 나중에는 서로 떼어내는 것이 불가능하다.
- 인조헤어는 큐티클층이 엉키게 만드는 일이 없으므로 뿌리 끝을 정확히 맞출 필요는 없다.
- 익스텐션 헤어 컬러의 스와치인 컬러링은 헤어 컬러를 주문하고, 고객의 익스텐션 스타일에 적절한 컬러를 고르는데 도움을 준다.
- 믹싱 매트는 인조헤어에 사용해선 안 된다. 인조헤어는 금속 돌기 사이로 빠져 나오지 않고 헝클어져 버리므로 인조헤어를 섞을 때는 부드러운 솔 브러시를 사용해야 한다. 접착력을 느슨하게 만들기 때문에 헤어 컨디셔너는 익스텐션 접착제에 사용하면 안 된다.
- 익스텐션 헤어가 날을 망가뜨리기 쉬우므로, 익스텐션 헤어를 커트할 때는 질 좋은 헤어드레서용 가위를 쓰지 않는 것이 좋다.
- 필요한 익스텐션 헤어의 분량과 제품 구매 비용은 익스텐션 스케줄을 예약할 때 계산해야 전체 서비스 비용을 산출할 수 있다.
- 스타일리스트와 훈련된 보조가 함께 작업하면 대체 헤어스타일을 만들어낼 때 시간을 절약할 수 있다.
- 고객의 모발이 두꺼운 타입이라면 많은 양의 익스텐션이 필요하다.
- 익스텐션을 제거 서비스 예약을 받을 때는 하루 전날 밤에 샴푸와 컨디셔닝을 하도록 고객에게 주문하는 것이 좋다. 모발에 컨디셔너가 남아있게 되면 접착제를 제거해주기 때문에 머리가 엉클어지지 않게 익스텐션을 제거할 수 있다.

- 고객의 모발에 염색이나 퍼머가 미리 준비가 되어있지 않다면 익스텐션을 하지 말아야 한다.
- 고객의 헤어를 한 묶음으로 잡아보고 그 느낌을 기억해두도록 한다. 익스텐션을 적용한 뒤에는 두 배 분량의 두께로 잡혀야만 익스텐션 스타일이 보는 것과 느끼는 것 모두 원래 헤어처럼 완성된다.
- 익스텐션을 첨가하는 것만으로 스트레이트 헤어가 웨이브가 되거나 웨이브 헤어가 스트레이트 한 헤어가 될 수 없다.
- 만약 익스텐션 헤어의 컬러와 질감이 자연모발과 어울리지 않는다면 익스텐션 헤어는 새로운 스타일로 연출되지 않고, 두 가지 다른 헤어 타입으로 분리되어 어색하고 전혀 매력적인 모습이 되지 않을 것이다.
- 익스텐션을 헤어라인, 가르마, 크라운이나 후두골 부분에는 적용하게 되면 붙인 접착제가 드러나게 되므로 피해야 한다. 후두골 부위에 익스텐션을 붙이면 익스텐션이 헤어스타일 사이로 튀어나오게 되고 스타일의 형태가 비틀어지거나 골격이 드러난다.
- 한 섹션에 절반은 자연 모발로 절반은 익스텐션 헤어로 적용하는 것이 좋다.
- 언제나 익스텐션은 헤어라인에서 2cm 떨어진 곳에 적용해야 한다.
- 익스텐션 헤어를 적용하기 전에 자연 모발을 충분히 말려주지 않으면 젖은 상태에서는 수지 글루가 약해질 수 있다.
- 인조 모발 익스텐션은 염색할 수 없기 때문에 처음부터 주문할 때 고객의 자연 모발에 맞는 색상을 선택해서 주문해야 한다.
- 언제나 익스텐션 헤어와 고객의 헤어는 동량으로 해야 한다.
- 스트레이트 헤어나 끝이 뭉툭한 커트는 익스텐션 스타일을 어색하게 만든다.
- 익스텐션 헤어를 자연 모발과 잘 섞여지도록 하려면 끝을 가볍게 하는 가위를 사용해서 익스텐션을 적용하기 전에 딱딱한 끝선을 제거하고 모발의 끝을 뾰족하게 만들어두는 것이 좋다.
- 콘브레이드나 두피 플레이트 스타일을 연출할 때 뿌리 부분에 기름기가 없도록 하는 것이 중요하다. 특히 직모를 작업할 때는 브레이드가 미끄러져 내려올 수 있으므로 주의한다.
- 샴푸나 컨디셔닝을 할 때 원래 모발과 익스텐션 모발을 서로 문지르지 않도록 한다. 큐티클층이 서로 겹쳐서 엉클어지는 원인이 된다.
- 애프터 케어용품은 언제나 제조회사나 전문가가 권하는 제품을 사용해야 한다.
- 익스텐션을 처음 하고 난 고객에게 첫 번째 샴푸를 위해 살롱에 방문하도록 요청해야 한다. 이것은 고객의 샴푸방법이나 어떤 애프터 케어 제품을 사용해야 하는지, 스타일링 연출방법을 교육하기 위한 기회를 제공한다.
- 익스텐션은 제거한 당일에 다시 적용할 수 있다. 다만 이전에 적용했던 부위보다 위쪽이나 아래쪽에 적용하여 자연모발의 손상으로부터 보호하는 노력이 필요하다.

### Tip 주의사항

- 타이트한 브레이드는 원형 탈모를 일으킬 수 있다. 헤어라인 부위의 브레이드는 타이트하게 하지 않도록 주의한다. 또한 브레이드 익스텐션 헤어스타일을 반복하기 전에 자연 모발이 자라날 시간을 주는 것이 필요하므로 연이어서 브레이드를 시술하면 좋지 않다.
- 한번 고객에게 사용했던 익스텐션을 다른 고객에게 사용해서는 절대 안 된다. 위생과 안전의 문제에 심각한 문제를 일으킬 수 있다.
- 알레르기나 피부염, 감염을 예방하려면 화학용품을 취급할 때는 고무나 라텍스 장갑을 착용해야 한다.
- 평평하고 안정적인 작업대를 확보하는 것은 핫 글루 시스템으로 작업할 때는 특별히 중요하다. 핫 글루 시스템은 위험성을 지니고 있기 대문에 헤어 드레싱용 트롤리 같은 곳에 기구들을 올려두는 것은 권하지 않는다.
- 핫 글루 시스템용 디스펜서를 사용할 때, 합성수지 접착제가 녹는 온도가 제각각이므로 정해진 디스펜서에는 정해진 접착제만 사용하도록 한다. 대개 제조업체에 따라 정해진 접착제와 디스펜서가 있다.
- 콜드 시스템을 취급할 대는 언제나 장갑을 끼고 면 패드로 용액을 처리하여 피부에 직접 닿지 않도록 주의한다.
- 합성수지 접착제는 디스펜서에서 섭씨 180˚ 에서 녹기 때문에 피부에 3도 화상을 입힐 수 있다.
- 고객의 모발이 얼마나 튼튼한지, 또 피부가 민감한지를 체크하기 위해 익스텐션 하기 전에 헤어 스트랜드(가닥)를 적용해보도록 한다.
- 고객과 상담할 때는 반드시 어떤 알레르기가 있는지, 알레르기 반응의 경험이 있는지 물어봐야 한다.
- 익스텐션 헤어가 바닥어 떨어졌다면 가급적 사용하지 말아야 한다.
- 글루를 두피에 너무 가까이 사용하게 되면 헤어의 뿌리와 모낭에 긴장성 반점을 만들 수 있다. 긴장은 모발의 뿌리를 망가뜨리고 심지어는 뿌리의 손상으로 모발이 뽑혀져 나올 수도 있으니 주의하도록 한다.
- 익스텐션을 서비스할 때는 언제나 클레리파이 샴푸로 모든 잔여물과 기름 등을 씻어내고, 컨디셔너나 스타일링 제품은 익스텐션하기 전에 사용하지 않도록 한다.
- 익스텐션 제거 시에는 반드시 적용한 시스템에 정확히 맞는 제거용품을 사용해야 한다. 제조회사에서 제공한 안내에 따라 제거용품을 선택하도록 한다.
- 제거용액은 강력한 화학약품을 사용하므로 피부 염증이나 알레르기를 유발할 수 있다. 보호용 장갑을 착용하는 것은 필수다.

# Chapter 05

## 증모술

1. 학습목표와 개념
2. 수행내용

# 1 학습목표와 개념

## 1) 학습목표

모발 증모의 정의와 종류에 따라 재료와 도구를 준비하고 전처리 작업을 할 수 있다.

## 2) 개념

모발 증모술(Hair extention)이란, 한 모공에 있는 머리카락 한 올 또는 여러 개의 머리카락에 인모 또는 인조모를 엮어 본모발(本毛髮)에 붙여 주거나 엮어서 모량과 볼륨감, 길이 등을 다양하게 변화시키는 매듭 방식을 말한다.

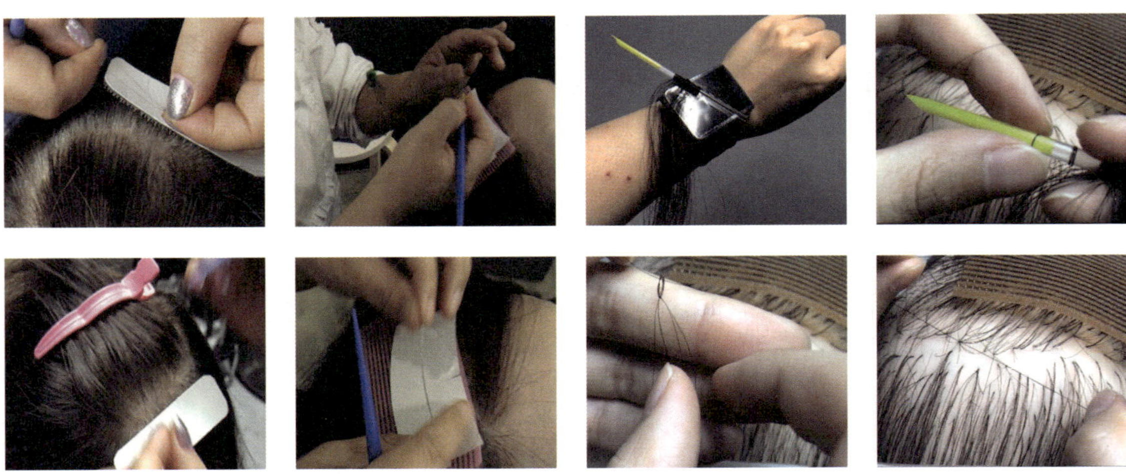

약 60년 전 일본에서 탈모동호회가 생기면서 모발이 많아지게 하는 방법을 서로 연구하다 증모가 시작되었다. 상호 정보를 교환하면서 새로운 방법들이 나오고 체험을 통해 만들어지게 되었다.

현재 일본에는 50여개가 넘는 증모와 관련하여 등록된 개인과 회사의 특허가 있으며, 국내에도 자체 생산되는 증모 관련 업체가 다양하게 있다.

증모피스는 2올, 4올, 6올, 8올 등 매우 작은 매듭으로 만들어진다. 또한 여러 가닥을 엮어서 한꺼번에 많은 양의 증모를 할 수 있는 제품도 있다.

미용사 또는 트리콜로지스트가 직접 만들어 사용한 적도 있지만, 최소 500~1,000모를 연결해야 피스를 직접 만든다는 것은 품질, 시간, 일관성의 문제 등이 있어 점차 증모피스전문회사가 생겨나게 되었다.

1967년도 일본 도쿄 시부야쿠에 '아트네이처'라는 증모 관련 회사가 설립된 것이 최초의 증모피스 회사이다.

현재 스벤슨, 아데랑스, 도쿄마시케 등 군소업체까지 합치면 수십 개의 증모회사가 생겼으며, 증모시술 매장은 고객층이 탈모에 관심이 많아지면서 꾸준히 늘어나고 있다.

한국은 20여 년 전 개인 미용실 원장들이 일본에서 연수를 받고 돌아와서 처음 시작하였지만 가발이 대부분을 차지하고 있어 크게 자리를 잡지 못하였다.

일본에서 수입한 제품으로 몇몇 중소업체 기술로 시술을 하며, 증모에 대한 전반적 지식(매듭, 모발 재질, 방향, 멀티, 싱글)과 증모시술을 전파하였고, 이에 따라 전문 증모술 전문점이 늘어나면서 현재 활발한 가계 형성이 되었다.

## (1) 증모술의 시장

일반적으로 탈모는 남성호르몬 과다 원인으로 남성에게 보편적으로 나타나는 증상이었지만, 현대는 환경오염과 스트레스, 유전 등 다양한 원인으로 남성뿐만 아니라 여성들도 탈모로 고민하고 있다. 최근에는 20대 탈모 환자가 늘면서 탈모 치료약과 샴푸 등이 있는데 특히 증모 미용법에 대한 관심이 증가하고 있는 실정이다.

남성 고객의 M자 탈도, 정수리 탈모, 여성형 탈모, 빈모 등의 증모는 헤어의 볼륨과 동시에 다양한 스타일링까지 가능하다.

증모술은 모발량을 풍성하게 만들어주고, 모발의 상태에 따라 진행되는 맞춤형으로 제작가능하며, 자연스러운 헤어 스타일링이 가능하기 때문에 증모술을 찾는 탈모환자가 많이 늘어나고 있다. 증상에 따라 다양한 매듭법과 크기를 사용하여 최대한 이질감이 없고, 모발과 자연스럽게 섞일 수 있게 시술한다.

## (2) 증모술

증모의 한 포인트는 무게감을 느낄 수 없고 한 올의 모발을 당겼을 때 버티는 힘이 한 포인트를 매듭했을 때보다 강하기 때문에 이로 인해 빠진다는 건 잘못된 생각이다.

증모는 모발이식과 같은 수술적 방법이 아니라 본인의 머리카락 한 가닥이나 한 모공에 있는 모발에다가 보통 4올~8올까지의 모발을 세밀하게 연결하여 머리카락을 늘릴 수 있는 방법이다. 모발의 성장주기는 보통 남성은 3~5년, 여성은 4~6년 정도이다. 그 중 수명이 다 된 휴지기의 머리카락은 언젠가는 빠지기 때문에 고객에게 충분한 설명이 필요하다.

- 샴푸, 커트, 일반 퍼머, 헤나, 매니큐어 등 헤어 연출이 가능하다.
- 머리길이가 3~5cm 이상이면 누구나 가능하다.
- 재사용 증모는 재활용이 가능하여 비용 절감과 사후 관리가 편리하다.
- 매듭하는 방식에는 2, 4, 8, 10가닥 등 다양하게 있다.
- 매듭해주는 작업 방법에 따라 약간의 차이는 있으나 증모술에 대한 이물감을 느낄 수 없다.
- 두피의 통풍성을 보장하므로 가발과는 다르게 증모로 인한 습기, 곰팡이, 짓눌림이 없어 2차 탈모 방지에 뛰어나다.
- 남아있는 모발에 연결하므로 자연스러움이 가발 또는 톱 피스보다 월등하다.
- 두피관리, 약물치료 시 보조 수단으로 이용될 수 있다.
- 가발은 벗어야 하지만 증모술는 그대로 가능하다.
- 노력한 증모시술 만큼 만족한 헤어스타일을 만들 수 있다.

## (3) 시술대상자 및 비대상자

### ① 시술대상자

- 탈모약을 복용하거나 두피치료를 병행하며 탈모부위를 가리고 싶은 경우
- 모발이식을 받은 경우(의사 상담 필요)
- 머리카락이 연모라서 볼륨감이 없는 경우

### ② 비대상자

- 아주 약한 연모의 모발인 고객(매듭을 줄일 때 모발이 끊어질 수 있음)
- 탈모가 현재 진행 중인 고객
- 두상 전체 모발 중 30% 이상이 부족한 고객
- 모발길이 3cm 미만인 사람

#### 증모의 무게

- 네올 하나의 포인트[16in(40cm)] ⇨ 무게 0.016g
- 네올 하나의 포인트[4in(10cm)] ⇨ 무게 0.004g
- 1천모(한 팩) ⇨ 무게 4g

#### 모발을 당겼을 때 견디는 정도

- 정상인의 모발 한 가닥 ⇨ 약 120g
- 손상모 ⇨ 약 60g
- 극 손상모 ⇨ 약 20g

즉, 견인성 탈모가 일어날 확률은 거의 제로에 가깝다.

## (4) 모량 계산 및 금액

### ① 모량 계산하기

〈표 5-1〉 인종별 모발갯수와 굵기, 특징

| 인종 | 모발전체 갯수 | 굵기 | 특징 |
|---|---|---|---|
| 유럽 | 약 12만 개 | 25~45 데니어 | 모발이 가늘다. 힘이 없다. |
| 아시아 | 약 10만 개 | 50~60 데니어 | 모발이 굵다. 뻗치는 힘이 강하다. |

※ 데니어(Denier)는 합성섬유나 재생섬유 또는 천연섬유 중에서 실크 등, 국수와 같이 긴 필라멘트실의 굵기를 나타내는 단위

* 50% 부족하다면 이 부분의 모량은 15,000올 부족
* 40% 부족하다면 이 부분의 모량은 6,000올 부족
* 30% 부족하다면 이 부분의 모량은 4,500올 부족
* 20% 부족하다면 이 부분의 모량은 3,000올 부족
* 10% 부족하다면 이 부분의 모량은 1,500올 부족

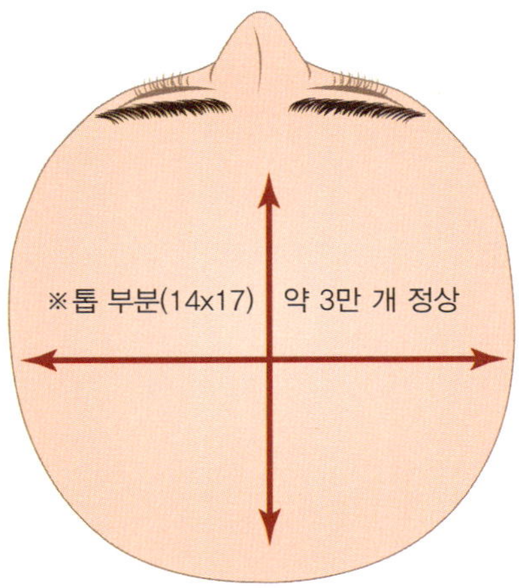


[그림 5-1]
톱 부분(14 × 17) 약 3만 개가 정상

### ② 금액계산하기

• 인조모(고열사)는 한 포인트 4올짜리

1point × 50point = 200올(약 8만 원 정도)

1point × 250point = 1,000올(약 35~40만 원 정도)

• 인모는 한 포인트 4올짜리

1point × 50point = 200올(약 12만 원 정도)

1point × 250point = 1,000올(약 40~45만 원 정도)

※ 각 숍마다 선정하는 금액과 근사치의 금액으로 평균을 낸 금액이다.

[그림 5-2]
50포인트 모량

### (5) 증모 후 관리 방법

#### ① 샴푸하는 법

- 절대 비벼서 샴푸하지 않는다.
- 손바닥에 샴푸를 덜어 거품을 충분히 내준 후 모발보다는 두피를 꼼꼼히 씻어준다.
- 미온수로 샴푸한다.

#### ② 샴푸 후 관리법

- 샴푸 후 절대 타월로 비벼 닦아내지 않고 물기를 두드리거나 꾹꾹 눌러 제거한다.

#### ③ 드라이 방법

- 인조든 인모이든 너무 뜨거운 바람에는 손상이나 변형되기 쉽다.
- 가급적 찬바람으로 말린다.

#### ④ 빗질하는 법

- 돈모를 사용하므로 블로 드라이는 절대 하지 말아야 한다. 모발에 결속되어 있으므로 견인성 탈모 및 증모가 흘러내릴 수 있다.(플랫 아이롱 or 둥근 아이롱 사용)

### (6) 고객님의 주의해야 할 점(홈 케어)

- 샴푸 후 린스나 트리트먼트로 모발 결을 케어해 주는 것이 좋다.
- 증모 모발이 엉켰을 경우 무리하게 빗질하지 말고 증모 전문점에 의뢰하여 제거하는 것이 좋다.(무리한 빗질은 견인성 탈모의 원인)
- 너무나 무리한 드라이는 모발결에 좋지 않으며 왁스나 젤 등 스타일링 제품 사용 시 꼭 제거하고 보습이 있는 트리트먼트로 관리해준다.

# 2 수행내용

재료

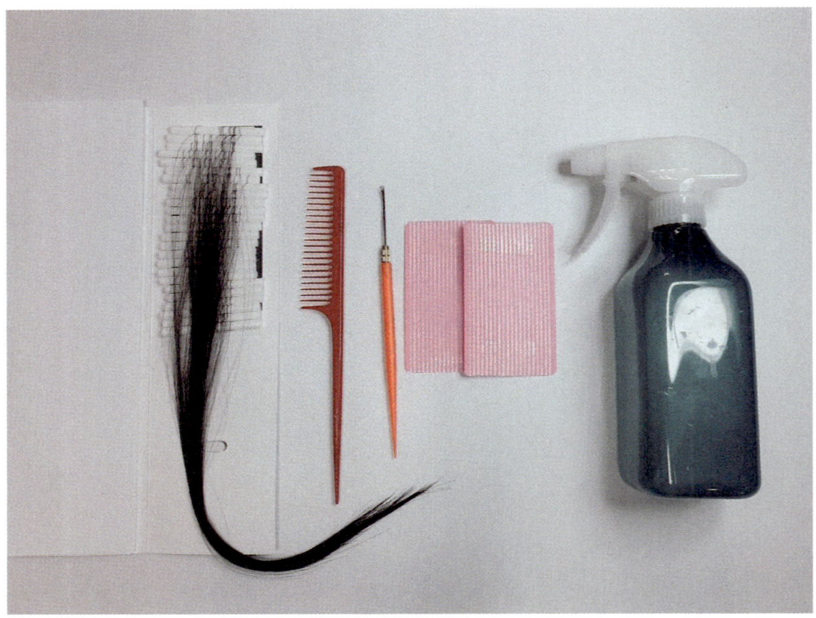

전체 준비물

<표 5-2> 증모술의 재료 및 용도

| 사진 | 재료명칭 | 용도 |
|---|---|---|
| 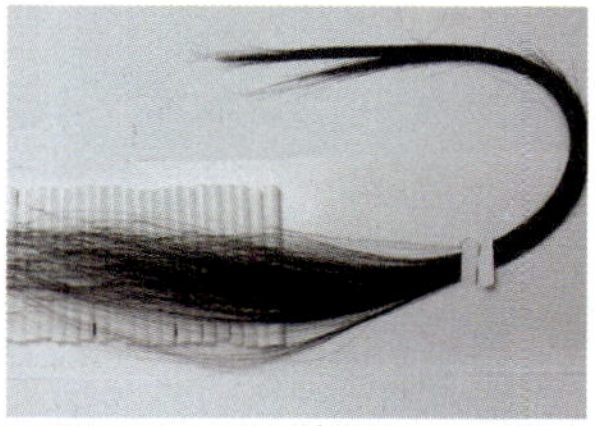 | 증모 피스 | 모발을 연결할 때 사용하는 피스<br>매듭이 만들어져 있고 인모와 인조모가 있다. |
| 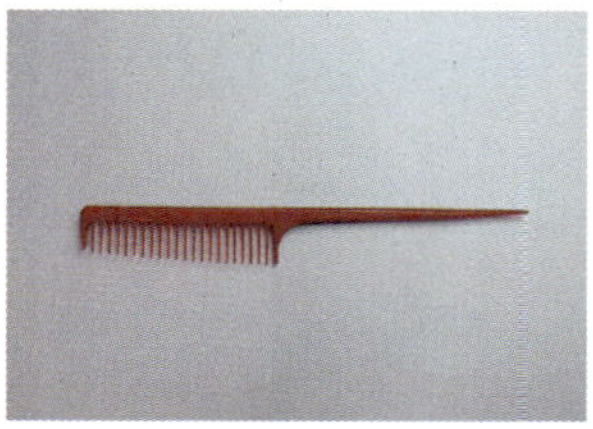 | 꼬리 빗 | 모량을 정리할 때 사용 |
| 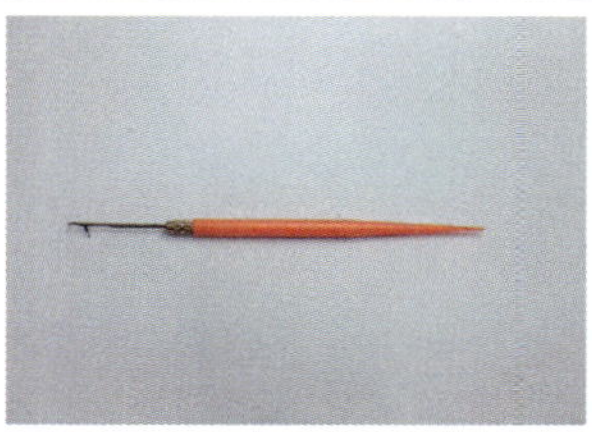 | 스킬 바늘 | 모량 선별 및 매듭을 지을 때 사용 |
| 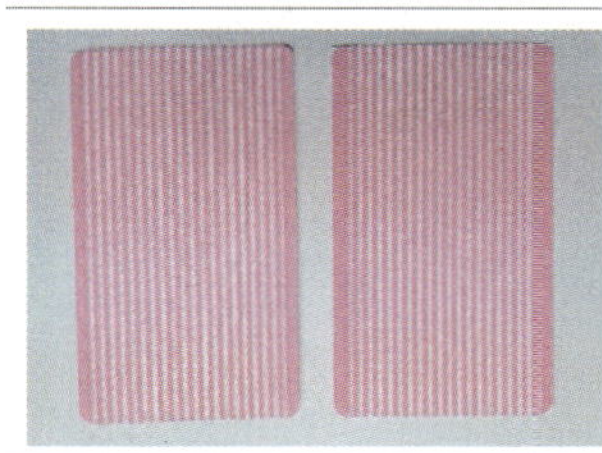 | 벨크로(찍찍이) | 잔머리 정리용으로 사용 |
| 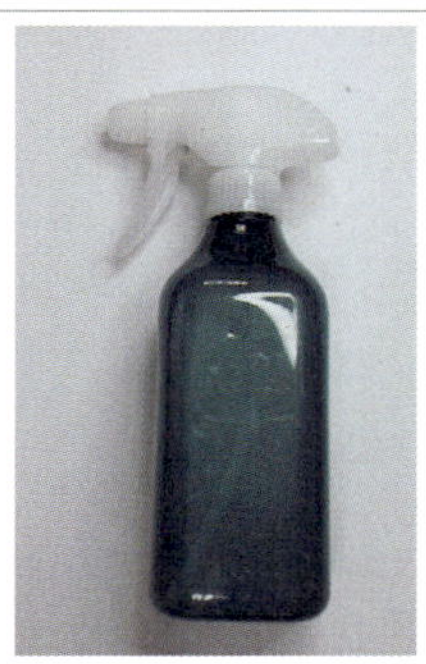 | 분무기 | 2차 잔머리 정리 및 수분 도포 시 사용 |

거울

의자

마네킹

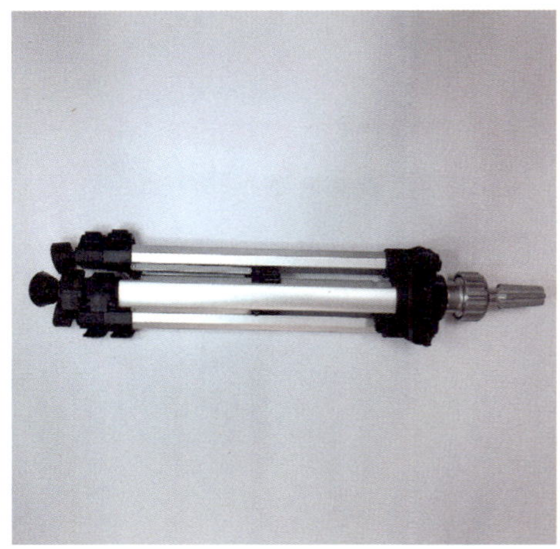

삼각대

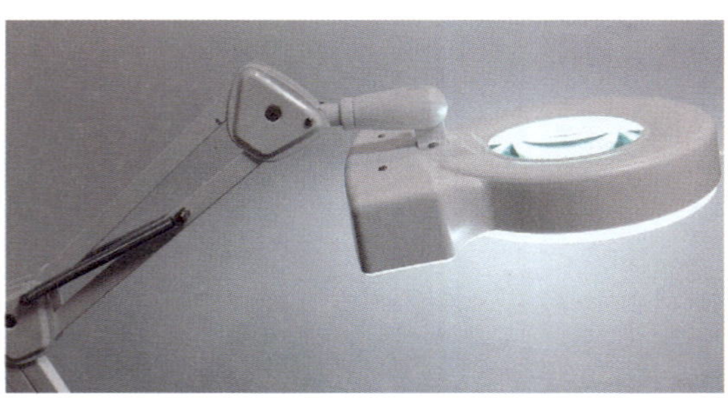

기기(장비·공구)

안전 유의 사항

- 탈모부위에 집중적으로 간격을 좁게 증모 시 엉킴 현상에 주의한다.
- 두피와의 거리를 두고 증모하여 폭을 조절하여 작업한다.

수행순서

## 1) 코바늘을 이용한 증모술

### (1) 매듭 만드는 방법

#### ① 한 가닥 매듭법

- 한 가닥 매듭법은 가장 기본이 되는 매듭법이다.
- 고객의 모발에 결속할 때 양쪽의 모발을 한꺼번에 당겨야만 홀이 작아진다.
- 이외에도 여러 가지의 매듭형태가 있으며 각 회사마다 특허가 있다.

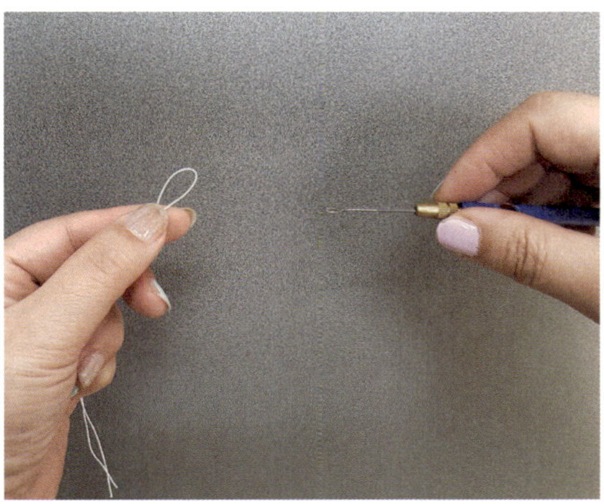

① 한 가닥 실을 접어 고리형태를 만들어 준다.

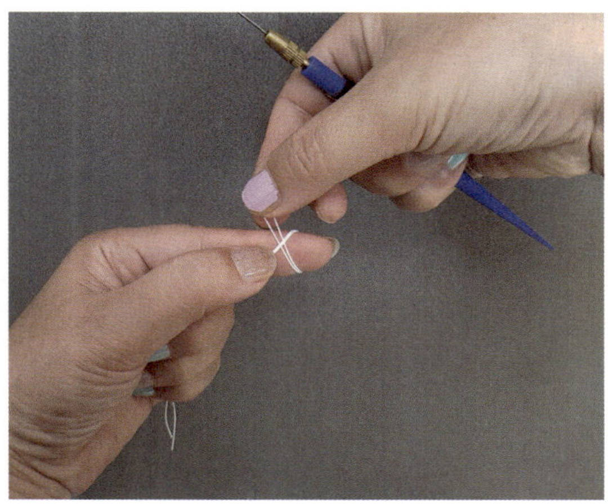

② 손가락에 한 바퀴 감아준다.

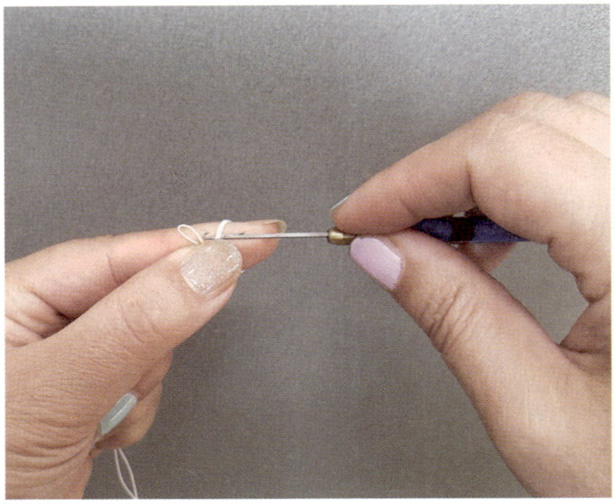

③ 감아준 모발 아래로 스킬바늘을 통과시킨다.

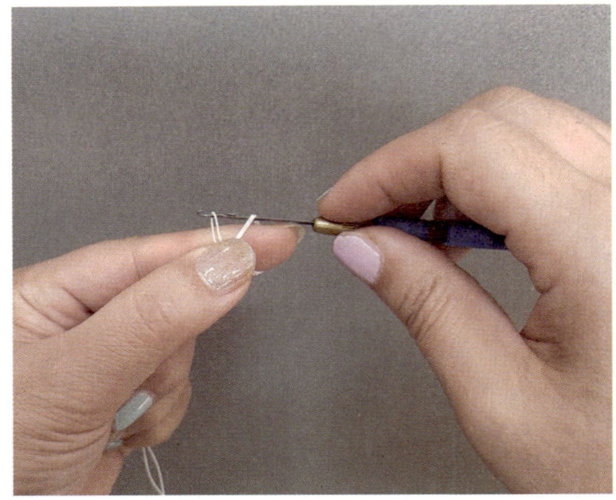

④ 접어서 만든 고리를 스킬바늘 홀에 걸어준다.

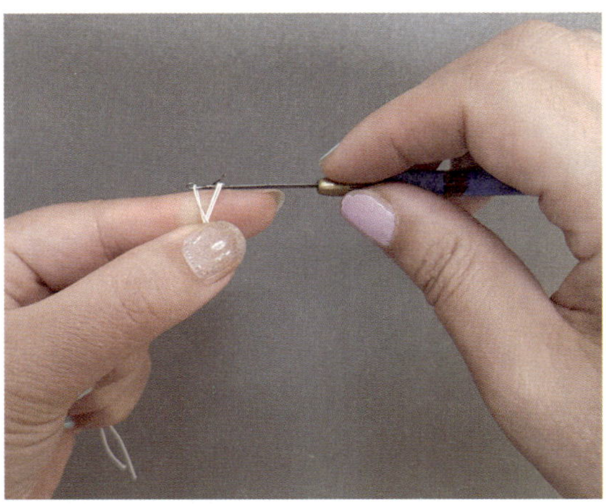

⑤ 홀에 걸려있는 상태로 스킬바늘을 다시 당겨 온다.

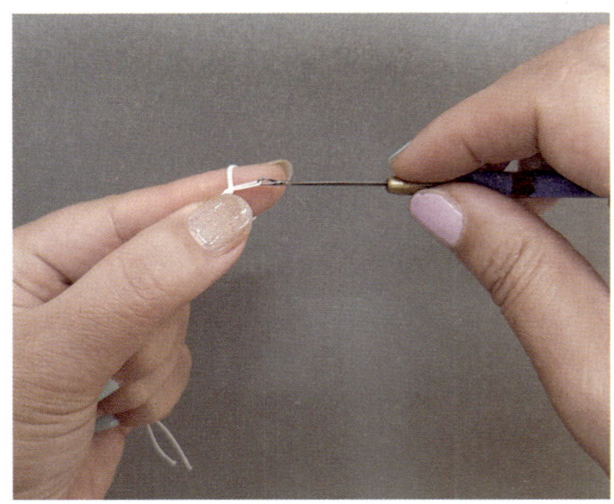

⑥ 당겨온 모습

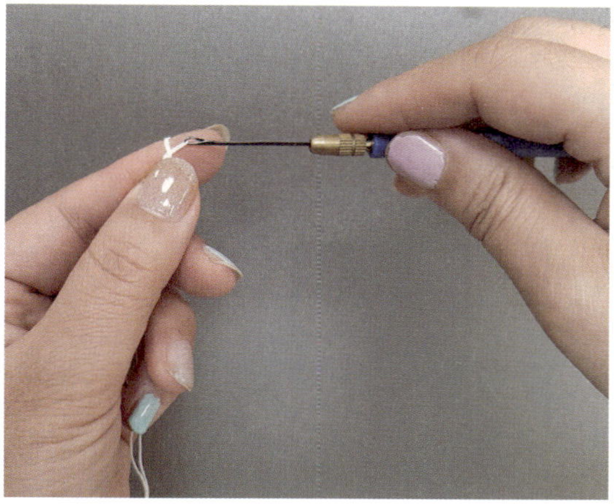

⑦ 당겨온 고리에 스킬바늘을 홀까지 밀어 넣는다.

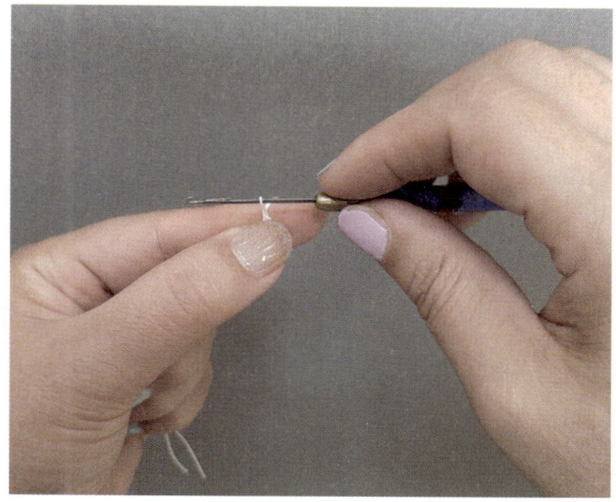

⑧ 밀어 넣은 모습

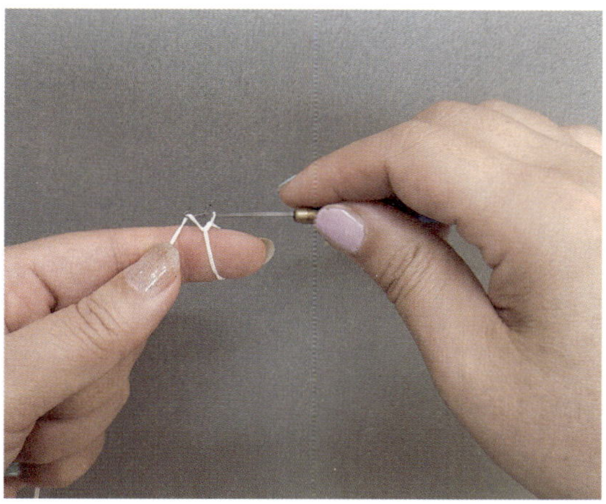

⑨ 스킬바늘 홀에 모발을 전부 걸어 준다.

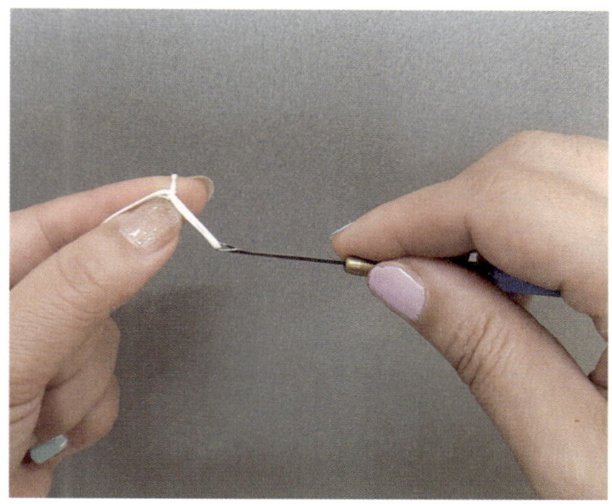

⑩ 스킬바늘 홀이 닫히면서 스킬바늘 홀에 걸린 모발을 반대편으로 당겨 온다.

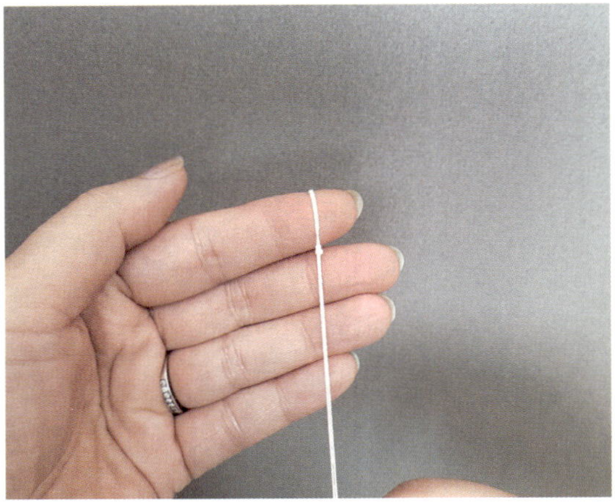

⑪ 당겨온 모발을 잡고 다시 당겨서 매듭을 형성한다.

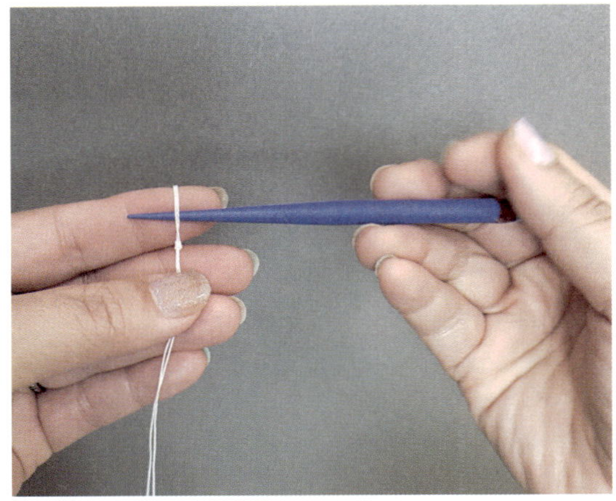

⑫ 손가락을 빼고 스킬바늘대에 걸어 준다.

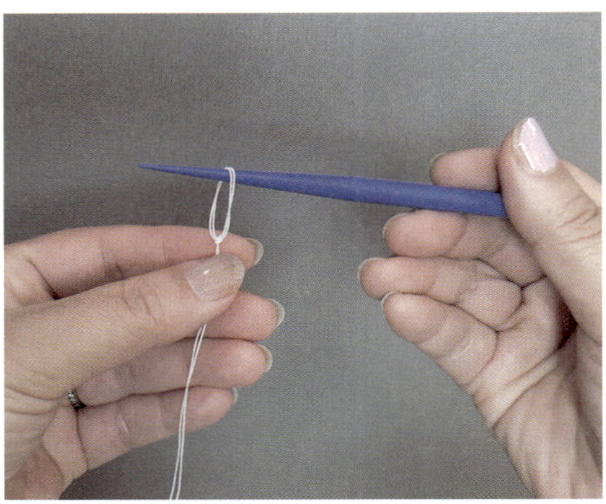

⑬ 다시 모발을 당겨 매듭을 안착시킨다.

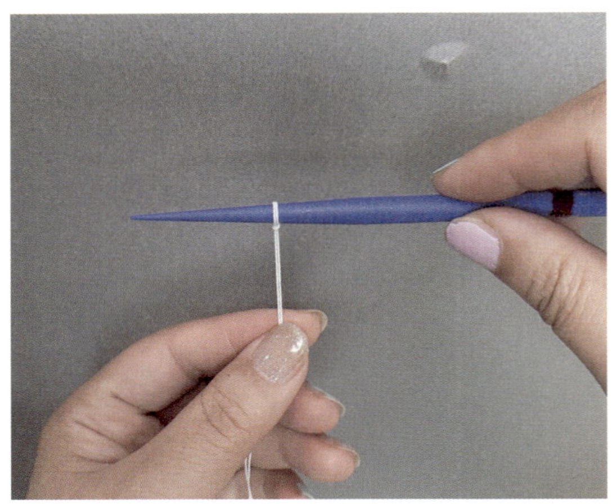

⑭ 완성된 매듭 모습

### ② 두 가닥 매듭법

- 두 가닥 매듭법 또한 한 가닥 매듭에서 시작하는 가장 기본이 되는 매듭법이다.
- 고객의 모발에 결속할 때 양쪽의 모발을 따로 분리하여 당겨야만 홀이 작아진다.
- 이외에도 여러 가지의 매듭형태가 있으며 각 회사마다 특허가 있다.

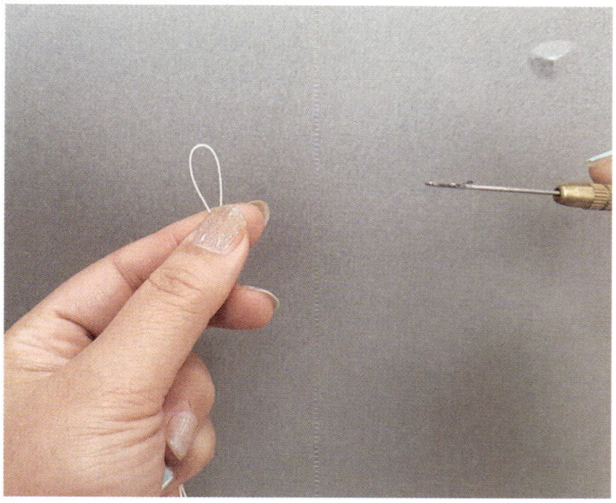

① 한 가닥 실을 접어 고리형태를 만들어 준다.

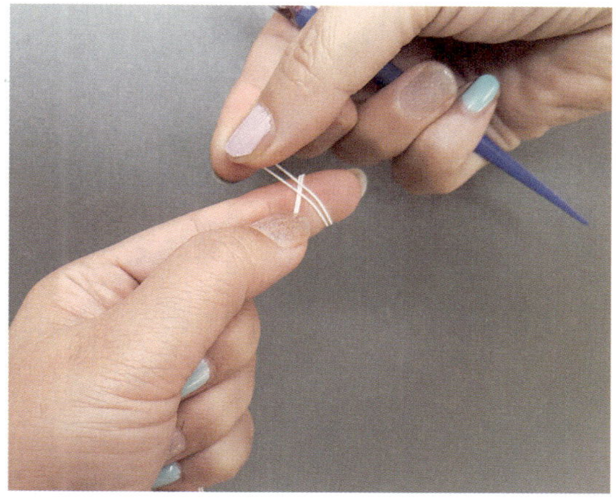

② 손가락에 한 바퀴 감아준다.

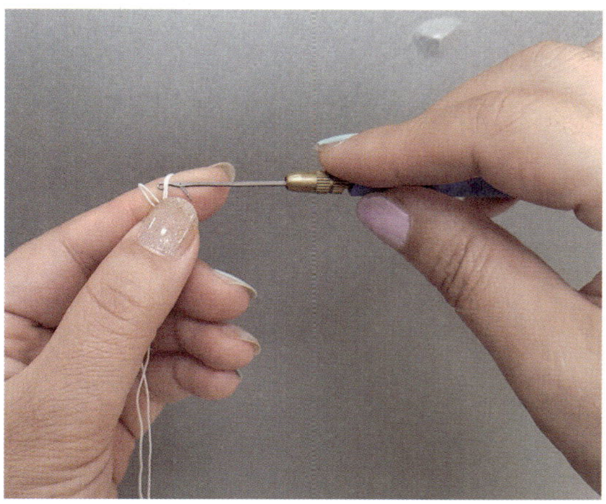

③ 감아준 모발 아래로 스킬바늘을 통과시킨다.

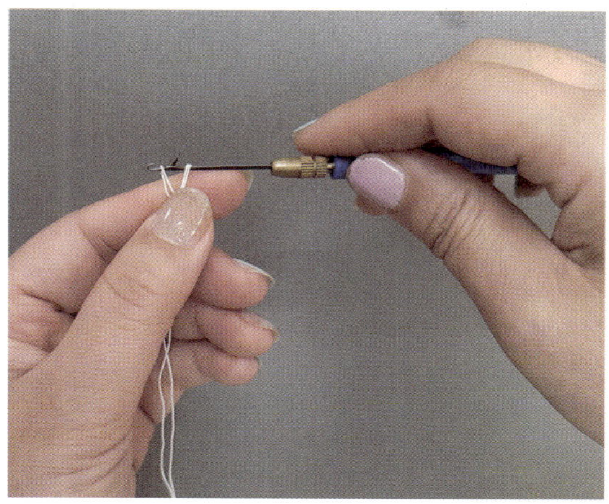

④ 접어서 만든 고리를 스킬바늘 홀에 건다.

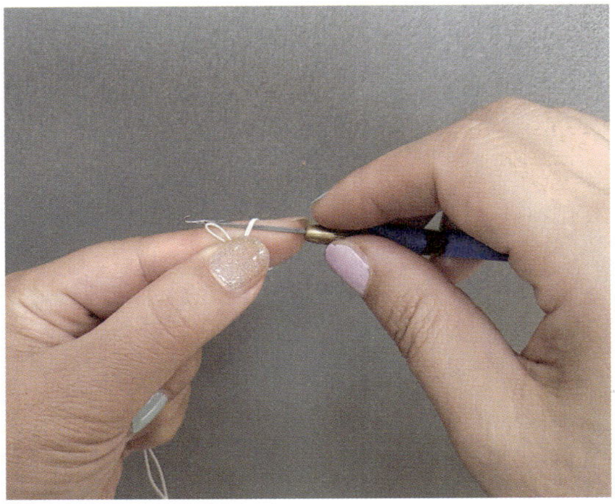

⑤ 홀에 걸려있는 채로 스킬바늘을 다시 당겨 온다.

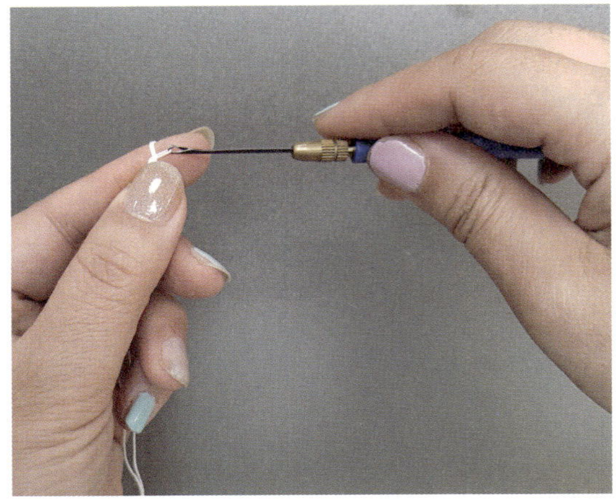

⑥ 당겨온 모습

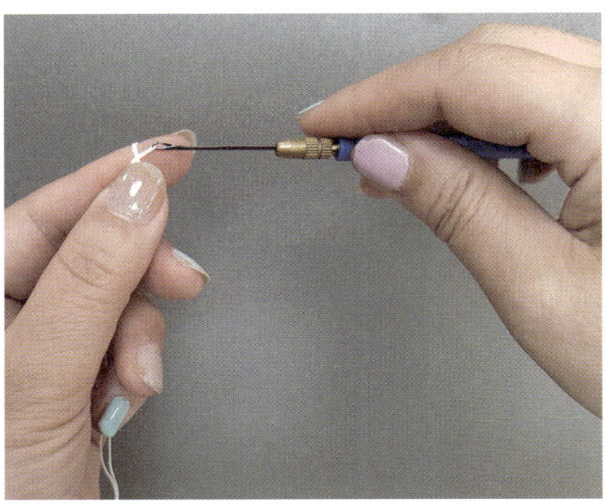

⑦ 당겨온 고리에 스킬바늘을 홀까지 밀어 넣는다.

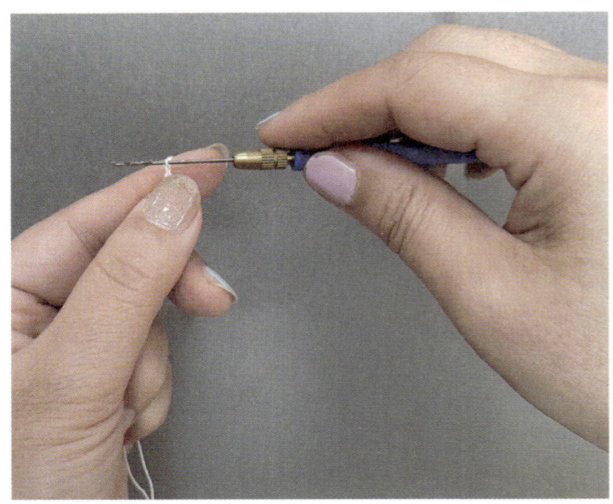

⑧ 밀어 넣은 모습

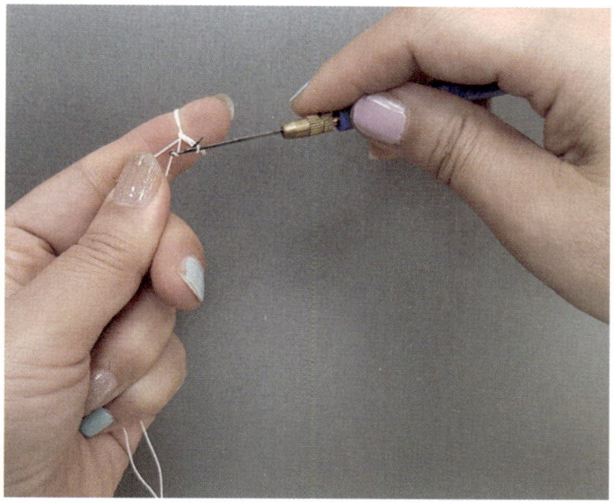

⑨ 스킬바늘 홀에 한쪽의 모발만 걸어 준다.

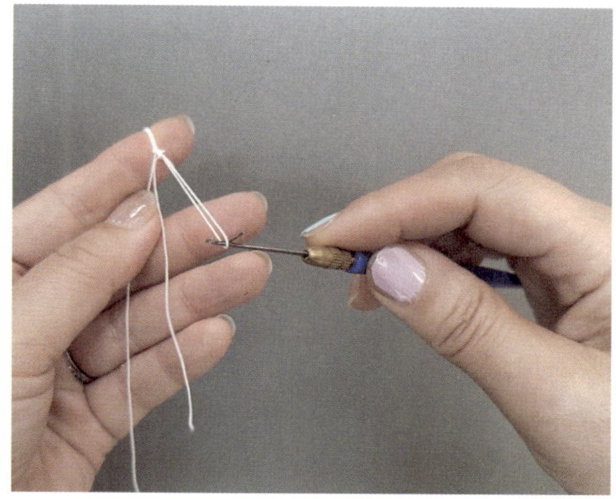

⑩ 스킬바늘 홀이 닫히면서 걸린 모발을 반대편으로 당겨 온다.

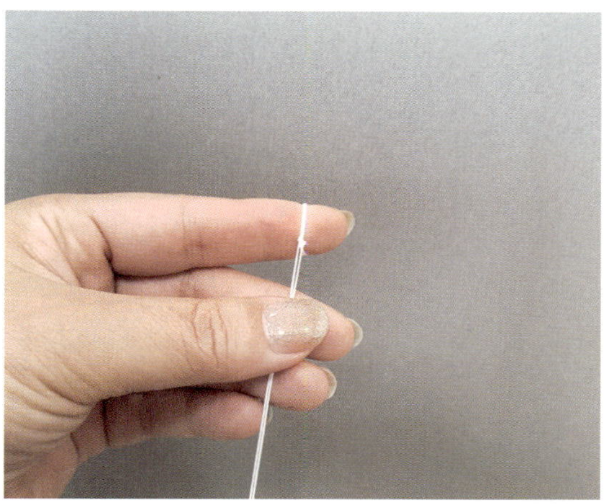

⑪ 당겨온 모발을 잡고 다시 당겨서 매듭을 형성한다.

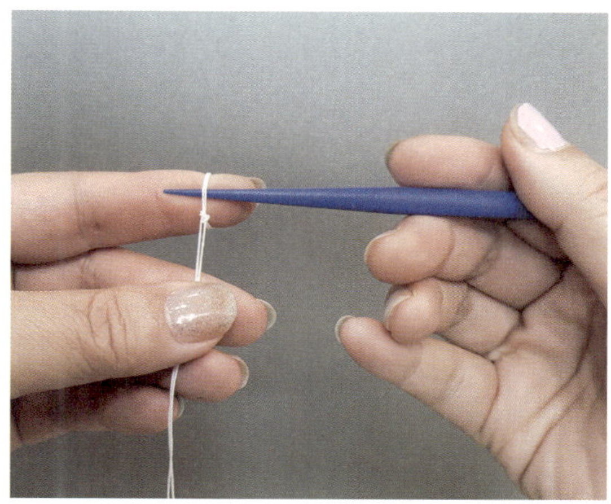

⑫ 손가락을 빼고 스킬바늘대를 홀에 걸고 모발을 양쪽으로 잡는다.

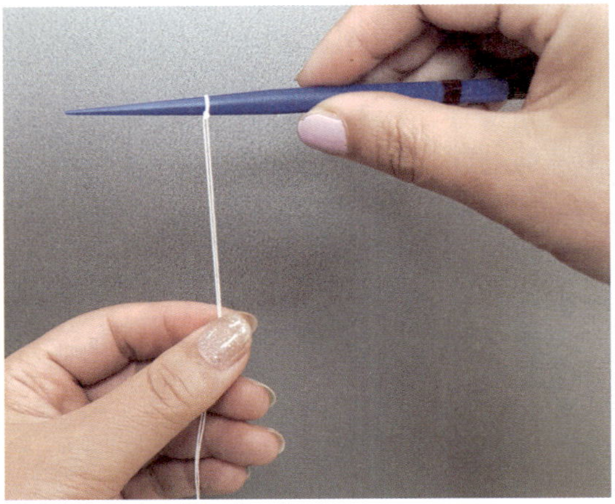

⑬ 양쪽으로 잡은 모발을 당겨서 매듭을 안착시킨다.

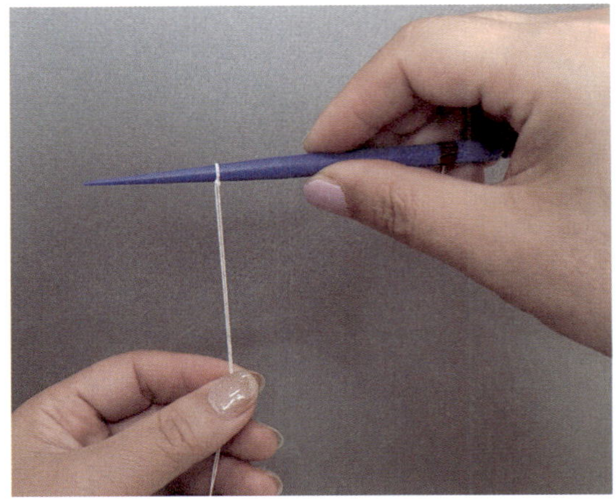

⑭ 완성된 매듭 모습

## (2) 재사용 증모법

- 증모를 한 고객의 모발이 자라나게 되면 매듭부위에서 증모가 움직이게 된다.
- 두피 쪽으로 밀어 넣고 다시 한 번 더 묶어주면 재사용이 가능하다.
- 증모 모발이 거칠고 손상이 되었다면 제거 후 새로운 증모로 교체 하는 것이 좋다.

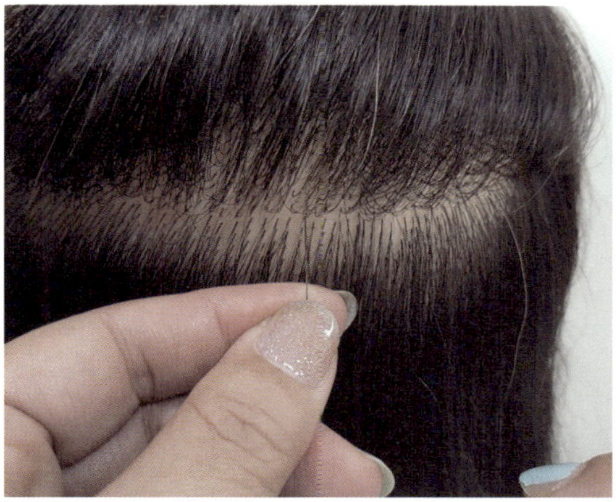

① 한 모공에 한 가닥을 건강모로 선별한다.

② 엄지 검지 사이에 증모 한 포인트를 잡고 자모 한 가닥을 겹쳐서 잡는다.

③ 스킬바늘 고리에 자모를 걸어 준다.

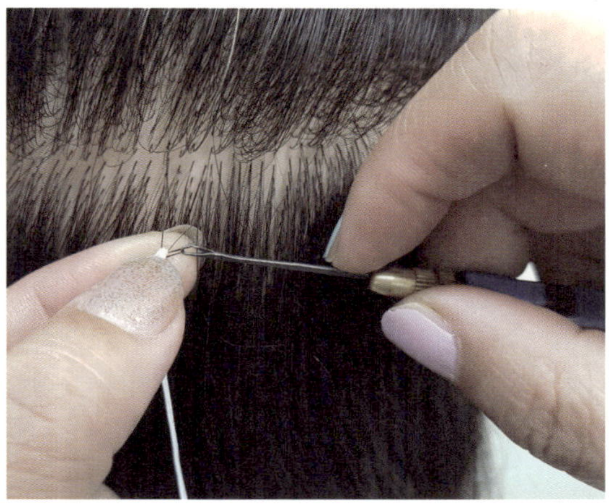

④ 홀에 걸린 자모를 빼준다.

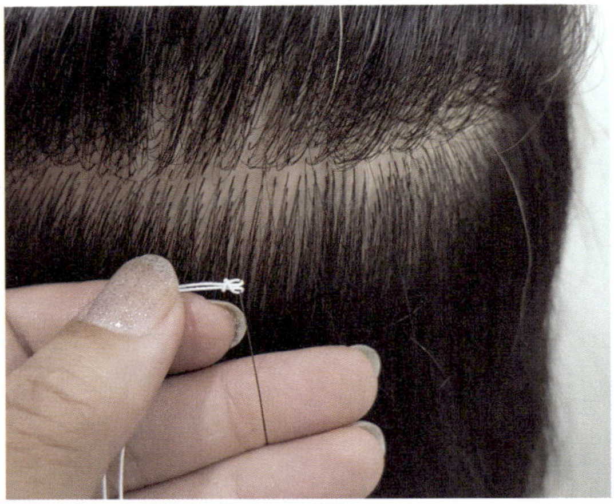

⑤ 빼낸 자모를 손가락으로 고정한다.

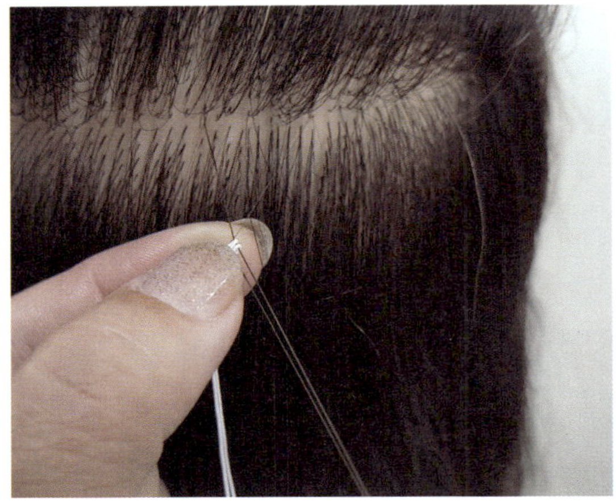

⑥ 증모 홀 부분을 오른손 엄지와 검지로 잡고 당겨서 최대한 줄여준다.

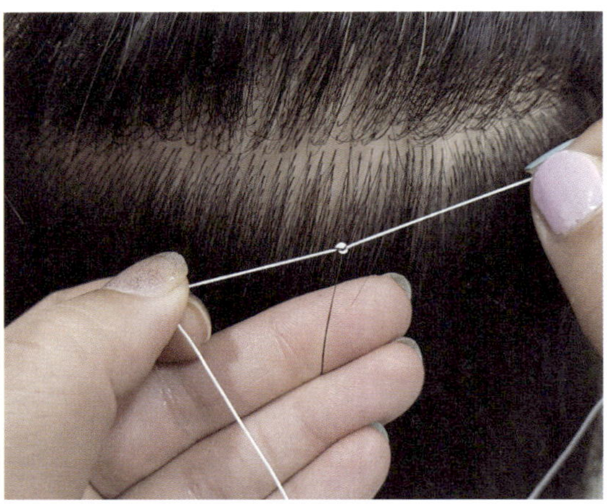

⑦ 자모와 증모를 벌려서 매듭이 두피 가까이 자리 잡게 한다.

⑧ 증모는 옆으로 빼두고 자모만 잡는다.

⑨ 스킬바늘에 모발을 걸어 준다.

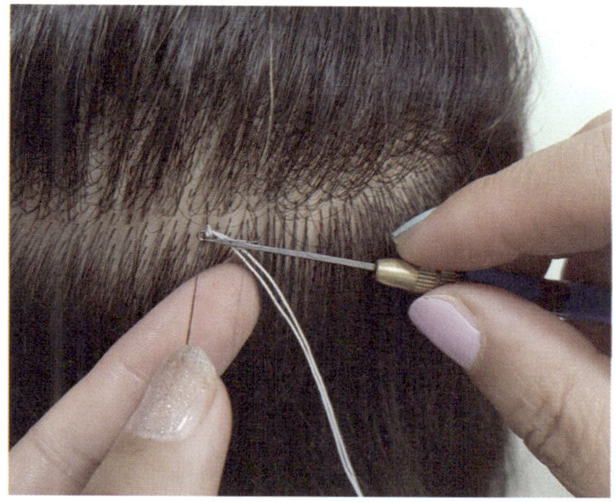

⑩ 스킬바늘을 살짝 돌려 홀에 걸어 준다. 이때 걸린 모발은 홀 끝으로 넘어가지 않은 상태여야 한다.

⑪ 자모를 왼손으로 잡고 스킬바늘을 두피 가까이 밀어 넣는다.

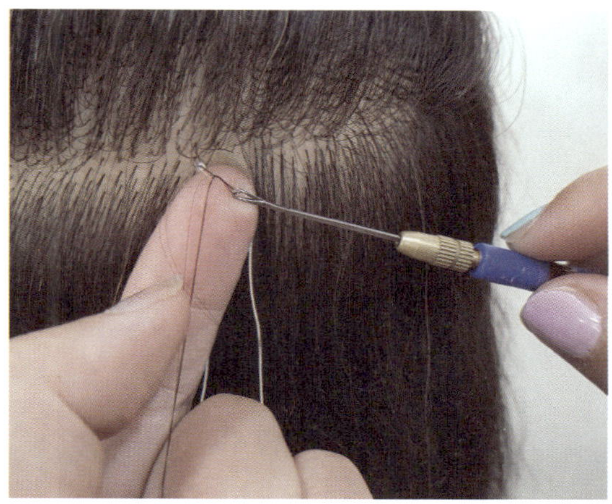

⑫ 스킬바늘을 두피 가까이 밀어 넣은 상태에서 중간에 걸려있는 모발을 홀 끝으로 넘겨 매듭을 만든 후 홀 끝을 이용하여 반대로 모발을 당겨 빼준다.

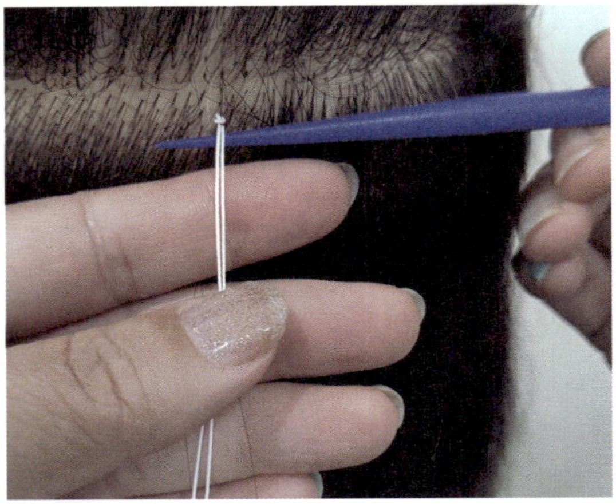

⑬ 완성된 모습

### (3) 재사용 매듭 리터치하는 방법

- 재사용 매듭법으로 시술 후 고객의 모발이 자라나서 다시 증모를 뿌리까지 밀어 넣고 다시 한 번 더 매듭을 짓는 방법이다.
- 이미 지어진 매듭이 2~3cm에 자리 잡고 있기 때문에 다시 매듭을 형성하여야 한다. 기존의 매듭이 빠져나오지 못할 때 사용하는 방법이다.

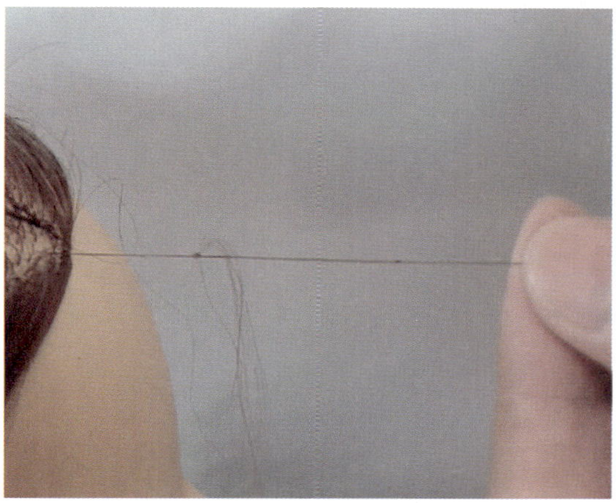

① 리터치 하는 방법

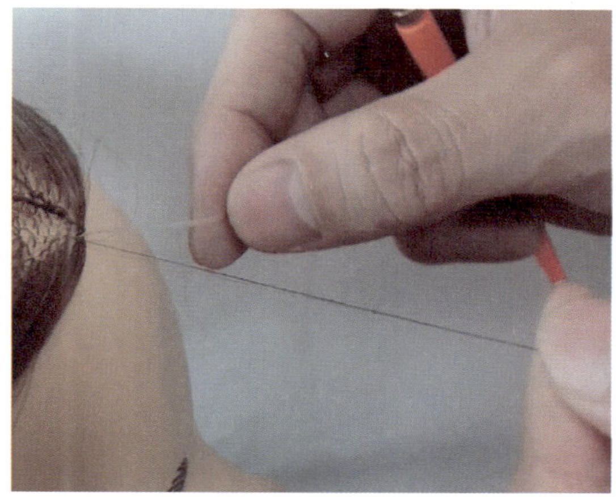

② 기존의 매듭 위치

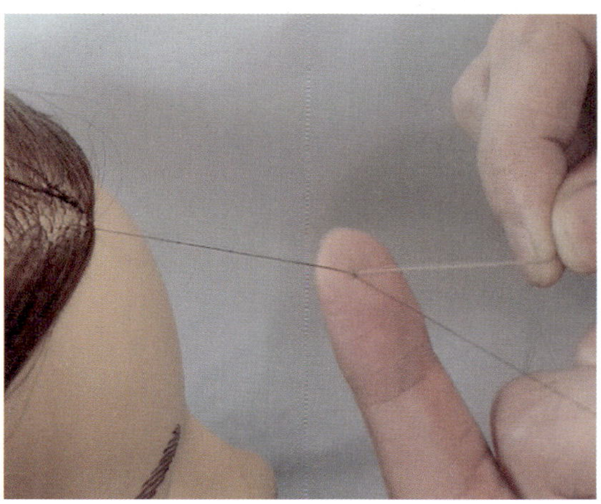

③ 매듭 위치에서 모발이 자라난 영역만큼 위아래로 움직임을 확인한다.

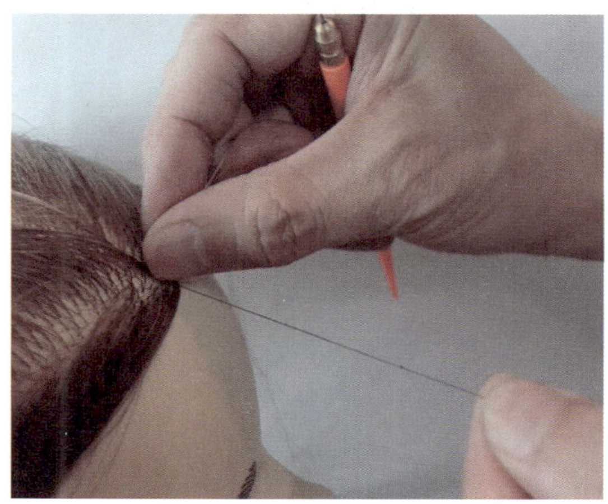

④ 다시 홀을 잡아주고 증모를 두피까지 밀어 넣는다.

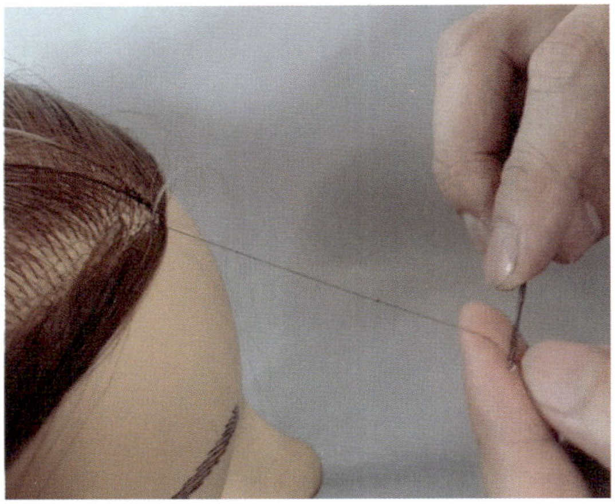

⑤ 재사용법처럼 똑같이 매듭을 형성한다.

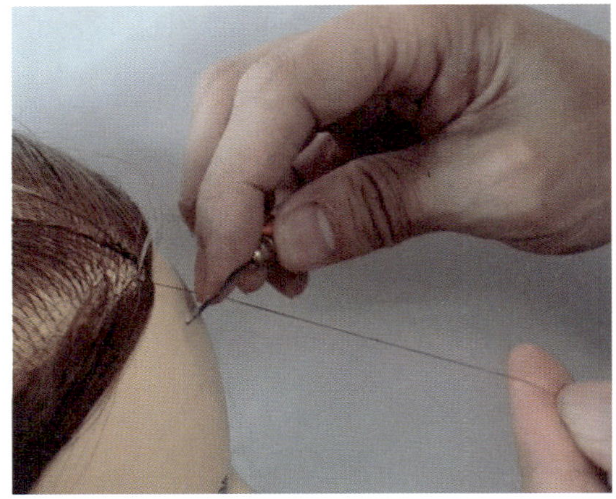

⑥ 형성된 매듭을 두피 가까이 밀어준다.

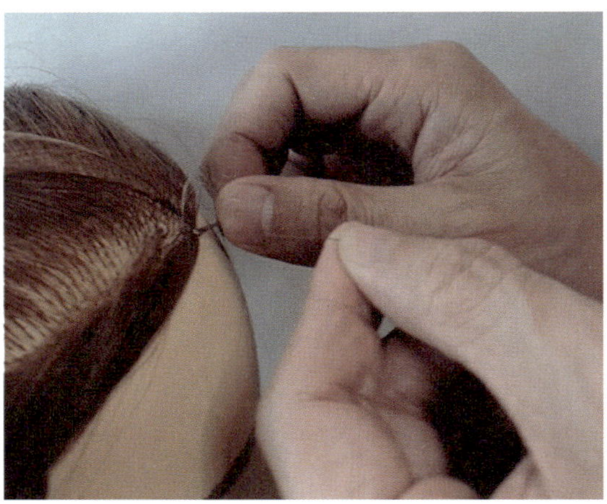

⑦ 최대한 두피에 밀착시켜 밀어준다.

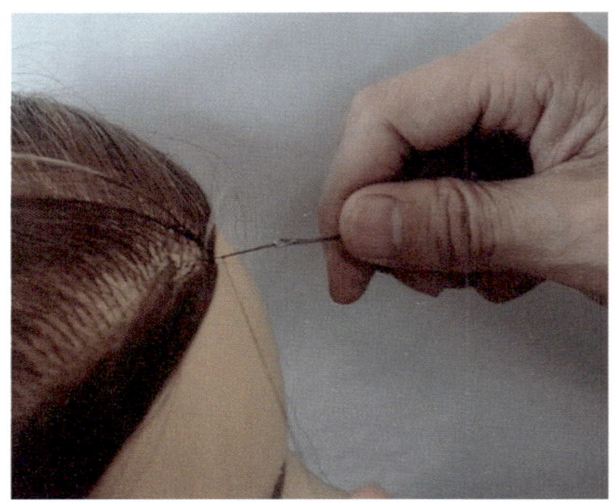

⑧ 완성된 모습

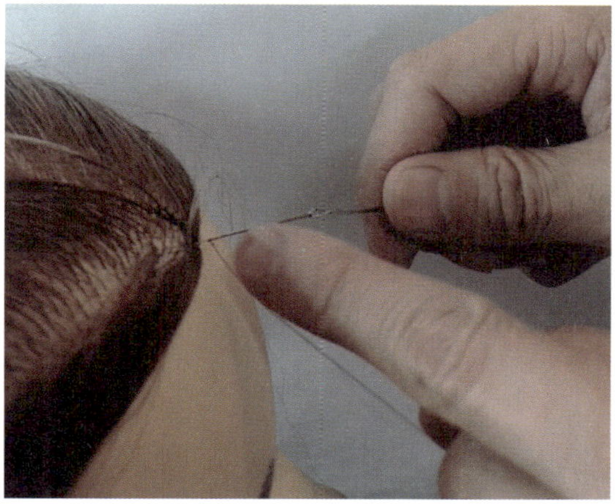

⑨ 기존의 매듭이 손가락 끝에 보이는 것처럼 빠져 나오지 못한다.

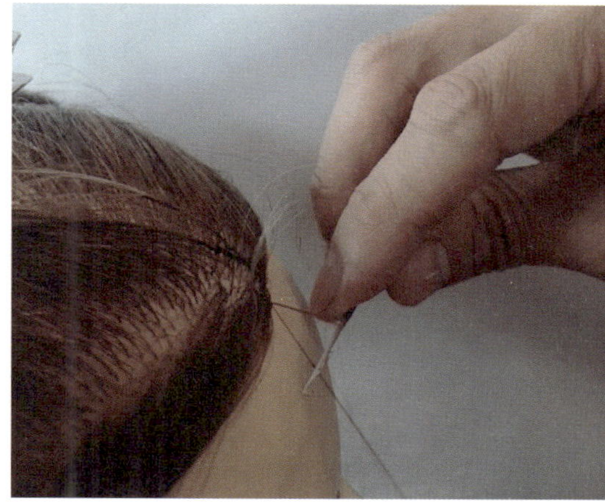

⑩ 홀에 걸려있는 스킬바늘을 홀 덮개까지 밀어 넣고 스킬바늘 홀에 모발을 다시 걸어준다.

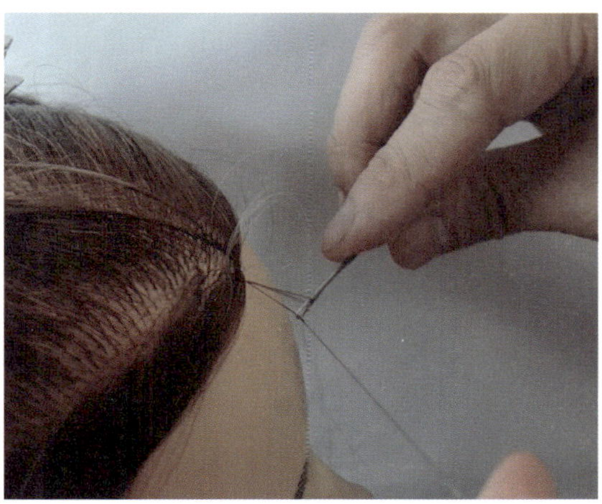

⑪ 홀에 걸린 모습

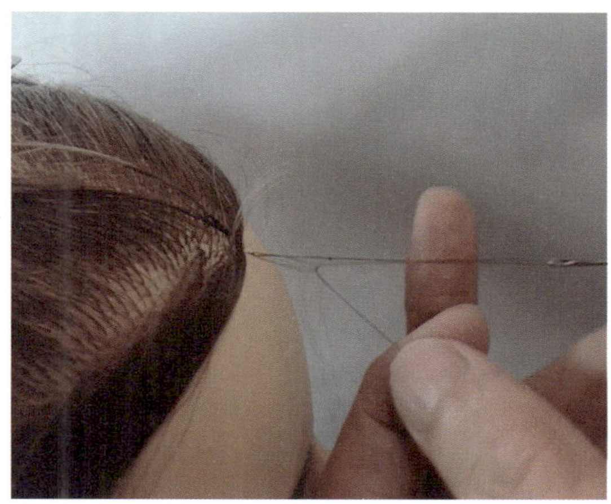

⑫ 걸린 모발을 다시 반대편으로 잡아 당겨 빼내준다.

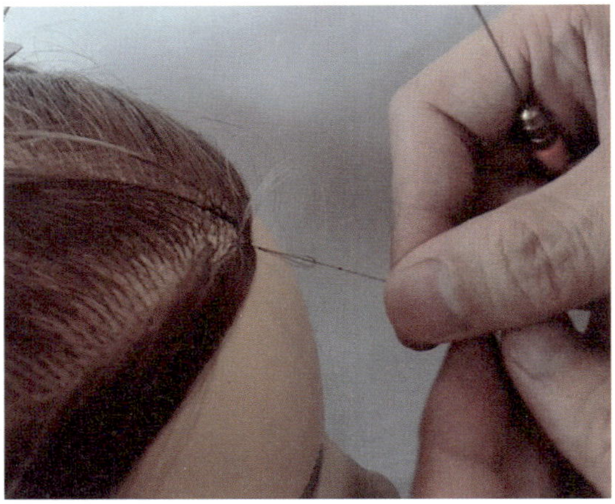

⑬ 빼내온 모발을 잡는다.

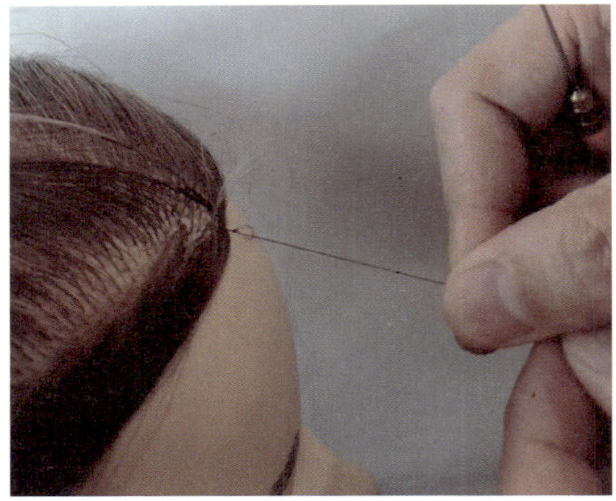

⑭ 잡은 모발을 고객이 아프지 않게 당겨 준다.

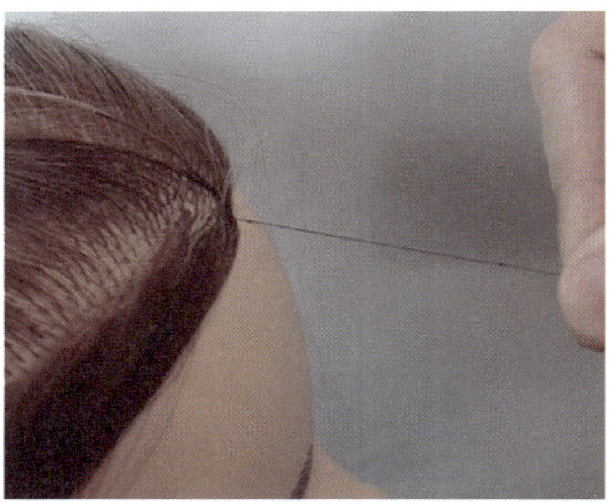

⑮ 당겨주면 아까 지어진 매듭에 다시 묶인다.

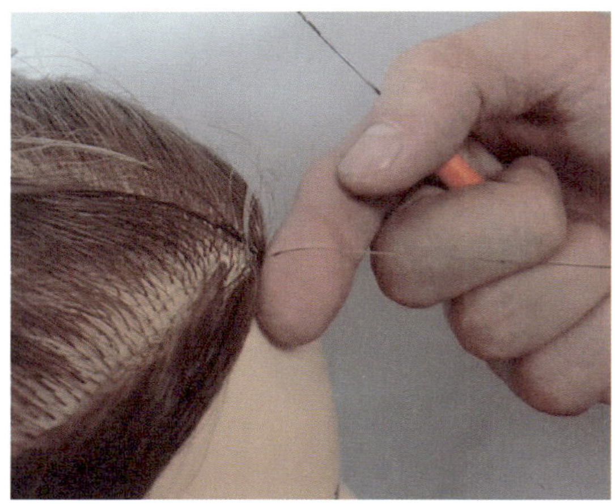

⑯ 완성된 매듭 모습

### (4) 고정형 매듭법

- 자모와 증모를 한꺼번에 묶기 때문에 고객님 모발이 전부 잘려 나갈 때까지 둘 수밖에 없다.
- 매듭이 아주 작아 식별이 불가능하지만 손으로 만지면 느낌은 있다.
- 인모가 수분에 반응하므로 가급적 고정법으로 진행하는 것이 좋다.
- 자모와 증모를 한꺼번에 묶기 때문에 고객님 모발이 전부 잘려 나갈 때까지 둘 수밖에 없다.
- 인모가 수분에 반응하므로 가급적 고정법으로 진행하는 것이 좋다.

① 한 모공에 한 가닥을 건강모로 선별한다.

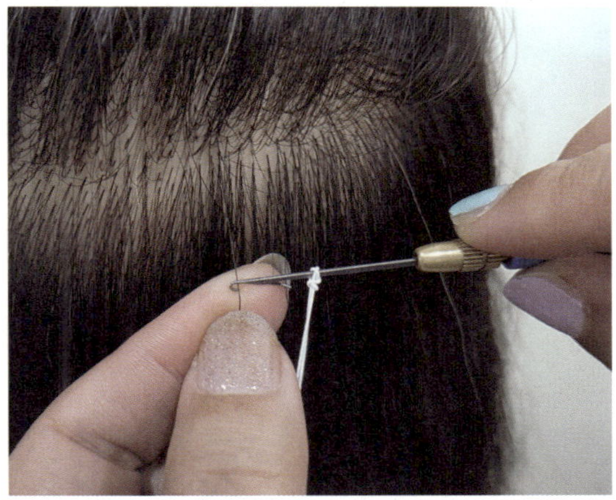

② 엄지와 검지 사이에 증모 한 포인트를 잡고 자모 한 가닥을 겹쳐서 잡는다.

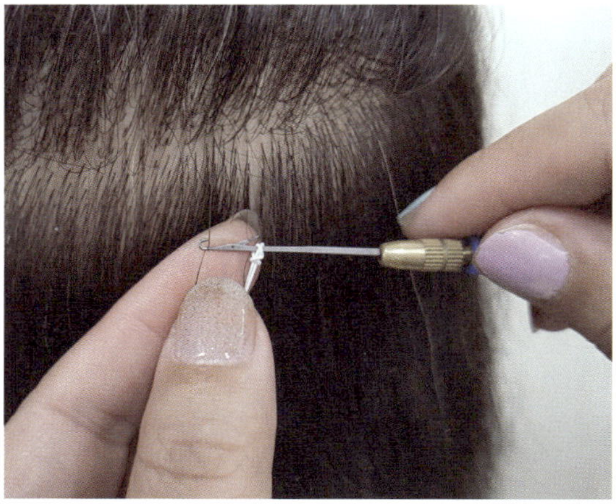

③ 스킬바늘 홀에 자모를 걸어 준다.

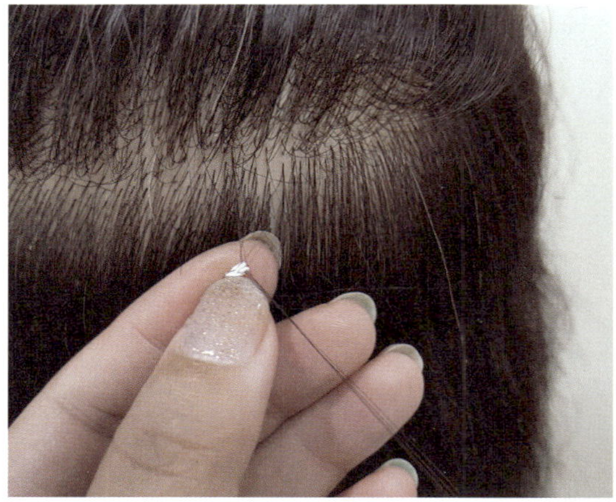

④ 스킬바늘 홀에 걸린 자모를 당겨 빼준다.

⑤ 증모 홀 부분을 오른손 엄지 검지로 잡고 당겨서 최대한 줄여준다.

⑥ 자모와 증모를 벌려서 매듭이 두피 가까이 자리 잡게 한다.

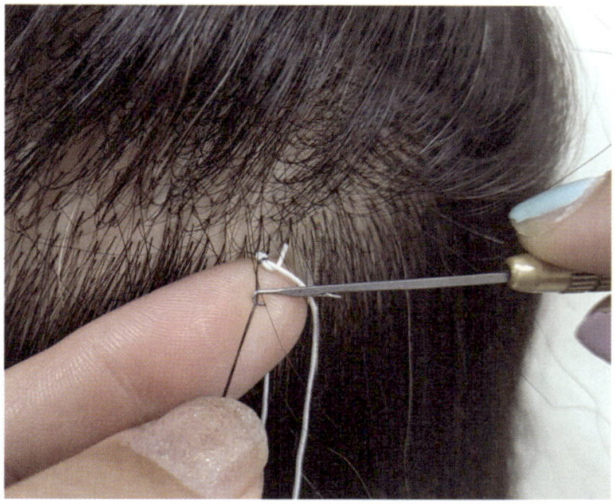

⑦ 증모 한 가닥을 선별해서 잡는다.

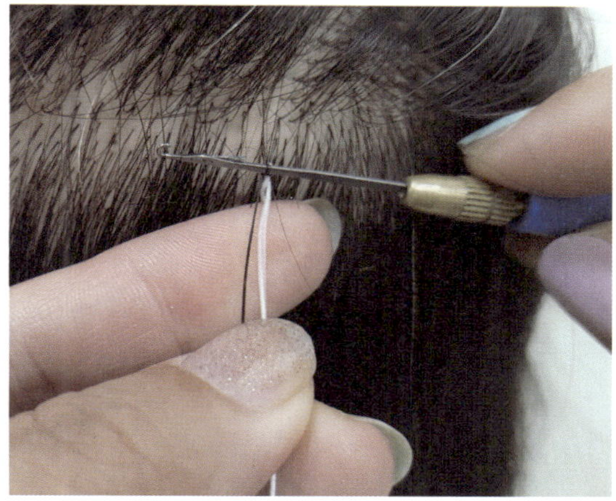

⑧ 증모 한 가닥과 자모를 같이 잡는다.

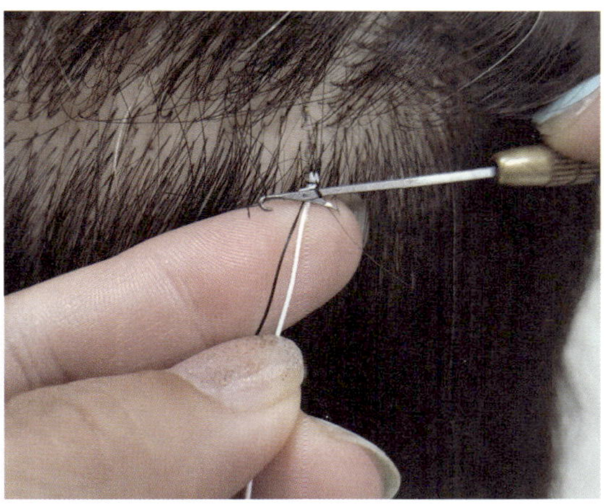

⑨ 스킬바늘을 살짝 돌려 홀 사이에 걸어 준다. 이때 걸린 모발은 홀 끝으로 넘어가지 않은 상태여야 한다.

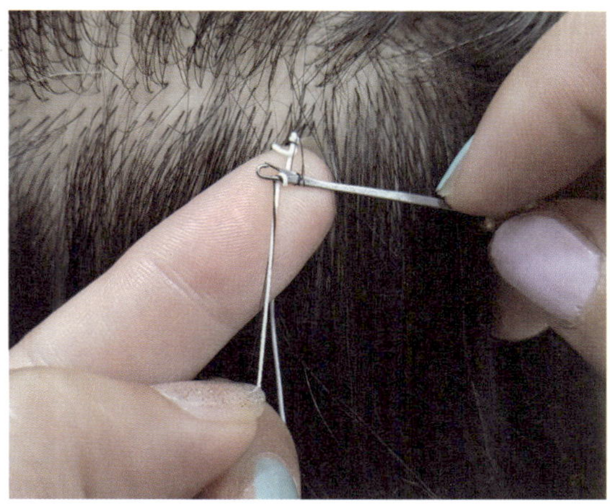

⑩ 자모를 왼손으로 잡고 스킬바늘을 두피 가까이 밀어 넣은 후 중간에 걸려있는 모발을 홀 끝으로 넘겨 매듭을 만든 후 홀 끝을 이용하여 모발을 당겨 빼준다.

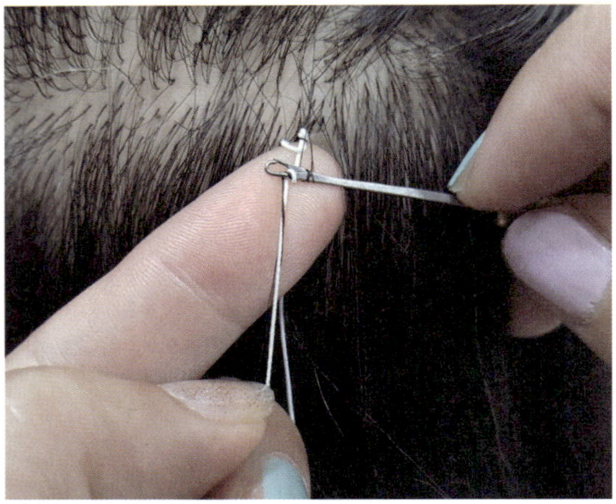

⑪ 완성된 모습

### (5) 앞머리 연장 매듭법

- 앞머리가 짧은 모발을 일시적으로 길게 연장하는 매듭법이다. 가닥수를 조정하여 굵거나 가늘게 연출할 수 있으며, 대부분 앞머리를 연장할 때 쓰이므로 가닥수도 적고 가늘게 연장하여야 빗질이 용이하다.

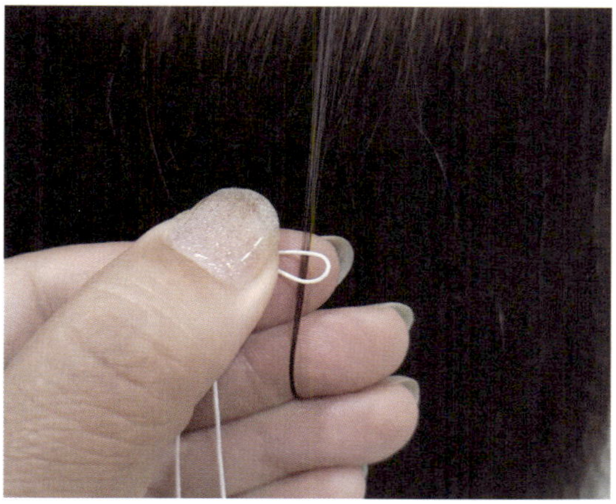

① 모발을 고리 형태로 만들어 준다.

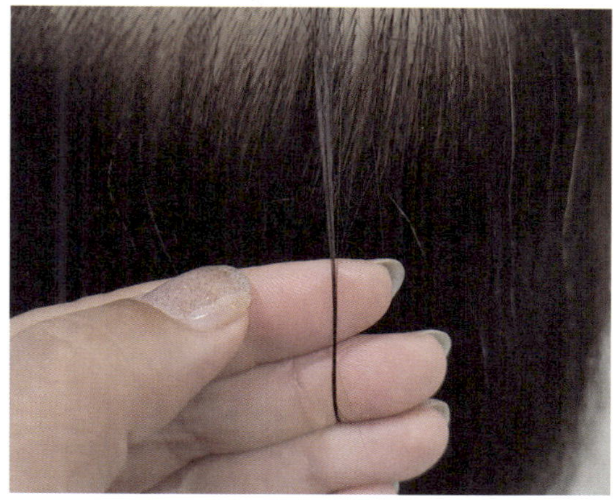

② 연장할 모발을 잡는다.

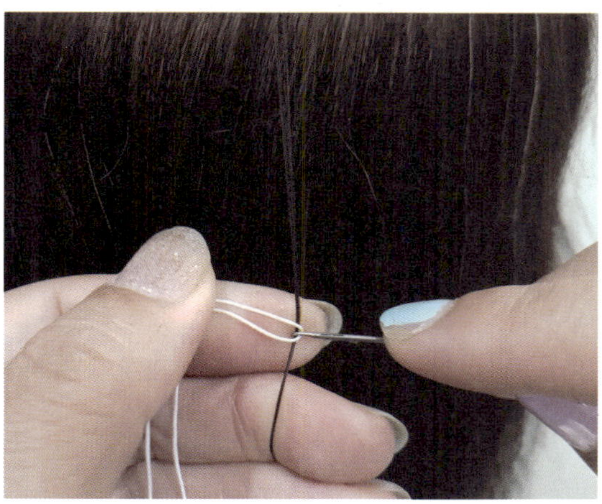

③ 연장할 고리와 고객의 모발을 스킬바늘 홀에 걸어준다.(두피에서 약 1.5cm 위치한다.)

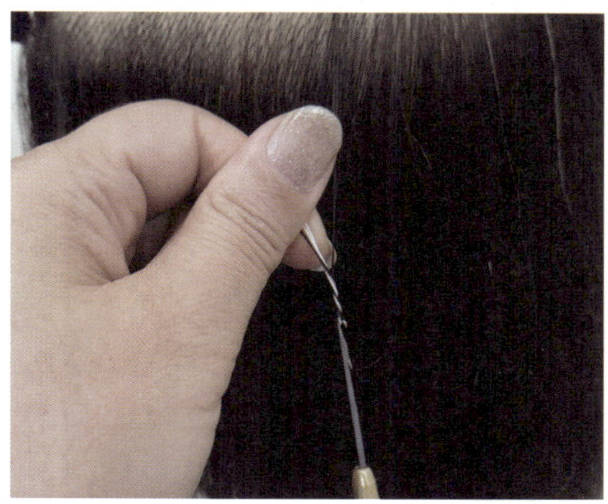

④ 스킬바늘을 걸어준 상태에서 5~6 바퀴 회전시킨다.

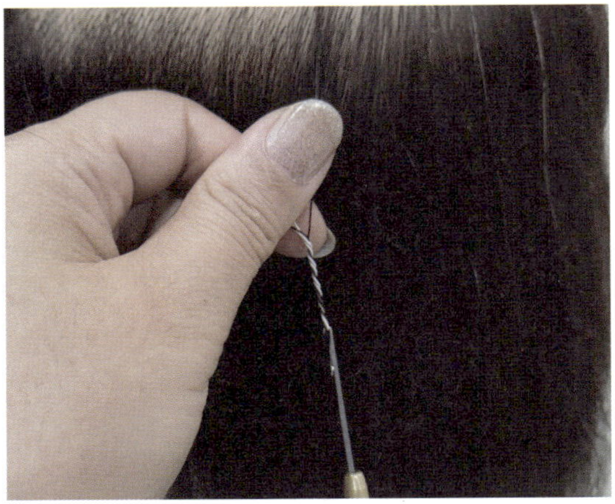

⑤ 모발을 두피 가까이 감아준다.

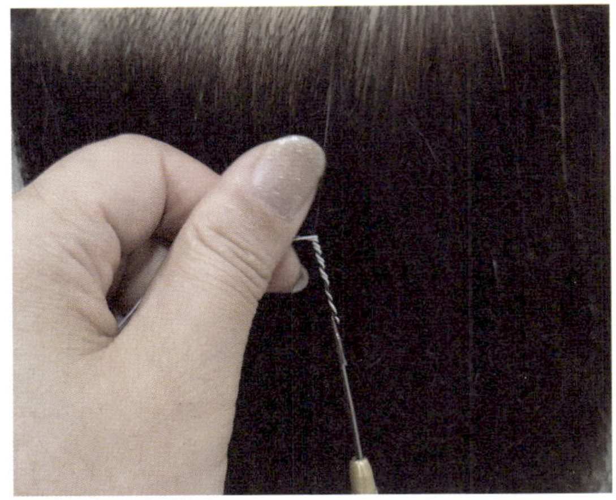

⑥ 5~6바퀴 감아준 후 고객의 모발을 90도 직각으로 꺾어 한 바퀴 회전한다.

⑦ 고객의 모발을 45도 내려준 후 겹쳐지게 감아준다.

⑧ 스킬바늘을 홀까지 밀어 통과시킨다.

⑨ 스킬바늘 홀에 잡고 있는 모발을 걸어준다.

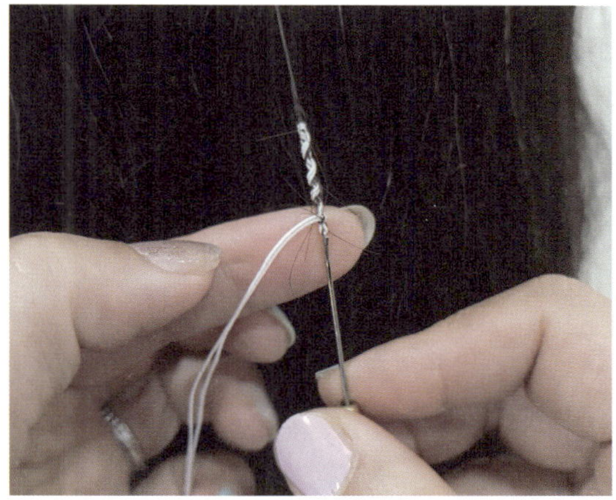

⑩ 스킬바늘을 반대편으로 당겨 걸어진 모발을 빼온다.

⑪ 고객의 모발이 심하게 당겨지지 않게 잡아 당긴다.

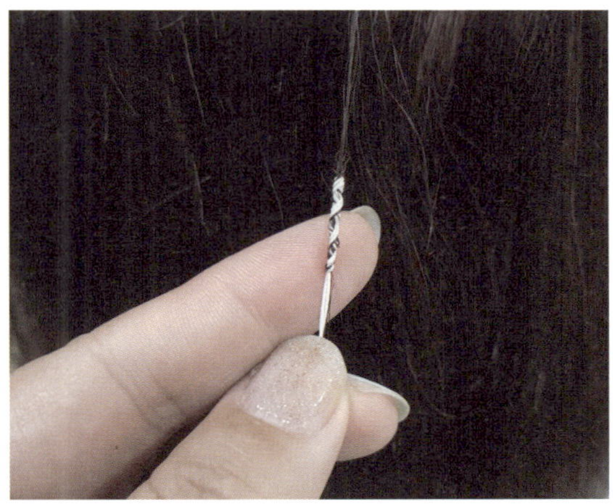

⑫ 모발을 당겨오면 스킬바늘로 인해 홀이 생기므로 매듭 부위를 양쪽으로 잡고 당겨 매듭을 완성한다.

## 2) 손을 이용한 증모술

손으로 직접 모발에 매듭을 묶는 방법으로 고객모발로 묶어서 고정하기 때문에 원모손상과 관리시간이 늘어난다.

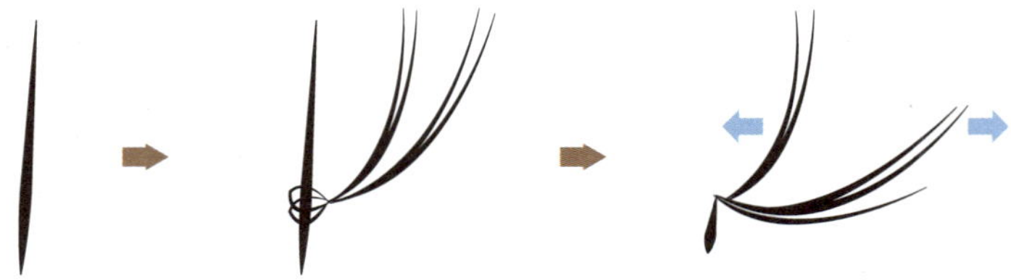

❶ 건강모 선택　❷ 원모에 매듭 끼우기　❸ 양쪽으로 균일한 힘으로 당기기

재료

전체 준비물

〈표 5-3〉 손을 이용한 증모술의 재료 및 용도

| 사진 | 재료명칭 | 용도 |
| --- | --- | --- |
|  | 증모 피스 | 모발을 연결할 때 사용하는 피스 |
| 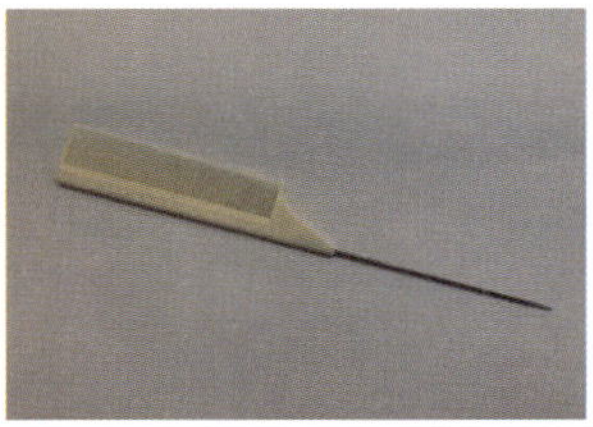 | 꼬리 빗 | 모량을 정리할 때 사용 |
| 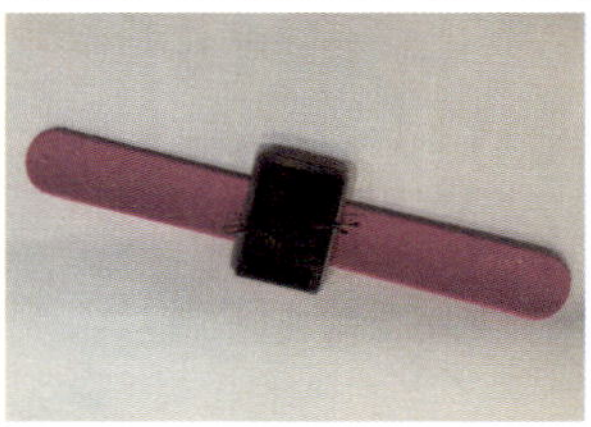 | 증모팔찌 | 관리 시 편리하게 피스를 사용 |
|  | 벨크로(찍찍이) | 잔머리 정리로 사용 |
| 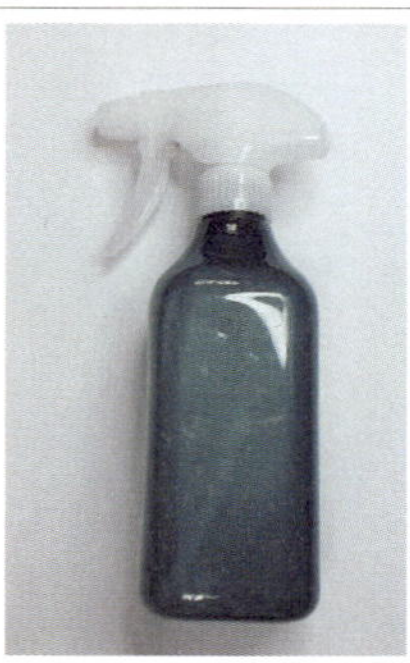 | 분무기 | 2차 잔머리 정리 및 수분 도포 시 사용 |

## 안전 유의 사항

- 탈모부위에 집중적으로 간격을 좁게 증모 시 엉킴 현상에 주의 한다.
- 두피와의 거리를 두고 증모하여 폭을 조절하여 작업한다.

## 수행순서

### [관리순서]

① 고객 상담 : 고객 불만사항을 방지하기 위하여 모발 디자인을 충분히 상담한다.
② 모발 빗질 : 탈락될 휴지기의 모발을 미리 정리해준다.
③ 섹션나누기 : 이마라인(앞) – 옆머리(옆) – 정수리(뒤) 순으로 진행한다.
④ 모량 나누기 : 섹션별로 관리할 수량을 계산해서 나누어준다.
⑤ 시술할 모발 건강 상태 확인 : 관리부위를 차분히 정리 후 한 모를 잡아서 건강모인지 선별한다.
⑥ 매듭 시술 : 두피에서 모발에 묶이는 매듭의 위치는 0.3~0.5cm가 적당하다.
⑦ 간격: 0.5cm 간격으로 가로 – 세로 – 사선 순서로 관리한다.
⑧ 시술 마무리 : 고객의 기존 모발 길이에 맞게 틴닝 가위를 이용하여 다듬는다.
⑨ 모발 에센스 도포 : 고객 모발과 시술한 모발이 엉키지 않도록 에센스를 도포해주고 모발관리에 대해 주의사항을 알려준다.
⑩ 다음 관리 시 자세하게 설명을 하고 재방문 일정 예약을 잡는다.

### (1) 탈모유형에 따른 시술 방법 (남성형 M자형 탈모)

[섹션 관리 순서]

①→②→③

- 관리 방향 : 가로 – 세로 - 사선으로 진행한다.
- 남성 M자 탈모는 보통 옆머리 숱이 많기 때문에 옆머리를 이용하여 관리한다. 1, 2번은 필수적으로 관리하고 3번은 경우에 따라서 관리를 정한다.

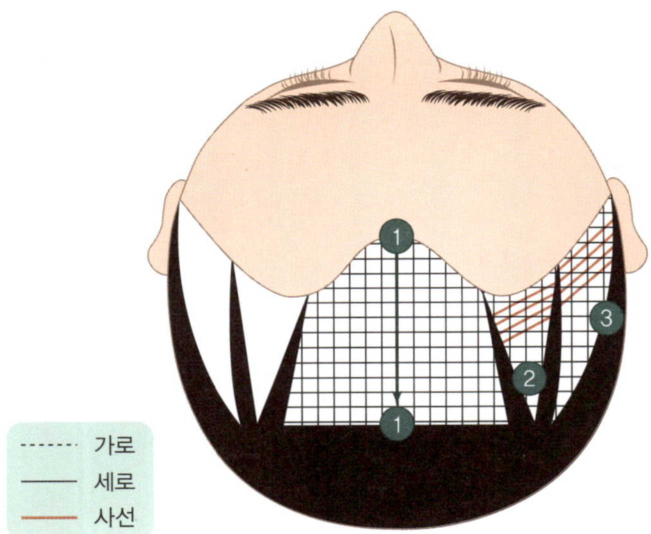

### (2) 탈모유형에 따른 관리 방법 (남성형 O자형 탈모)

[섹션 관리 순서]

①→②→③→④ : O자형 탈모가 심한 경우

①→② : 일반적인 O자형 탈모의 경우

- 관리 방향 : 가로 - 세로 방향으로 진행한다.
- 풍성함을 연출하기 위해서는 4면을 모두 활용하는 것이 좋다.
- O자형 탈모가 심한 경우 : 전두부, 측두부, 후두부 에있는 모발을 이용하여 안쪽으로 모아주며 증모를 진행한다.
- O자형 탈모 부분에 증모할 모발이 있다면 앞부분부터 우선순위를 두어 관리하는 것이 효율적이다.

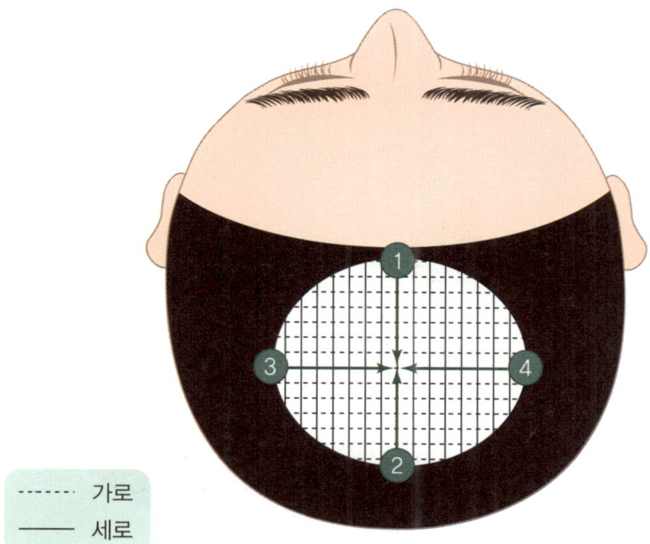

### (3) 탈모유형에 따른 관리방법(여성형 탈모, 빈모, 가는모)

[섹션 관리순서]

① → ②

③ → ④ 세로 관리 시 중앙에서 바깥방향으로 증모해준다.

- 방향 : 가로 - 세로 -사선으로 진행한다.
- 측두부에 모발이 적은 경우 : 정수리 위에서 아래로 내려오며 증모하는 것이 연출효과가 좋다.
- 두피에서 모발의 매듭위치 : 0.5cm
- 탈모가 심할수록 두피에 자극은 몇 배 이상의 통증으로 체감하기 때문에 두피와 거리를 두고 고객을 배려하면서 증모를 해준다.

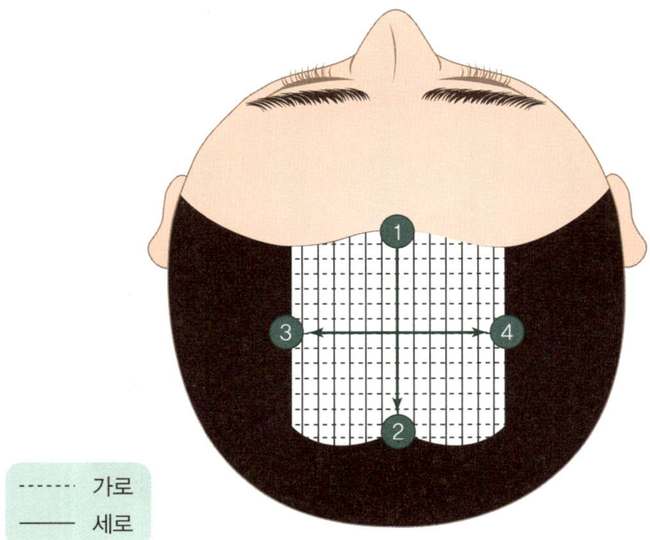

### (4) 증모 관리 간격

빈모, 탈모 시작지점부터 끝 지점까지 가로로 0.5cm씩 간격으로 관리하고, 다음 줄부터 세로 약 1cm를 범위를 정하여 같은 방법으로 묶어준다.

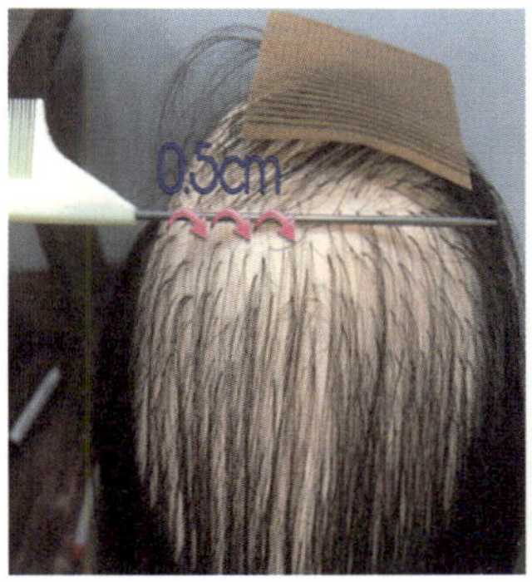


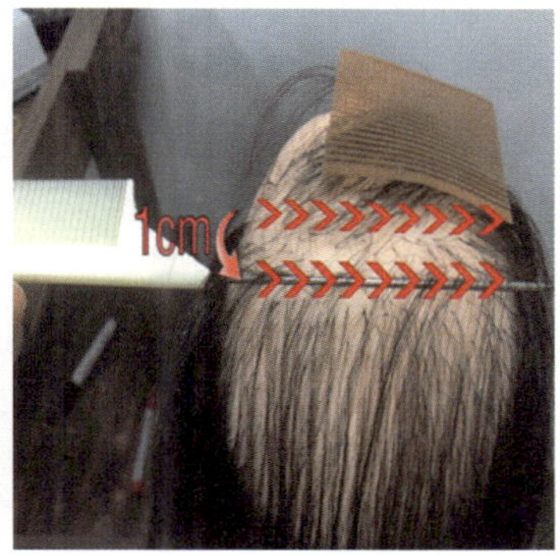


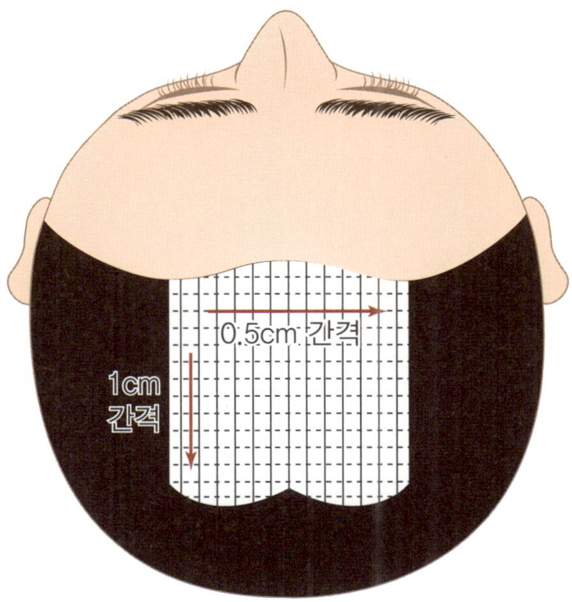

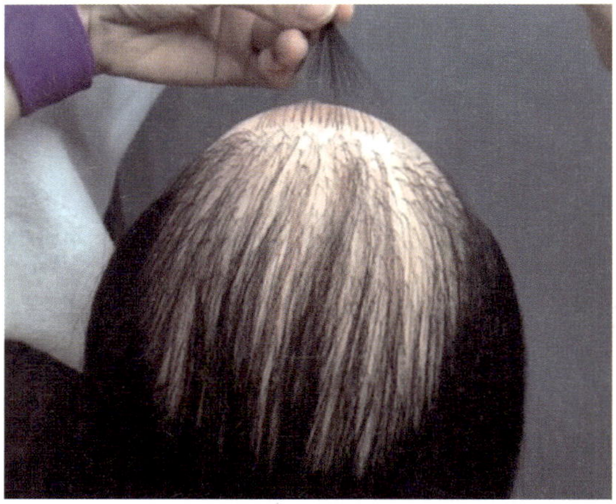

① 빈모 부위에 증모 관리 범위를 정하고 머리카락을 정리한 후 1cm 뒷부분부터 관리를 시작한다.

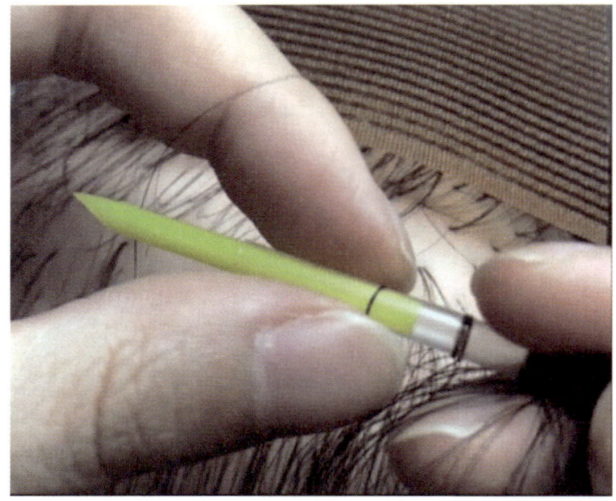

② 한 모공에 있는 건강한 자모 한 가닥을 선별한 후 1, 2지를 이용하여 촉에 꽂은 뒤 매듭을 빼준다.

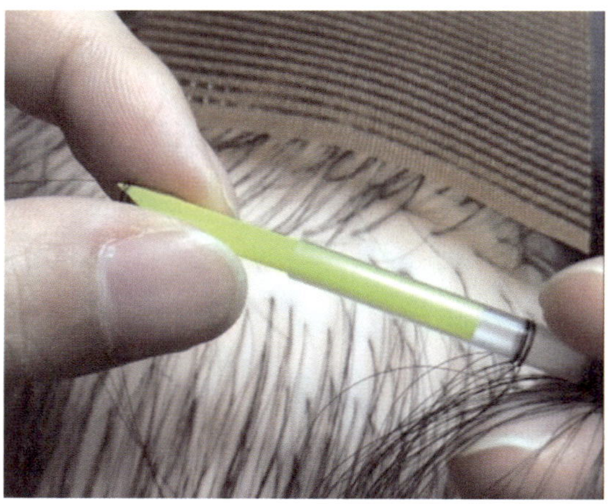

③ 매듭은 자모를 통과시킨 후 1, 2지를 이용하여 촉을 빼준다.

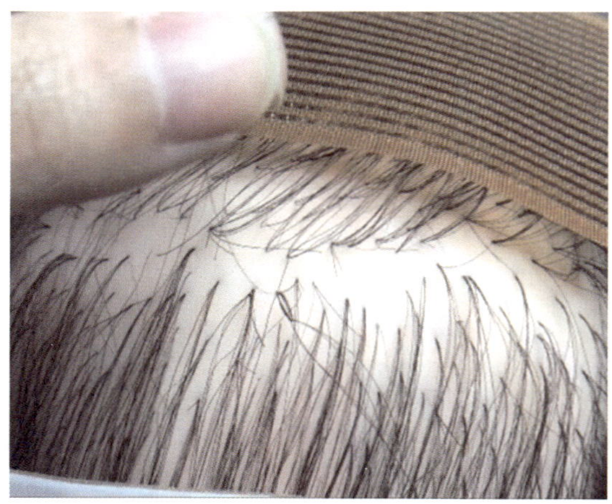

④ 1, 2지로 자모를 고정한다.

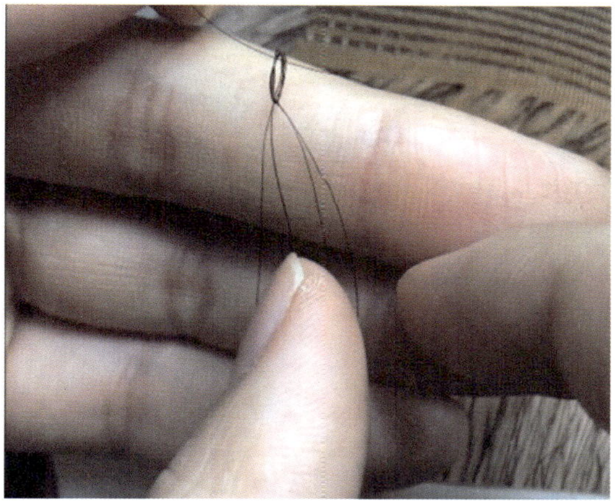

⑤ 1, 2지로 자모를 고정하고 3, 4, 5지에 얹은 가모를 양손을 이용하여 나누어 잡는다.

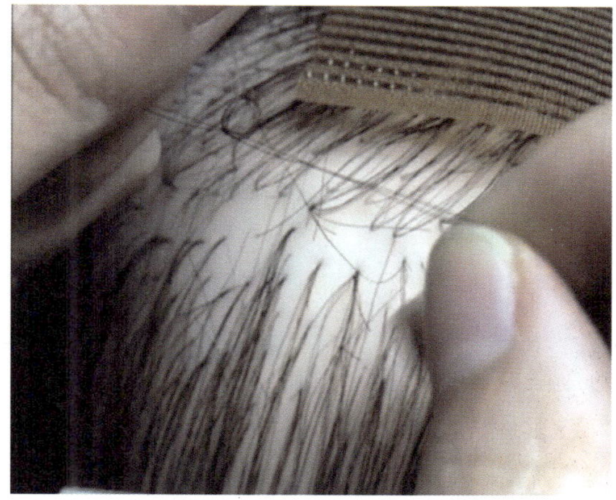

⑥ 가모가 미끄러지지 않도록 잡고 양 손으로 균형을 잡아준다.

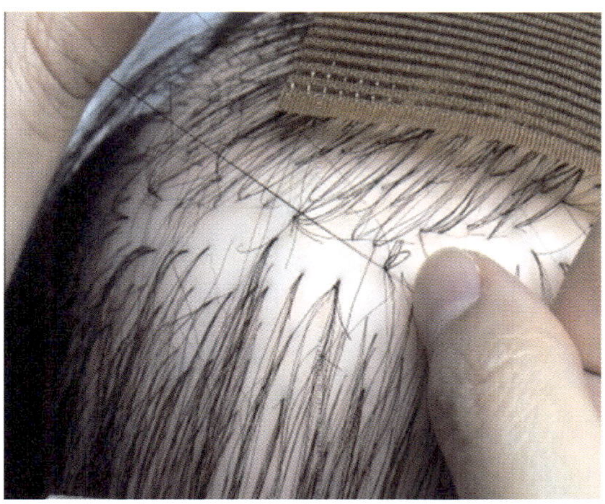

⑦ 양손 1, 2지를 이용하여 0.3cm 두피 가까이 매듭을 이동시켜준다.

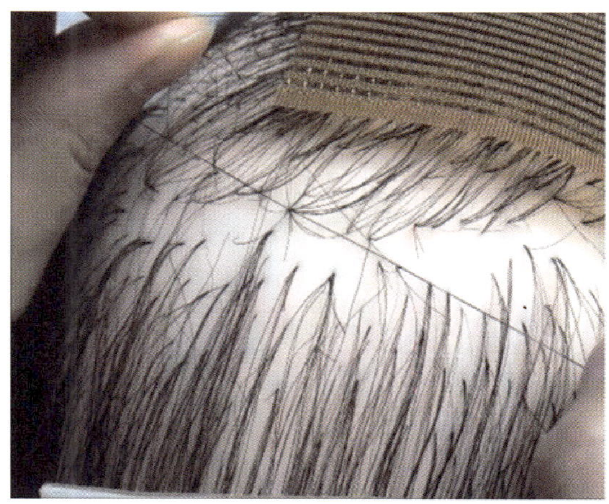

⑧ 자모를 고정한 뒤 균형을 유지하며 매듭을 지어준다.

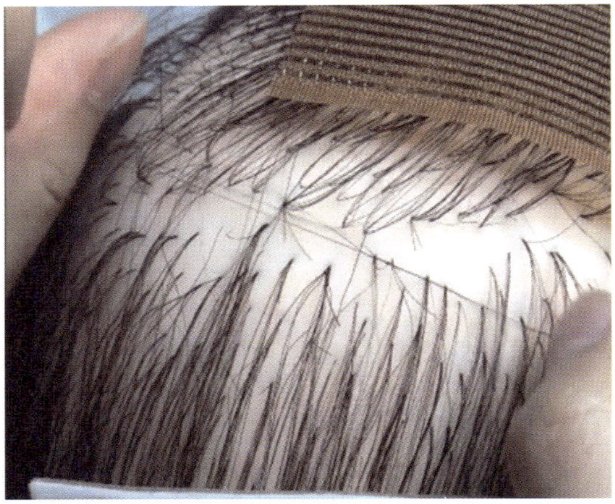

⑨ 자모를 놓고 가모의 균형을 유지하며 한 번 더 매듭을 고정시킨다.

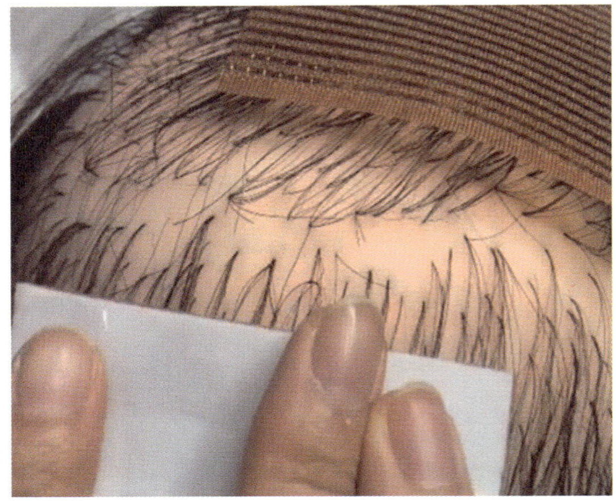

⑩ 같은 방법으로 0.5cm 간격으로 매듭을 지어준다.

### ① 관리 주의사항

- 관리 환경 : 고객에게 독립적인 공간을 제공한다.
- 증모 전 모발정리 : 증모의 완성도를 높이기 위하여 탈락될 모발을 빗질로 미리 정리해 둔다.
- 탈모 부위에 간격을 좁게 증모를 하게 되면 엉킴 현상을 유발할 수 있다.
- 탈모 상태가 심할수록 0.5cm 두피와 거리를 두고 증모를 해준다.
- 두피에 스케일링을 한 후 샴푸를 하고, 모발의 유분기를 제거하여 청량감을 준다.
- 충분한 빗질로 휴지기 모발을 정리한다.

### ② 고객 주의사항

- 하루 종일 두피 및 모발에 묻어있는 미세먼지 등을 제거하기 위하여 샴푸는 저녁시간을 이용하도록 권고한다.
- 두피를 제외하고 소량의 린스를 모발에만 도포 후 깨끗이 헹구어준다.
- 타월드라이 후 약간의 물기가 있는 상태에서 에센스로 마무리한다.
- 머리는 반드시 찬바람으로 완전히 건조시킨다.
- 젖은 상태로 모발을 오래 유지 시 곰팡이균 번식, 모발손상, 머리 엉킴을 유발할 수 있으므로 유의하도록 한다.

## 3) 임상사례

### (1) 사례 1

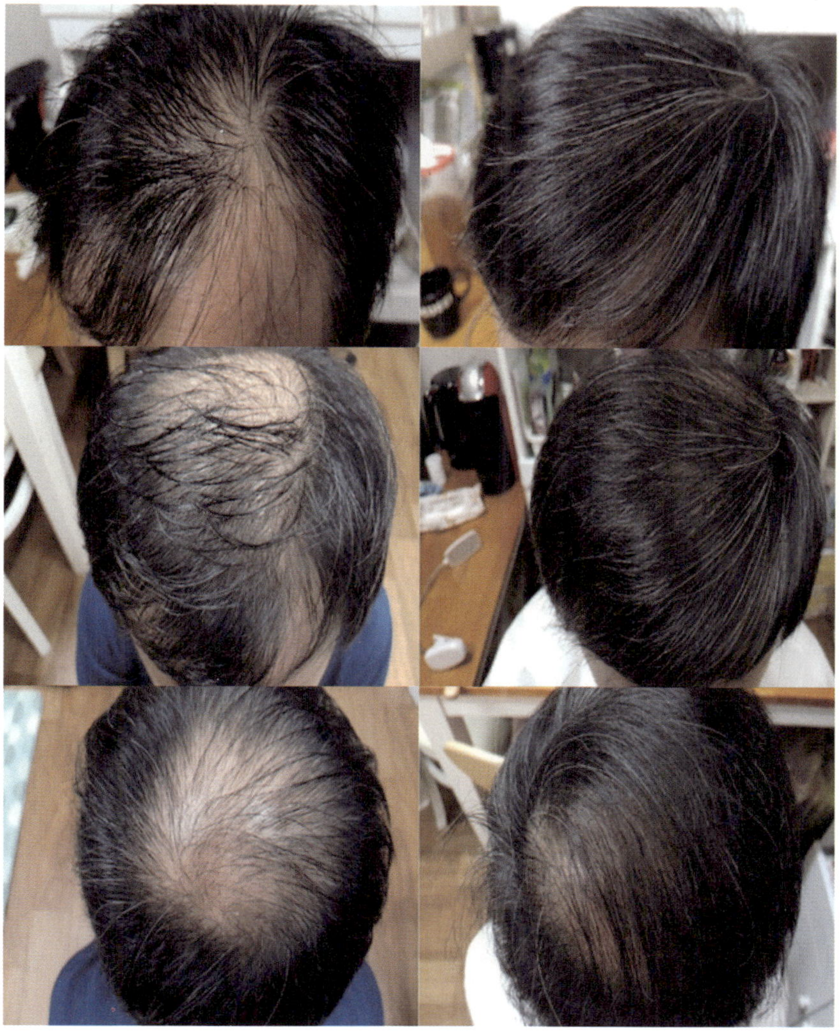

극심한 탈모- 2,000모 관리

## (2) 사례 2

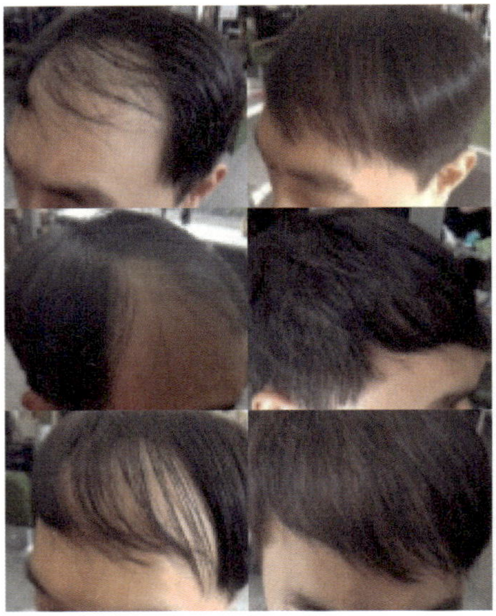

M자 탈모 - 400모 관리

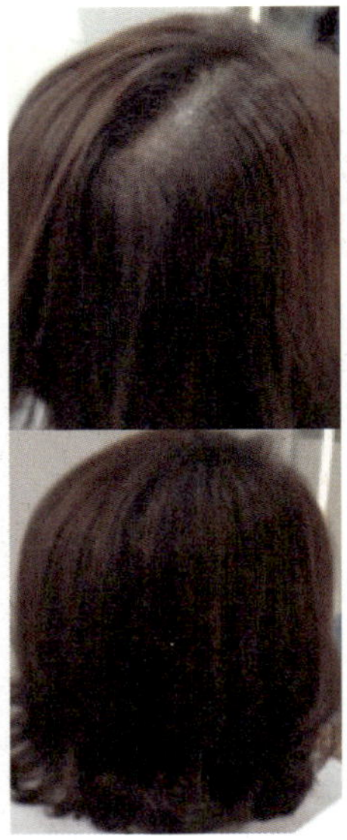

정수리빈모 -1,500모 관리

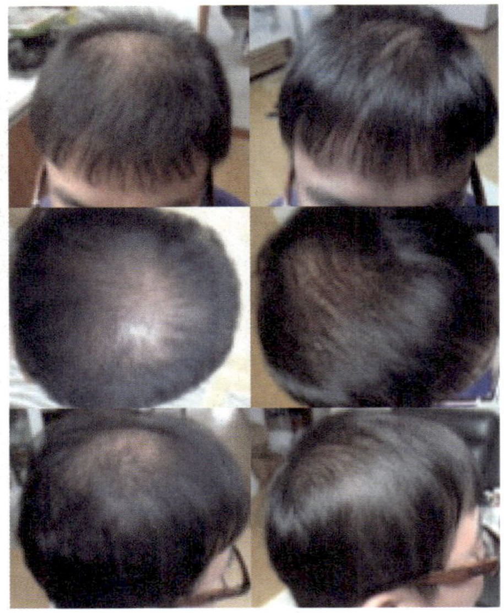

정수리 탈모 -250모 관리

### (3) 사례 3

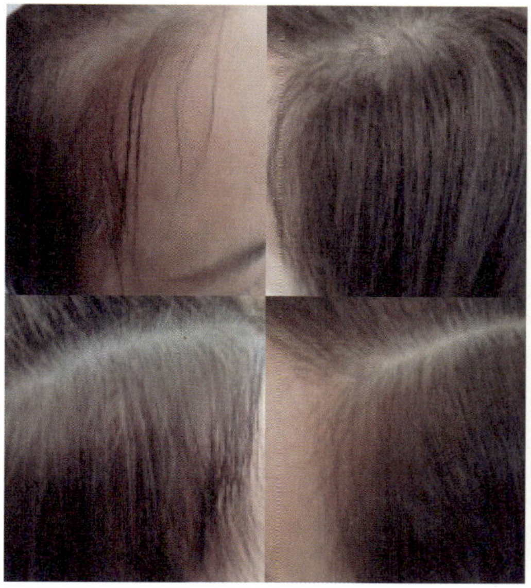

여성 M자 탈모 -100모 관리

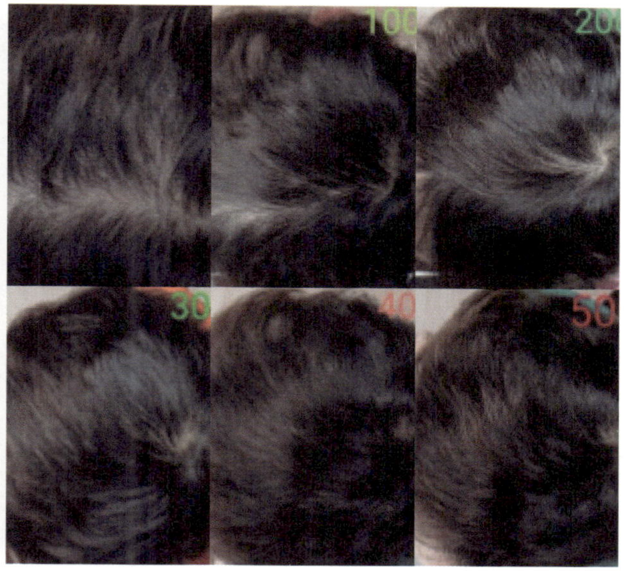

여성 정수리 빈모 - 100~500모

## 능력단위 상세설명 - 가발 헤어스타일 연출

| 분류번호 | 1201010149_17v4 |
|---|---|
| 능력단위 명칭 | 가발 헤어스타일 연출 |
| 능력단위 정의 | 가발 헤어스타일 연출이란 두상 전체 또는 일부에 가발을 착장하거나 연결하여 모발 길이, 모량, 모발 색 등에 변화를 주는 능력이다. |

| 능력단위요소 | 수행준거 | |
|---|---|---|
| 1201010149_17v4.1<br>가발 헤어스타일하기 | 1.1 가발의 종류와 특성을 파악하여 디자인을 상담할 수 있다.<br>1.2 가발을 고객의 모발과 두상에 탈 · 부착할 수 있다.<br>1.3 가발의 자연스러운 연결을 위해 고객 모발에 사전 · 사후 작업을 할 수 있다.<br>1.4 고객에게 가발의 손질법과 사용법을 설명할 수 있다. | |
| | 지식 | • 가발의 구성 재료에 관한 지식<br>• 가발의 종류와 특성에 관한 지식<br>• 가발 스타일 연출용 도구 사용법<br>• 가발 치수 측정 방법<br>• 가발 제작 과정에 대한 지식<br>• 가발 탈 · 부착 방법에 대한 지식<br>• 고객 관리 차트와 작업 지시서 작성법 |
| | 기술 | • 가발 탈 · 부착 기술<br>• 가발 치수 측정 기술<br>• 가발 스타일 연출 기술 |
| | 태도 | • 고객에게 신뢰감을 주는 자세<br>• 고객의 심리를 이해하려고 노력하는 자세<br>• 고객에게 불쾌감을 주지 않도록 주의하는 태도 |

<table>
<tr><th>능력단위요소</th><th colspan="2">수행준거</th></tr>
<tr><td rowspan="4">1201010149_17v4.2<br>헤어 익스텐션하기</td><td colspan="2">2.1 고객의 요구를 파악하여 피스의 컬러, 길이, 질감 등의 디자인을 결정할 수 있다.<br>2.2 헤어 익스텐션에 필요한 재료와 도구를 준비할 수 있다.<br>2.3 디자인에 따라 헤어 익스텐션을 할 수 있다.<br>2.4 익스텐션용 피스를 본 모발로부터 제거할 수 있다.<br>2.5 익스텐션용 피스의 자연스러운 연결을 위해 고객 모발에 마무리 작업을 할 수 있다.<br>2.6 고객에게 헤어스타일 유지를 위한 관리법을 설명할 수 있다.</td></tr>
<tr><td>지식</td><td>• 헤어 익스텐션용 피스의 종류와 특성에 관한 지식<br>• 헤어 익스텐션용 접착제와 접착도구에 관한 지식<br>• 헤어 익스텐션 피스 접착과 제거의 기술적 지식<br>• 헤어 익스텐션 사전작업에 관한 지식<br>• 헤어 익스텐션 후 관리방법에 관한 지식<br>• 헤어 익스텐션 스타일 연출제품에 관한 지식</td></tr>
<tr><td>기술</td><td>• 헤어익스텐션 피스 접착과 제거 기술<br>• 헤어익스텐션 사전작업 기술<br>• 헤어익스텐션 관리기법<br>• 헤어익스텐션 스타일 연출 기법</td></tr>
<tr><td>태도</td><td>• 서비스도구를 청결하게 관리하는 자세<br>• 장시간 서비스에 대비한 끈기 있는 태도<br>• 접착제와 접착도구 사용 시 안전에 주의하는 자세</td></tr>
</table>

## 적용범위 및 작업상황

### 고려사항

- 가발 헤어스타일하기란, 고객의 두피와 모발상태 및 착용 목적에 따라 전체 또는 부분 가발을 선정한 후, 고객에게 부착하여 새로운 헤어스타일로 연출하는 것이다.
- 탈모 고객의 경우 정확한 착용을 위해 착용부위의 치수를 줄자, 랩, 3D기법 등으로 측정할 수 있어야 한다.
- 가발과 본 모발의 자연스러운 연결을 위해 필요한 경우 가발 착용 전·후 가발 또는 본 모발에 헤어커트, 헤어펌, 헤어컬러, 헤어스타일 연출 등을 할 수 있어야 한다.
- 고객에게 어울리는 가발 추천을 위해 컴퓨터 시뮬레이션 프로그램을 활용할 수도 있다.
- 탈모로 인해 가발을 착용하는 고객의 경우 심리적 안정이 중요하므로 다른 미용서비스 작업공간과 구분되는 곳에서 서비스할 것을 권장한다.
- 헤어 익스텐션이란 본 모발에 접착제나 접착도구 및 접착기법으로 헤어피스를 연결하는 것이다.
- 헤어피스를 고객의 본 모발과 연결하기 위하여 땋기나 꼬기 등의 기법을 이용하여 연출하는 각종 드레드(Dread), 브레이드(Braid), 콘로우(Cornrow) 스타일도 이 영역에 포함된다.
- 헤어피스와 본 모발의 자연스러운 연결을 위해 필요한 경우 헤어 익스텐션 서비스 전·후 헤어피스와 본 모발에 헤어커트, 헤어펌, 헤어컬러, 헤어스타일 연출 등을 할 수 있어야 한다.
- 고객의 만족도와 서비스의 완성도 향상을 위해 메이크업, 매니큐어, 눈썹손질 등의 부가서비스를 제공할 수 있다.

### 자료 및 관련서류

- 가발 팜플렛
- 가발제작을 위한 치수 측정 기록지
- 헤어 익스텐션용 피스의 재질과 색상 견본
- 헤어 익스텐션 스타일 스크랩 북

## 장비 및 도구

- 거울과 의자
- 헤어커트 도구(가위, 레이저, 틴닝가위 등)
- 헤어펌 도구(로드, 엔드페이퍼, 고무줄, 펌 스틱 등)
- 헤어컬러 도구(염색 볼, 염색브러시, 저울 등)
- 헤어스타일 연출 도구(블로우 드라이어, 헤어 매직기 등)
- 가발제작을 위한 치수 측정 도구
- 헤어 스타일 시뮬레이션용 컴퓨터
- 헤어 익스텐션 헤어피스 접착용 클립퍼, 집게, 링 등
- 마네킹 홀더

## 재료

- 빗, 브러시, 핀
- 샴푸제, 트리트먼트제
- 헤어펌 재료(펌1제, 펌2제 등)
- 헤어컬러 재료(산성염모제, 알칼리염모제, 탈색제 등)
- 헤어스타일링제품(스프레이, 왁스 등)
- 전체·부분 가발
- 민두
- 헤어 익스텐션용 접착제와 제거액
- 헤어 익스텐션용 피스

## 평가지침

### 평가방법

- 평가자는 능력단위 가발 헤어스타일 연출의 수행준거에 제시되어 있는 내용을 평가하기 위해 이론과 실기를 나누어 평가하거나 종합적인 결과물의 평가 등 다양한 평가 방법을 사용할 수 있다.

피평가자의 과정평가 및 결과평가 방법

| 평가방법 | 평가유형 | |
|---|---|---|
| | 과정평가 | 결과평가 |
| A. 포트폴리오 | | V |
| B. 문제해결 시나리오 | V | V |
| C. 서술형시험 | | |
| D. 논술형시험 | | |
| E. 사례연구 | V | V |
| F. 평가자 질문 | V | |
| G. 평가자 체크리스트 | | |
| H. 피평가자 체크리스트 | | |
| I. 일지/저널 | | |
| J. 역할연기 | | |
| K. 구두발표 | V | V |
| L. 작업장평가 | V | V |
| M. 기타 | | |

## 평가 시 고려사항

- 수행준거에 제시되어 있는 내용을 성공적으로 수행할 수 있는지를 평가해야 한다.
- 평가자는 다음 사항을 평가해야 한다.
  - 수행준거에 따른 지식·기술·태도의 습득 능력
  - 본 머리와 가발이 자연스럽게 연결 된 상태
  - 본 머리와 헤어 익스텐션용 피스가 자연스럽게 연결 된 상태

## 직업기초능력

| 순번 | 직업기초능력 | |
|---|---|---|
| | 주요영역 | 하위영역 |
| 1 | 의사소통능력 | 경청 능력, 기초외국어 능력, 문서이해 능력, 문서작성 능력, 의사표현능력 |
| 2 | 수리능력 | 기초연산 능력 |
| 3 | 문제해결능력 | 문제처리 능력, 사고력 |
| 4 | 자원관리능력 | 물적자원관리 능력, 시간자원관리 능력, 인적자원관리 능력 |
| 5 | 대인관계능력 | 고객서비스 능력, 협상 능력 |
| 6 | 정보능력 | 정보처리 능력, 컴퓨터활용 능력 |
| 7 | 기술능력 | 기술선택 능력, 기술이해 능력, 기술적용 능력 |

## 개발이력

| 구분 | | 내용 |
|---|---|---|
| 직무명칭(능력단위명) | | 헤어미용(가발 헤어스타일 연출) |
| 분류번호 | 현재 | 1201010149_17v4 |
| 개발연도 | 현재 | 2017 |
| | 2차 | 2016 |
| | 최초(1차) | 2014 |
| 버전번호 | | v4 |
| 개발기관 | 현재 | (사)대한미용사회 |
| | 2차 | |
| | 최초(1차) | |
| 향후 보완 연도(예정) | | – |

## 능력단위 상세설명 - 모발증모

| 분류번호 | 1201010539_16v2 |
| --- | --- |
| 능력단위 명칭 | 모발증모 |
| 능력단위 정의 | 두발에 인모 또는 인조모를 붙여주거나 엮어서 모량과 볼륨감, 길이 등을 다양하게 변화시키는 능력이다. |

| 능력단위요소 | 수행준거 | |
| --- | --- | --- |
| 1201010539_16v2.1<br>모발증모 상담하기 | 1.1 모발증모의 종류에 대해서 설명할 수 있다.<br>1.2 고객에게 여러가지 모발증모 디자인을 제안할 수 있다.<br>1.3 모발증모의 도구 및 재료를 준비할 수 있다. | |
| | 지식 | • 본발과 모발증모의 차이점에 관한 지식<br>• 디자인에 적합한 형태의 모발증모를 제안할 수 있는 지식<br>• 스타일에 따른 모류의 방향을 설정할 수 있는 지식<br>• 고객의 헤어컬러를 설정할 수 있는 지식 |
| | 기술 | • 두상의 골격 구조, 형태의 경계라인을 파악 후 기준 라인을 정할 수 있는 기술<br>• 모발에 적합한 모발증모 소재의 선택 기술<br>• 헤어스타일에 대하여 설명할 수 있는 기술 |
| | 태도 | • 모발 진단의 조건들을 분석 하려는 태도<br>• 기본디자인을 분석한 후 사용할 도구와 재료를 절차에 맞게 진열하여 준비하는 태도<br>• 고객과의 의사소통과 서비스에 적극적으로 노력하는 태도 |
| 1201010539_16v2.2<br>모발증모 작업하기 | 2.1 모발증모를 작업 순서와 방법에 따라 디자인을 작업할 수 있다.<br>2.2 모발증모를 본발로부터 제거할 수 있다.<br>2.3 기기 사용 시 작업장 청결과 안전에 유의하며 작업할 수 있다. | |
| | 지식 | • 모발증모의 작업방법에 대한 지식<br>• 모발상태에 따른 모발증모 시간을 설정할 수 있는 지식<br>• 모발증모를 본발로부터 제거할 수 있는 지식 |
| | 기술 | • 여러 가지 스타일에 대하여 설명할 수 있는 기술<br>• 얼굴, 두상의 구조 등과 어울리게 헤어디자인을 작업할 수 있는 기술<br>• 모발증모 부착 방법에 따른 기술<br>• 모발증모 피팅에 관한 기술<br>• 모발증모를 본발로부터 제거할 수 있는 기술 |

<table>
<tr><th>능력단위요소</th><th colspan="2">수행준거</th></tr>
<tr><td>1201010539_16v2.2<br>모발증모 작업하기</td><td>태도</td><td>• 작업 방법을 준수하는 태도<br>• 기구의 안전한 사용과 작업장 청결에 유의하는 태도<br>• 올바른 이발 작업자세의 기본을 유지하는 태도<br>• 고객에게 작업 과정이 불편하지 않은지 질문하는 태도</td></tr>
<tr><td rowspan="4">1201010539_16v2.3<br>모발증모 관리하기</td><td colspan="2">3.1 가르마와 모류 방향에 따라서 디자인에 맞는 사후 커트를 할 수 있다.<br>3.2 모발증모 스타일을 유지 · 관리하기 위한 홈 케어를 제안할 수 있다.<br>3.3 사용한 도구 및 재료를 위생적으로 처리할 수 있다.<br>3.4 모발증모 손질법과 재방문 시기를 조언할 수 있다.<br>3.5 고객 기록 카드를 작성할 수 있다.</td></tr>
<tr><td>지식</td><td>• 디자인의 요소와 원리에 관한 지식<br>• 도구의 소독법 및 사용에 관한 지식<br>• 열기구 및 도구 사용에 관한 지식<br>• 모발 끝의 취급 방법에 관한 지식<br>• 모발과 열의 관계에 대한 지식<br>• 각종 스타일링 제품의 특징을 파악할 수 있는 지식</td></tr>
<tr><td>기술</td><td>• 모발증모의 형태에 따른 파팅에 관한 기술<br>• 모발증모의 종류와 모질에 따른 열기구와 도구 사용에 관한 기술<br>• 모발증모의 형태와 종류에 따른 스타일링 제품 선정 기술<br>• 수분량 조절 능력 기술</td></tr>
<tr><td>태도</td><td>• 고객의 헤어스타일에 따라 적절한 작업 방법을 준수하는 태도<br>• 스프레이 사용 시 얼굴 가리게 사용을 준수하는 태도(얼굴, 눈 분사 주의)<br>• 재방문 시기를 조언하는 태도<br>• 사용한 도구 및 재료를 정리하거나 청결하게 관리하는 태도</td></tr>
</table>

## 적용범위 및 작업상황

### 고려사항

- 조용하고 편안한 분위기에서 상담할 수 있는 장소를 필요로 한다.
- 알레르기, 호흡기, 피부병, 신경계통의 질환이 있는 사람에게 영향을 미칠 수 있으므로 주의가 필요하다.
- 모발증모에 필요한 기본 가격과 가발의 상태, 사용되는 재료 등에 따라 적용되는 비용을 포함한다.
- 고객 상담 결과 고객의 요구사항을 정확하게 기록이 필요하다.
- 이발 기법은 모발 상태에 따라 레이저로 이용하여 커트해야 한다.
- 샴푸 시 모발을 손으로 비비지 말아야 한다.
- 모발증모의 색상은 본발의 색상과 동일하게 한다.
- 모발증모 이발 시 본발과 자연스럽게 연결될 수 있도록 질감을 처리한다.
- 짧은 두발을 긴 두발로 연출하기 위해 모발증모를 시술할 수 있다.
- 고객과의 상담 시 심리적 상태를 배려해야 한다.

### 자료 및 관련서류

- 헤어스타일 북
- 모발증모 스타일 관련 잡지
- 유행잡지

### 장비 및 도구

- 의자
- 거울
- 스탠드
- 민두

### 재료

- 글루건
- 실리콘
- 모발증모용 피스
- 링
- 펜지
- 매직기
- 헤어 드라이어
- 핀(클립)
- 코바늘
- 스프레이
- 겔
- 에센스

## 평가지침

### 평가방법

- 평가자는 능력단위 모발증모의 수행준거에 제시되어 있는 내용을 평가하기 위해 이론과 실기를 나누어 평가하거나 종합적인 결과물의 평가 등 다양한 평가 방법을 사용할 수 있다.

피평가자의 과정평가 및 결과평가 방법

| 평가방법 | 평가유형 | |
|---|---|---|
| | 과정평가 | 결과평가 |
| A. 포트폴리오 | | V |
| B. 문제해결 시나리오 | | |
| C. 서술형시험 | | V |
| D. 논술형시험 | | |
| E. 사례연구 | | |
| F. 평가자 질문 | | |
| G. 평가자 체크리스트 | V | |
| H. 피평가자 체크리스트 | | V |
| I. 일지/저널 | | |
| J. 역할연기 | | |
| K. 구두발표 | | |
| L. 작업장평가 | V | V |
| M. 기타 | | |

## 평가 시 고려사항

- 수행준거에 제시되어 있는 내용을 성공적으로 수행할 수 있는지를 평가해야 한다.
- 평가자는 다음 사항을 평가해야 한다.
  - 수행준거에 따른 지식·기술·태도의 습득 능력
  - 모발증모를 본발에 고정시키는 작업여부
  - 본발과 모발증모의 자연스러운 스타일링 작업여부

## 직업기초능력

| 순번 | 직업기초능력 | |
|---|---|---|
| | 주요영역 | 하위영역 |
| 1 | 의사소통능력 | 문서이해 능력, 문서작성 능력, 의사표현 능력 |
| 2 | 문제해결능력 | 문제처리 능력, 사고력 |
| 3 | 기술능력 | 기술선택 능력, 기술이해 능력 |
| 4 | 직업윤리 | 근로윤리 |

## 개발이력

| 구분 | | 내용 |
|---|---|---|
| 직무명칭(능력단위명) | | 이용(모발증모) |
| 분류번호 | 현재 | 1201010539_16v2 |
| 개발연도 | 현재 | 2016 |
| 버전번호 | | v2 |
| 개발기관 | 현재 | (사)한국이용사회 |
| 향후 보완 연도(예정) | | 2020 |
| 개선사유 | | 해당 없음 |

# *Chapter* 06

## 부록

1. 위그디자인마스터 자격 관리·운영 규정 (Wig Design Master)

2. 위그디자인마스터 자격 기준안

# 1 위그디자인마스터자격 관리·운영 규정 (Wig Design Master)

## 제1장 총칙

### 제1조(목적)

이 규정은 대한증모가모협회(이하 "협회")에서 시행하는 위그디자인마스터 자격증의 자격검정(이하 "검정")의 관리·운영에 필요한 사항을 규정함을 목적으로 한다.

### 제2조(명칭)

자격 명칭은 위그디자인마스터 자격증이라 한다.

### 제3조(적용대상)

이 규정은 검정을 시행하는 "협회" 소속 직원과 검정 관련 업무 종사자(시험위원 등) 및 기타 검정업무와 관련이 있는 자(수험자 등)에게 적용한다.

## 제2장 자격의 관리·운영 조직에 관한 사항

**제4조**(검정인력)

"협회"는 검정관리팀장을 두어 검정관리 전반을 담당하도록 하며, 팀장 이하 검정기획담당, 채점담당, 검정관리담당을 두어 자격검정을 운영한다.

**제5조**(검정조직의 업무분장)

검정관리팀은 다음과 같이 업무를 분담하여 수행한다.

**① 검정기획담당자는 다음 각 호의 업무를 수행한다.**

1. 검정 시행계획의 수립 및 공고 등에 관한 사항
2. 원서접수·시험장소 및 시험감독 등에 관한 사항
3. 민간자격취득자 관리 및 자격증 교부·관리에 관한 사항
4. 검정업무 지도·감독에 관한 사항
5. 검정업무 제도개선에 관한 사항
6. 민간자격검정사업의 회계처리에 관한 사항
7. 그 밖에 민간자격 검정의 관리·운영에 관한 사항

**② 출제·채점 담당자는 다음 각 호의 업무를 수행한다.**

1. 검정 출제기준의 작성 및 변경에 관한 사항
2. 검정의 필기·실기 시험문제의 출제, 관리 및 인쇄에 관한 사항
3. 채점 및 합격발표에 관한 사항

**③ 검정관리 담당자는 다음 각 호의 업무를 수행한다.**

1. 원서접수·시험장소 및 시험감독 등에 관한 사항
2. 자격취득자 관리 및 자격증 교부·관리에 관한 사항
3. 검정의 집행(수험원서 접수, 감독위원등의 배치, 시험장 설치, 검정 시행 등)에 관한 사항
4. 자격취득자 사후관리에 관한 사항

## 제3장 검정기준 및 방법

**제6조**(민간자격의 취득)

본 위그디자인마스터의 민간자격을 취득하고자 하는 자는 시험에 응시하여 합격하여야 한다.

**제7조**(검정기준)

① "협회"는 가발에 대한 전반적인 지식과 고도의 기술을 활용하여 부분가발, 전체가발, 패션가발. 증모, 익스텐션 등을 수행하여 다양한 스타일을 연출할 수 있으며, 이에 대한 교육 및 지도를 수행할 수 있는 직무능력을 갖추고 있는지 유무를 기준으로 하여 등급별 검정기준을 정한다.

② 위그디자인마스터 자격증의 등급별 검정기준은 다음과 같다.

| 자격종목 | 등급 | 검정기준 |
| --- | --- | --- |
| 위그디자인<br>마스터<br>자격증 | 창업 | 가발소재의 전문적인 지식을 갖추고, 가발, 증모, 붙임머리, 피스 등의 액세서리를 활용한 제작 및 디자인에 대한 전문가 수준의 뛰어난 활용능력을 가지고 있으며, 창업하여 운영할 수 있는 최고급 수준 |
| | 강사 | 가발소재의 전문적인 지식을 갖추고, 가발, 증모, 붙임머리, 피스 등의 액세서리를 활용한 제작 및 디자인에 대한 전문가 수준의 뛰어난 활용능력을 가지고 있으며, 전문가를 양성하기 위하여 교육 · 지도할 수 있는 고급 수준 |
| | 1급 | 가발소재의 전문적인 지식을 갖추고, 가발, 증모, 붙임머리, 피스 등의 액세서리를 이용한 제작 및 디자인에 대하여 활용능력을 가지고 있으며, 관련 업무를 수행할 수 있는 중급 수준 |
| | 2급 | 가발소재의 전문적인 지식을 갖추고, 가발, 증모, 붙임머리, 피스 등을 활용하여 제작할 수 있으며, 관련 업무의 기초 직무를 수행할 수 있는 초급 수준 |

**제8조**(검정방법 및 검정과목)

① 위그디자인 자격증의 검정과목과 과목별 주요내용은 다음과 같다.

| 등 급 | 검정방법 | | 검정 과목(분야 또는 영역) |
|---|---|---|---|
| 창업 | 필기 | 단답형 | 1. 위그디자인 현황 및 비전<br>2. 매장운영경영 및 홍보마케팅<br>3. 위그디자인 설계 및 멀티디자인 |
| | 실기 | 작업형 | 1. 매장경영 매뉴얼 작성<br>2. 위그디자인 창작 및 코디네이션 |
| 강사 | 필기 | 단답형 | 1. 가발의 패션제작 및 공정과정<br>2. 위그디자인 설계 및 창작<br>3. 토탈코디네이션 |
| | 실기 | 작업형 | 1. 강의계획서 작성 및 모의강의 시연<br>2. 위그디자인 창작 및 코디네이션 |
| 1급 | 필기 | 단답형 | 1. 가발의 종류 및 디자인<br>2. 위그디자인 설계 및 스타일 응용 |
| | 실기 | 작업형 | 1. 위그디자인 스타일 응용 |
| 2급 | 필기 | 단답형 | 1. 위그디자인의 개념 및 역사<br>2. 위그디자인 제작 및 공정과정 |
| | 실기 | 작업형 | 1. 위그디자인 스케치 및 스타일링 |

② 실기시험의 방법은 다음과 같다.

1. 시행 종목별로 주어진 과제해결을 통한 현장실무능력을 측정한다.
2. 시험시간은 2시간~3시간으로 종목별 배정시간으로 한다.
3. 평가방법은 시행종목의 평가항목별 세부배점기준에 따라 점수를 부여한다.

**제9조**(응시자격)

응시자격은 다음과 같다.

| 자격종목 | 등급 | 응시자격 |
|---|---|---|
| 위그디자인 마스터 자격증 | 창업 | – 연령: 해당없음<br>– 학력: 해당없음<br>– 기타사항<br>1. 협회에서 진행하는 '위그디자인마스터 창업 정규교육'을 이수한 자<br>2. 해당종목의 분야에서 3년 이상 종사하였거나 동등한 자격을 갖춘 자 |
| | 강사 | – 연령: 해당없음<br>– 학력: 고졸이상<br>– 기타사항<br>1. 협회에서 진행하는 '위그디자인마스터 강사 정규교육'을 이수한 자<br>2. 협회에서 진행하는 해당종목의 1급 이상 자격을 취득한 자 |
| | 1급 | – 연령: 해당없음<br>– 학력: 해당없음<br>– 기타사항<br>1. 협회에서 진행하는 '위그디자인마스터 1급 정규교육'을 이수한 자<br>2. 해당종목의 2급 이상 자격을 취득한 자 |
| | 2급 | – 연령: 해당없음<br>– 학력: 해당없음<br>– 기타사항<br>1. 협회에서 진행하는 '위그디자인마스터 2급정규교육'을 이수한 자 |

**제10조**(합격결정기준)

① 필기시험은 100점 만점 기준에 70점 이상인자를 합격자로 결정한다.

② 실기시험은 100점 만점 기준에 70점 이상인자를 합격자로 결정한다.

③ 필기시험과 실기시험에 합격한 자를 최종합격자로 결정한다.

## 제4장 기타

### 제11조 (시험위원의 위촉)

"협회"는 위그디자인강사 자격검정을 관리하기 위한 시험위원은 제4조 각 호의 담당자를 포함하고, 필요시 추가로 정할 수 있으며. 원활한 관리업무 추진을 위해 외부 전문가를 위촉할 수 있다. 단, 외부전문가는 "협회"에서 추천하는 전문가이거나, 위그디자인마스터 자격증을 보유 또는 그에 상응하는 자로 제한한다.

### 제12조(유효기간)

① 위그디자인 자격은 취득 시부터 5년을 유효기간으로 하며 자격 취득자는 유효기간이 경과되면 자격을 갱신해야 한다.

② "협회"는 자격취득자가 재등록을 요청할 시 지체 없이 자격증을 갱신해주어야 한다.

### 제13조(등록취소)

자격취득자가 다음 각 호의 사유를 유발한 때에는 검정관리팀장은 자격증의 등록을 취소할 수 있다.

1. 협회의 명예를 훼손한 때
2. 자격증을 악용한 때

### 제14조(자격증 발급 등)

① 자격점정 시험에 합격한 자에게 위그디자인 자격증을 발급하고, [별지 제1호 서식]에 의한 자격증 등록대장에 그 자격에 관한 사항을 등록하여야 한다.

② 자격증을 분실 또는 훼손한 자에게 그 신청에 의하여 자격증을 재교부하고, [별지 제2호 서식]에 의한 자격증 재발급대장에 이에 관한 사항을 기록·유지한다.

## 부칙

**제1조**(시행일)

이 규정은 주무관청에 등록된 이후부터 시행한다.

**제2조**(경과조치)

이 규정의 시행이전에 시행된 사항에 관하여는 본 규정 각 호에 준하여 시행된 것으로 본다.

**제3조**(시행세칙의 규정)

본 규정에 명시되지 않은 사항은 "협회" 검정관리팀에서 시행세칙으로 정할 수 있다.

〈별지 제1호 서식〉 자격증 등록대장(제13조제1항 관련)

| NO | 발급번호 | 자격종목 및 등급 | 성명 | 생년월일 | 주소 | 등록일 |
|---|---|---|---|---|---|---|
| | | | | | | |
| | | | | | | |
| | | | | | | |
| | | | | | | |

〈별지 제2호 서식〉 자격증 재발급대장(제13조제2항 관련)

| NO | 발급번호 | 자격종목 및 등급 | 성명 | 생년월일 | 주소 | 재교부일 |
|---|---|---|---|---|---|---|
| | | | | | | |
| | | | | | | |
| | | | | | | |
| | | | | | | |

## 2 위그디자인마스터 자격 기준안

• 2급 : 이론 60점 이상. 실기 60점 이상
증모·붙임머리·가발에 대한 소정의 지식과 기술을 가진 자

• 1급 : 이론 70점 이상, 실기 70점 이상
응시조건 : 2급 자격 취득자

• 인증강사 : 이론 70점, 실기 70점 이상
응시조건 : 1급 자격 취득자

• 특별이수과정
응시자격 : 1급 자격을 취득하였거나 교육 및 현장경력 3년 이상인 자로 본 협회가 정한 커리큘럼에 따른 교육을 이수한 자(단, 교육 시간은 48시간 이상으로 한다.)

특별 이수과정의 평가는 과정평가로 하되 평가의 기준과 방법은 평가위원회를 두어 실시한다.

<table>
<tr><th>등급</th><th>응시자격</th></tr>
<tr><td>1급</td><td>1. 본 기관에서 인정하는 교육기관에서 증모, 붙임머리, 가발전문가 2급 자격 취득 후 6개월 이상 실무에 종사한 자로 연 2회 보수 교육을 이수한 자(인정교육기관: 대한 증모, 가모 협회)<br>2. 증모대회에서 입상한 자<br>3. 응시하고자 하는 종목의 직무분야에서 2년 이상 실무에 종사한 자<br>– 응시 연령 : 20대 이상<br>– 응시 학력 : 고졸 이상</td></tr>
<tr><td>2급</td><td>– 자격 검정응시에 결격 사유가 없는 자<br>– 동일 직무 분야의 2년제 대학 이상의 졸업자 또는 졸업예정자<br>– 기타사항<br>1. 본 기관에서 인정하는 교육기관에서 교육을 이수한 자(인정교육기관: 대한 증모, 가모 협회)<br>2. 응시하고자 하는 종목의 직무분야에서 1년 이상 실무에 종사한 자<br>– 응시 연령: 20대 이상<br>– 응시 학력: 고졸 이상</td></tr>
<tr><td>인증강사</td><td>– 증모전문가 1급 자격 취득 후 전문 강사 교육 과정을 이수한 자<br>– 미용교육기관 대학교사, 강사, 가발 산업 관련 종사자 및 교육 실장<br>– 응시 연령: 20대 이상<br>– 응시 학력: 고졸 이상</td></tr>
</table>

# Chapter 07

## 예상문제

1. 증모 2급 예상문제
2. 붙임머리 2급 예상문제

# 1 증모 2급 예상문제

증모 2급과 붙임머리 2급 1~57번까지 공통문제입니다.

**01** 고객을 대할 때의 예절과 관계가 없는 것은?

① 전문가로서 고객에게 친절로써 대한다.

② 전화예절은 관리사의 인격과 관리실의 수준을 높이고 고객이 평을 할 수 있다.

③ 훌륭한 언어를 사용하고 예의 있게 행동한다.

④ 상대방의 마음을 읽고 고객보다 한발 앞서 얘기하며 손님을 이끌도록 한다.

**02** 상담자의 자질에 해당되지 않는 것은?

① 침착한 성품

② 논리적인 답변

③ 친절한 태도

④ 아름다운 외모

**03** 기초대사량(B.M.I) 이란 무엇인가?

① 1일 필요한 열량

② 생명유지에 필요한 최소의 열량

③ 영양분의 소화, 흡수과정에 필요한 에너지

④ 생체가 생존하기 위한 열량

**04** 우리의 인체를 구성하는 원소 중 유기물을 만드는 것이 아닌 것은?

① 탄소　② 산소

③ 칼슘　④ 질소

**05** 인체의 구성원소 중 그 차지하는 비율이 큰 것부터 순서대로 된 것은?

① 산소 〉탄소 〉수소 〉질소

② 질소 〉산소 〉탄소 〉수소

③ 수소 〉산소 〉질소 〉탄소

④ 탄소 〉수소 〉산소 〉질소

**06** 당질이 체내에서 대사될 때 꼭 필요한 영양소는 무엇인가?

① $V.B_1$　② 단백질

③ V.D　④ $V.B_6$

**07** 요오드(I)를 많이 함유하고 있는 식품은?

① 채소　② 다시마

③ 간　④ 쌀

**08** 다음 설명 중 틀린 것은?

① V.A - 부족 시 피부를 각화시킨다.

② V.B - 부족 시 지루성 피부염이나 빈혈이 생긴다.

③ V.C - 세포 내의 호흡을 활발하게 하고 혈액순환을 좋게 한다.

④ V.E - 말초혈관을 수축하여 혈행을 좋게 하므로 혈색이 좋은 피부를 만든다.

**09** 어린이는 성장이 늦어지고 어른은 체중의 손실을 가져올 수 있는 영양소는?

① 지방

② 아스코르브산

③ 단백질

④ 나이아신

**10** 모발의 구조를 잘못 설명한 것은?

① 피지선 : 모낭 아래 위치하며 피지를 분비하여 윤기를 준다.

② 모모세포 : 모유두로 영양과 산소를 받아 모발을 만든다.

③ 모근 : 두피 아래 모낭 속에 있는 모발을 말한다.

④ 모유두 : 혈관과 림프관을 통해 산소와 영양분을 공급받는다.

**11** 다음 중 표피세포의 구성순서가 바르게 된 것은?

① 기저층 - 과립층 - 유극층 - 투명층 - 각질층

② 유극층 - 투명층 - 과립층 - 각질층 - 기저층

③ 각질층 - 투명층 - 과립층 - 유극층 - 기저층

④ 각질층 - 투명층 - 유극층 - 과립층 - 기저층

**12** 피하조직에 대한 설명 중 틀린 것은?

① 혈관, 림프관, 신경관 등이 연결되어 있다.

② 노폐물과 이산화탄소를 거두어들인다.

③ 여성보다는 남성이 성인보다는 소아가 발달되어 있다.

④ 에너지를 저장하고 열 이동 차단, 체온발산을 막는 역할을 한다.

**13** 대한선에 대한 설명으로 틀린 것은?

① 아포크린선이라고도 하며 소한선보다 크다.

② 귀 언저리, 겨드랑이, 유두, 배꼽, 음부 등 몸의 전체에 분포되어 있다.

③ 소한선의 땀보다 농도가 짙고 독특한 냄새가 난다.

④ 겨드랑이에서 악취가 나는 것을 '액취증' 또는 '암내'라고 한다.

**14** 탈모 방지에 좋은 음식으로 짝지은 것이 아닌 것은?

① 콩, 찹쌀

② 두부, 우유

③ 달걀노른자, 호두

④ 버섯, 커피

**15** 수분이 인체에 미치는 영향으로 틀린 것은?

① 신체의 대사를 도와 영양분을 용해, 소화흡수 용이

② 체온조절기능

③ 피부에 수분 부족 시 탄력성 저하와 노화촉진

④ 신경과 근육의 흥분

**16** 수분 결핍 시 인체에 나타나는 현상으로 틀린 것은?

① 피부가 거칠어진다.

② 피부가 건조해지며 윤기와 탄력을 잃는다.

③ 염증을 유발하여 트러블이 야기된다.

④ 체온이 올라간다.

**17** 다음 중 모발의 기능에 대한 설명 중 틀린 것은?

① 외부의 물리적 충격으로부터 완충 작용함

② 외부의 오염물질로부터 인체를 보호해줌

③ 눈썹과 속눈썹은 햇빛, 땀방울로부터 눈을 보호해줌

④ 헤어스타일의 연출에 따라 인상 변화가 없음

**18** 모발의 굵기에 따른 종류에 대한 설명 중 틀린 것은?

① 모근의 형성과 함께 만들어진 첫 번째 털을 취모라 한다.

② 경모는 변형이 어렵고 호르몬의 영향을 받는 특징을 지닌다.

③ 연모에는 모수질이 존재하고 모발의 색이 갈색을 띈다.

④ 연모는 남성이 여성에 비해 빨리 찾아온다.

**19** 큐티클층이 관찰되지 않고 임신 8개월 정도 지나면 모낭에서 탈락되는 모발은?

① 연모 ② 경모

③ 종모 ④ 취모

**20** 모발의 형태 중 매우 강한 곱슬머리이며 횡단면의 모양이 납작하거나 다양한 모양의 부정형인 모발은?

① 직모 ② 파상모
③ 축모 ④ 경모

**21** 모발형태에 대한 설명 중 틀린 것은?

① 모발이 직모이면 다른 신체부위도 직모이다.
② 직모는 굵기가 굵으며 횡단면이 원형에 가깝다.
③ 파상모의 횡단면의 모양은 타원형에 가깝다.
④ 흑인종의 모발은 축모에 속한다.

**22** 다음 설명 중 틀린 것은?

① 모발 형성이 항상 지속적으로 이루어지는 것이 아니라 주기성을 갖는 것을 모주기라 한다.
② 모세혈관으로부터 영양 공급을 받아 새로운 모발이 생성되어 성장하는 단계를 성장기라 한다.
③ 퇴행기는 모낭이 위축되면서 세포분열이 정지되는 단계이다.
④ 모발이 곤봉모양같이 빠지는 단계가 퇴행기이다.

**23** 부위별 성장속도가 맞는 것은?

① 수염 : 4~5년
② 액와모 : 3~4년
③ 음모 : 1~2년
④ 속눈썹 : 1~2년

**24** 모발의 기원이 되는 세포로 모유두로부터 영양공급을 받아 세포 분열하는 것은?

① 모모세포 ② 모유두
③ 모낭 ④ 모구

**25** 발생 시 간엽세포로부터 유래하며 혈관이 통하는 부분으로 모발의 상태 밑 굵기를 결정짓는 작용하는 것은?

① 모모세포 ② 모유두
③ 모낭 ④ 모구

**26** 모근을 둘러싸고 있는 주머니이며 두피 밖으로 나오는 모발을 보호하는 기능과 각질화되어 두피각질과 함께 떨어져나가는 것은?

① 모모세포 ② 모유두
③ 모낭 ④ 모구

**27** 모간부에 속하는 것은?

① 모피질 ② 피지선
③ 모낭 ④ 모구

**28** 모표피에 대한 설명 중 틀린 것은?

① 모발의 10~15%를 차지한다.
② 모발의 가장 바깥층으로 비늘모양으로 되어 있다.
③ 모발의 색을 결정해준다.
④ 에피큐티클, 엑소큐티클, 엔도큐티클의 구조로 되어 있다.

**29** 간충물질의 특징 중 틀린 것은?

① 모발 전체의 50%를 차지한다.
② 시스틴 아미노산의 함유량이 많다.
③ 간충물질의 성분은 C-케라틴, 폴리펩티드, 천연 보습인자 등으로 구성되어 있다.
④ 수분을 일정하게 유지시켜준다.

**30** 모발과 빗에 생기는 +전하와 -전하에 의해 생기는 것을 무엇이라 하는가?

① 모발의 흡수성
② 모발의 대전성
③ 모발의 팽윤성
④ 모발의 고착력

**31** 모발을 물에 담가두면 길이 1~2%, 직경 15%, 무게 30%정도 증가한다. 그 이유는 모발의 어떤 성질 때문인가?

① 모발의 흡수성
② 모발의 대전성
③ 모발의 팽윤성
④ 모발의 고착력

**32** 모발의 등전점은 얼마인가?

① pH4.5~5.5
② pH5.5~6.5
③ pH6.5~7.5
④ pH7.5~8.5

**33** 인체가 하루에 필요로 하는 최소한의 물은 양은 어느 정도인가?

① 1L ② 1.5L
③ 2L ④ 2.5L

**34** 모발 손상원인에 대한 설명 중 맞는 것은?

① 높은 열이나 빛에 의해 색과 구조가 변하지 않는다.
② 모발 손상의 원인은 크게 화학적 원인과 물리적 원인으로 나눈다.
③ 모발은 270~300˚C에서 케라틴 구조의 변형을 유발한다.
④ 모발의 자외선의 영향을 받지 않는다.

**35** 모발의 화학적 손상이 아닌 것은?

① 마찰에 의한 손상

② 자외선에 의한 손상

③ 퍼머넌트웨이브에 의한 손상

④ 탈색과 염색에 의한 손상

**36** 백발에 대한 설명 중 틀린 것은?

① 멜라닌 과립이 각화세포로 전달시킬 수 없어 발생한다.

② 백발은 노화현상의 하나이다.

③ 측부두에서 시작, 두정부, 후두부로 진행된다.

④ 유전과 스트레스와는 아무런 상관이 없다.

**37** 모발의 손상도를 측정하는 방법이 아닌 것은?

① 감성적인 진단

② 알칼리 용해도의 측정

③ 절단강도와 신도의 측정

④ 모발의 고착력

**38** 자체 내에 수분을 함유하고 있어 피부층의 보습 역할을 담당하는 섬유 조직은?

① 세망섬유

② 탄력섬유

③ 교원섬유

④ 편평섬유

**39** 탄력 섬유를 이루고 있는 물질로 탄력을 갖고 있고 굴절성이 강한 것은?

① 지질 ② 엘라스틴

③ 단백질 ④ 콜라겐

**40** 인체의 골격계 기능에 대해 올바르게 나열한 것은 무엇인가?

① 보호기능, 조혈작용, 운동기능, 보호기능

② 조혈작용, 저장기능, 응고기능, 보호기능

③ 조혈작용, 분해작용, 지지기능, 보호기능

④ 운동기능, 보호기능, 배설기능, 응고기능

**41** 골막에 대한 설명 중 틀린 것은 무엇인가?

① 골절 시에 뼈를 재생시킨다.

② 혈구를 생산하는 곳이다.

③ 뼈를 보호한다.

④ 혈관, 림프관 및 신경을 통과시키는 바탕을 제공한다.

**42** 혈구를 생산하는 곳으로 해면 뼈의 엉성한 조직과 골수강을 메우는 조직은?

① 골수 ② 골화

③ 골조직 ④ 골막

**43** 골과 골 사이의 충격을 흡수하는 결합조직은 무엇인가?

① 근섬유 ② 연골

③ 관절 ④ 조직

**44** 탈모성 두피 특징으로 잘못 설명한 것은?

① 두피가 가렵고 피지분비가 과도하며 비듬이 많아진다.

② 두피가 딱딱해지고 광택이 난다.

③ 오래된 각질이 많고 과다한 비듬과 피지가 모공을 막고 있다.

④ 적당한 지방막에 쌓여 있고 청백색을 띤다.

**45** 여성형 탈모의 원인은?

① 피임약과 심한 다이어트로 안드로겐 분비가 활성화되어 나타난다.

② 수험생과 스트레스로 인한 증세로 나타난다.

③ 체내 호르몬의 균형이 깨지면서 나타난다.

④ 환경적인 요인보다 유전적인 요인이 크게 좌우한다.

**46** 탈모반이라고도 하며 머리카락이 원형을 이루면 빠지는 현상을 무엇이라 하나?

① 소아형 탈모증

② 원형 탈모증

③ 휴지기 탈모증

④ 반흔성 탈모증

**47** 각화된 표피가 제때 떨어지지 못해 모공이 막혀 염증이 생기고 울혈은 없지만 두피가 가렵고 따가움을 느끼는 두피는?

① 지성두피

② 복합성 두피

③ 건성두피

④ 예민성 두피

**48** 탈모의 자각 증상 중 틀린 것은?

① 두피가 건조해진다.

② 두피에 피지와 노폐물이 많아 가렵다.

③ 이마와 양옆의 모발이 굵어진다.

④ 비듬이 많아지고 모발이 굵기가 가늘어진다.

**49** 모발의 층에 대한 설명 중 틀린 것은?

① 모표피 : 모발의 약 10~15% 정도를 차지하며 비늘모양으로 겹쳐 있다.

② 모피질 : 모발의 대부분인 85~90%를 차지하며 주성분은 세라마이드이다.

③ 모수질 : 중앙이 비어 있는 형태를 가진 세포이다.

④ 모수질 : 내부에는 약간의 멜라닌 색소입자가 존재하며 공기를 함유할 수 있다.

**50** 모발 성장 사이클에 대한 설명으로 틀린 것은?

① 성장기 : 전체 모발의 80~90%이며 수명은 3~6년이다.

② 퇴행기 : 전체 모발의 1% 정도이며 수명은 1개월

③ 휴지기 : 전체 모발의 14~15%이며 수명은 약 3~4개월

④ 성장기 → 휴지기 → 퇴행기 → 탈모 순으로 진행한다.

**51** 모발성장에 영향을 주는 요인이 아닌 것은?

① 병적 요인

② 호르몬에 의한 요인

③ 유전적 요인

④ 기후에 의한 요인

**52** 모발의 일반적인 성향으로 틀린 것은?

① 밀도 : 모발 색이 밝을수록 평균밀도 수치가 높다.

② 수명 : 여성 4~6년, 남성 3~5년이다.

③ 기온이 시원할 때 모발성장이 빠른 편이다.

④ 기온이 따뜻할 때 모발성장이 빠른 편이다.

**53** 모발의 색상에 대한 설명이다. 옳은 것은?

① 인종에 관계없이 유멜라닌과 페오멜라닌의 두 종류를 가지고 있다.

② 인종에 따라 유멜라닌 혹은 페오멜라닌의 종류가 다를 수 있다.

③ 유멜라닌은 황적색계이다.

④ 페오멜라닌은 흑갈색계이다.

**54** 멜라닌 색소에 대한 설명으로 틀린 것은?

① 모모세포 위에 있는 색소형성세포 중 티로신을 기본물질로 한다.

② 백발은 멜라노사이트에서 멜라닌의 생성이 정지하기 때문에 일어난다.

③ 백발은 일종의 노화현상이다.

④ 백발의 진행과정은 후두부에서 시작하여 정수리 측면으로 진행한다.

**55** 모발의 고유성질이 아닌 것은?

① 열변성 ② 대전성

③ 광변성 ④ 부패성

**56** 모발의 pH에 대한 설명 중 틀린 것은?

① 일반적으로 산성, 알칼리성의 정도를 나타내는 수치를 말한다.

② 수분이 없는 물질에서만 pH 측정이 가능하다.

③ 수치는 0에서 14까지 있다.

④ 7을 중성으로 본다.

**57** 다음 중 관리사의 상담 태도로 바르지 않은 것은?

① 정확한 전문 지식 전달

② 비교분석을 통한 상담

③ 비효과에 대한 고객의 책임 전가

④ 고객의 심리적인 상담

**58** 가격이 저렴하며 인모와 다르게 빛이 나서 자연스럽지 못한 붙임머리 모발의 종류는?

① 합성모 ② 혼합모

③ 인모 ④ 고열사

**59** 원사의 종류 중 프로테인에 대한 설명이 맞지 않는 것은?

① 단백질 종류

② 유기화학제

③ PET

④ 나일론 원료

**60** PVC나 아크릴이 혼합돼서 패션가발로 만들어지는 게 통상적이며 주로 흑인용 가발로 고가 판매가 되고 있는 원사의 종류는?

① PET ② PVC

③ 모다아크릴 ④ PP

**61** 저열사는 110~120도, 고열사 중 나트라는 270도, 퓨트라는 230~240도의 온도를 사용한다. 가발 만들 때 사용되는 이 원사의 종류는?

① PET

② PVC

③ 모다아크릴

④ PP

**62** 예약제를 실시함에 예약 없이 온 고객에 대한 대응 중 맞는 것은?

① 불쑥 온 것을 나무라듯 핀잔을 준다.

② 먼저 온 고객이 끝날 때까지 기다리라고만 말한다.

③ 예약제임을 다시 말씀드리고 먼저 온 고객 관리 중임을 알리고 기다려 주심을 양해 구한다.

④ 예약 후 다시 오라고 얘기한다.

**63** 다음 인모 중 한국이 모발과 굵기, 감촉이 유사한 모는?

① 중국 인모

② 인도 인모

③ 인도네시아 인모

④ 이탈리아 인모

**64** 다음 인조모의 장점이 아닌 것은?

① 컬러가 오래 유지된다.

② 처음 스타일이 오래 간다.

③ 모발길이 조절이 자유롭다.

④ 인모에 비해 윤기가 많이 난다.

**65** 머리카락 굵기는 인종에 따라 차이가 나는데 틀린 것은?

① 유럽모 : 25~45 Denier

② 인도모 : 50~60 Denier

③ 중국모 : 60~80 Denier

④ 인도네시아모 : 60~70 Denier

**66** 인모에 비해 인조모의 특성 중 틀린 것은?

① 가볍다.

② 색이 변하지 않는다.

③ 반짝거린다.

④ 염색이 잘된다.

**67** 인모의 특징이 아닌 것은?

① 색이 변하지 않는다.

② 잘 엉키지 않는다.

③ 윤기가 자연스럽다.

④ 퍼머나 염색이 된다.

**68** 전화 상담 시 주의해야 할 것은?

① 밝은 목소리 톤으로 친절히 대응한다.

② 전화벨이 3번 이상 울리지 않게 해야 한다.

③ 궁금증을 유발하여 업소에 방문을 유도한다.

④ 국내 최고라 자부하며 명성을 강조한다.

**69** 증모할 때의 설명 중 적당하지 않은 것은?

① 비교적 짧은 시간으로 시술을 끝내면 고객 만족도가 높아지다.

② 두피에 직접적인 손상이 없다.

③ 내 머리카락에 매듭을 짓는 것뿐이라서 모발에 부담감이 적다.

④ 퍼머나 드라이가 불가능하다.

**70** 증모할 때 고려해야 할 사항으로 적당하지 않은 것은?

① 탈모로 고민이신 분

② 퍼머·염색

③ 무게

④ 모장

**71** 증모할 때 가모의 무게감을 견디지 못하고 생기는 탈모는?

① 원형 탈모

② 견인성 탈모

③ U자형 탈모

④ 유전성 탈모

**72** 증모할 때 설명으로 맞는 것을 모두 고르시오.

① 리페어 작업은 매출증대로 이어진다.

② 매듭 크기가 아주 작은 묶음 방법도 있다.

③ 바람이 불거나 말릴 때에도 엉킴 현상이 없어야 한다.

④ 드라이나 퍼머 시 인위적인 느낌이 나지 않아야 한다.

**73** 증모방법 중 리터치 매듭법 설명 중  맞는 것을 모두 고르시오.

① 본 모발이 빠지면 가모도 모두 사라진다.

② 샴푸나 손질 시 미끄러져 나오기도 한다.

③ 모주기나 탈모 진행으로 인하여 빠진다.

④ 매듭이 풀려 미끄러져 나올 수 있다.

**74** 증모 방법 중 나노 증모방법(가모 4가닥)의 장점으로 적당하지 않은 것은?

① 매듭이 아주 작다.

② 가볍고 바람이 불어도 내 모발처럼 흩날리기에 자연스럽다.

③ 꼬리빗으로 빗질이 가능하다.

④ 가장 고가의 방법이다.

**75** 증모술의 단점으로 적당하지 않은 것은?

① 지속적인 비용이 발생한다.

② 견인성 탈모가 생길 수 있다.

③ 머리카락에 손상이 생긴다.

④ 증모 작업 후 관리가 편하다.

**76** 증모술 트레이닝 방법 중 옳은 것은?

① 전문 서적을 보면서 열심히 한다.

② 작품 위주로 연습을 한다.

③ 기초 베이직 과정에 충실해야 한다.

④ 실제 모델로만 연습을 시작해야 한다.

**77** 미적효과를 높이기 위해 보이는 스타일에 특색을 주는 것을 무엇이라 하는가?

① 스타일링 ② 스타일

③ 스타일리스트 ④ 스템

| 증모 2급 예상문제 정답 | | | | | | | | | |
|---|---|---|---|---|---|---|---|---|---|
| 1 | ④ | 2 | ④ | 3 | ② | 4 | ③ | 5 | ① |
| 6 | ① | 7 | ② | 8 | ④ | 9 | ③ | 10 | ① |
| 11 | ③ | 12 | ③ | 13 | ② | 14 | ④ | 15 | ④ |
| 16 | ④ | 17 | ④ | 18 | ③ | 19 | ④ | 20 | ③ |
| 21 | ① | 22 | ④ | 23 | ③ | 24 | ① | 25 | ② |
| 26 | ③ | 27 | ① | 28 | ③ | 29 | ④ | 30 | ② |
| 31 | ③ | 32 | ① | 33 | ④ | 34 | ② | 35 | ① |
| 36 | ④ | 37 | ④ | 38 | ③ | 39 | ② | 40 | ① |
| 41 | ② | 42 | ① | 43 | ② | 44 | ④ | 45 | ④ |
| 46 | ② | 47 | ③ | 48 | ③ | 49 | ② | 50 | ④ |
| 51 | ④ | 52 | ③ | 53 | ① | 54 | ④ | 55 | ④ |
| 56 | ② | 57 | ③ | 58 | ① | 59 | ③ | 60 | ③ |
| 61 | ① | 62 | ③ | 63 | ① | 64 | ④ | 65 | ① |
| 66 | ④ | 67 | ① | 68 | ④ | 69 | ① | 70 | ④ |
| 71 | ② | 72 | ①, ② | 73 | ③ | 74 | ④ | 75 | ④ |
| 76 | ③ | 77 | ① | | | | | | |

# 2 붙임머리 2급 예상문제

증모 2급과 붙임머리 2급 1~57번까지 공통문제입니다.

**01** 고객을 대할 때의 예절과 관계가 없는 것은?

① 전문가로서 고객에게 친절로써 대한다.
② 전화예절은 관리사의 인격과 관리실의 수준을 높이고 고객이 평을 할 수 있다.
③ 훌륭한 언어를 사용하고 예의 있게 행동한다.
④ 상대방의 마음을 읽고 고객보다 한발 앞서 얘기하며 손님을 이끌도록 한다.

**02** 상담자의 자질에 해당되지 않는 것은?

① 침착한 성품
② 논리적인 답변
③ 친절한 태도
④ 아름다운 외모

**03** 기초대사량(B.M.I) 이란 무엇인가?

① 1일 필요한 열량
② 생명유지에 필요한 최소의 열량
③ 영양분의 소화, 흡수과정에 필요한 에너지
④ 생체가 생존하기 위한 열량

**04** 우리의 인체를 구성하는 원소 중 유기물을 만드는 것이 아닌 것은?

① 탄소　② 산소
③ 칼슘　④ 질소

**05** 인체의 구성원소 중 그 차지하는 비율이 큰 것부터 순서대로 된 것은?

① 산소 〉 탄소 〉 수소 〉 질소
② 질소 〉 산소 〉 탄소 〉 수소
③ 수소 〉 산소 〉 질소 〉 탄소
④ 탄소 〉 수소 〉 산소 〉 질소

**06** 당질이 체내에서 대사될 때 꼭 필요한 영양소는 무엇인가?

① $V.B_1$　② 단백질
③ V.D　④ $V.B_6$

**07** 요오드(I)를 많이 함유하고 있는 식품은?

① 채소　② 다시마
③ 간　④ 쌀

**08** 다음 설명 중 틀린 것은?

① V.A – 부족 시 피부를 각화시킨다.

② V.B – 부족 시 지루성 피부염이나 빈혈이 생긴다.

③ V.C – 세포 내의 호흡을 활발하게 하고 혈액순환을 좋게 한다.

④ V.E – 말초혈관을 수축하여 혈행을 좋게 하므로 혈색이 좋은 피부를 만든다.

**09** 어린이는 성장이 늦어지고 어른은 체중의 손실을 가져올 수 있는 영양소는?

① 지방

② 아스코르브산

③ 단백질

④ 나이아신

**10** 모발의 구조를 잘못 설명한 것은?

① 피지선: 모낭 아래 위치하며 피지를 분비하여 윤기를 준다.

② 모모세포: 모유두로 영양과 산소를 받아 모발을 만든다.

③ 모근: 두피 아래 모낭 속에 있는 모발을 말한다.

④ 모유두: 혈관과 림프관을 통해 산소와 영양분을 공급받는다.

**11** 다음 중 표피세포의 구성순서가 바르게 된 것은?

① 기저층 – 과립층 – 유극층 – 투명층 – 각질층

② 유극층 – 투명층 – 과립층 – 각질층 – 기저층

③ 각질층 – 투명층 – 과립층 – 유극층 – 기저층

④ 각질층 – 투명층 – 유극층 – 과립층 – 기저층

**12** 피하조직에 대한 설명 중 틀린 것은?

① 혈관, 림프관, 신경관 등이 연결되어 있다.

② 노폐물과 이산화탄소를 거두어들인다.

③ 여성보다는 남성이 성인보다는 소아가 발달되어 있다.

④ 에너지를 저장하고 열 이동 차단, 체온발산을 막는 역할을 한다.

**13** 대한선에 대한 설명으로 틀린 것은?

① 아포크린선이라고도 하며 소한선보다 크다.

② 귀 언저리, 겨드랑이, 유두, 배꼽, 음부 등 몸의 전체에 분포되어 있다.

③ 소한선의 담보다 농도가 짙고 독특한 냄새가 난다.

④ 겨드랑이에서 악취가 나는 것을 '액취증' 또는 '암내'라고 한다.

**14** 탈모 방지에 좋은 음식으로 짝지은 것이 아닌 것은?

① 콩, 찹쌀

② 두부, 우유

③ 달걀노른자, 호두

④ 버섯, 커피

**15** 수분이 인체에 미치는 영향으로 틀린 것은?

① 신체의 대사를 도와 영양분을 용해, 소화흡수 용이

② 체온조절기능

③ 피부에 수분 부족 시 탄력성 저하와 노화촉진

④ 신경과 근육의 흥분

**16** 수분 결핍 시 인체에 나타나는 현상으로 틀린 것은?

① 피부가 거칠어진다.

② 피부가 건조해지며 윤기와 탄력을 잃는다.

③ 염증을 유발하여 트러블이 야기된다.

④ 체온이 올라간다.

**17** 다음 중 모발의 기능에 대한 설명 중 틀린 것은?

① 외부의 물리적 충격으로부터 완충 작용함

② 외부의 오염물질로부터 인체를 보호해줌

③ 눈썹과 속눈썹은 햇빛, 땀방울로부터 눈을 보호해줌

④ 헤어스타일의 연출에 따라 인상 변화가 없음

**18** 모발의 굵기에 따른 종류에 대한 설명 중 틀린 것은?

① 모근의 형성과 함께 만들어진 첫 번째 털을 취모라 한다.

② 경모는 변형이 어렵고 호르몬의 영향을 받는 특징을 지닌다.

③ 연모에는 모수질이 존재하고 모발의 색이 갈색을 띈다.

④ 연모는 남성이 여성에 비해 빨리 찾아온다.

**19** 큐티클층이 관찰되지 않고 임신 8개월 정도 지나면 모낭에서 탈락되는 모발은?

① 연모 ② 경모

③ 종모 ④ 취모

**20** 모발의 형태 중 매우 강한 곱슬머리이며 횡단면의 모양이 납작하거나 다양한 모양의 부정형인 모발은?

① 직모 ② 파상모
③ 축모 ④ 경모

**21** 모발형태에 대한 설명 중 틀린 것은?

① 모발이 직모이면 다른 신체부위도 직모이다.
② 직모는 굵기가 굵으며 횡단면이 원형에 가깝다.
③ 파상모의 횡단면의 모양은 타원형에 가깝다.
④ 흑인종의 모발은 측모에 속한다.

**22** 다음 설명 중 틀린 것은?

① 모발 형성이 항상 지속적으로 이루어지는 것이 아니라 주기성을 갖는 것을 모주기라 한다.
② 모세혈관으로부터 영양 공급을 받아 새로운 모발이 생성되어 성장하는 단계를 성장기라 한다.
③ 퇴행기는 모낭이 위축되면서 세포분열이 정지되는 단계이다.
④ 모발이 곤봉모양같이 빠지는 단계가 퇴행기이다.

**23** 부위별 성장속도가 맞는 것은?

① 수염 : 4~5년
② 액와모 : 3~4년
③ 음모 : 1~2년
④ 속눈썹 : 1~2년

**24** 모발의 기원이 되는 세포로 모유두로부터 영양공급을 받아 세포 분열하는 것은?

① 모모세포 ② 모유두
③ 모낭 ④ 모구

**25** 발생 시 간엽세포로부터 유래하며 혈관이 통하는 부분으로 모발의 상태 밑 굵기를 결정짓는 작용하는 것은?

① 모모세포
② 모유두
③ 모낭
④ 모구

**26** 모근을 둘러싸고 있는 주머니이며 두피 밖으로 나오는 모발을 보호하는 기능과 각질화되어 두피각질과 함께 떨어져나가는 것은?

① 모모세포 ② 모유두
③ 모낭 ④ 모구

**27** 모간부에 속하는 것은?

① 모피질 ② 피지선

③ 모낭 ④ 모구

**28** 모표피에 대한 설명 중 틀린 것은?

① 모발의 10~15%를 차지한다.

② 모발의 가장 바깥층으로 비늘모양으로 되어 있다.

③ 모발의 색을 결정해준다.

④ 에피큐티클, 엑소큐티클, 엔도큐티클의 구조로 되어 있다.

**29** 간충물질의 특징 중 틀린 것은?

① 모발 전체의 50%를 차지한다.

② 시스틴 아미노산의 함유량이 많다.

③ 간충물질의 성분은 C-케라틴, 폴리펩티드, 천연 보습인자 등으로 구성되어 있다.

④ 수분을 일정하게 유지시켜준다.

**30** 모발과 빗에 생기는 +전하와 -전하에 의해 생기는 것을 무엇이라 하는가?

① 모발의 흡수성

② 모발의 대전성

③ 모발의 팽윤성

④ 모발의 고착력

**31** 모발을 물에 담가두면 길이 1~2%, 직경 15%, 무게 30%정도 증가한다. 그 이유는 모발의 어떤 성질 때문인가?

① 모발의 흡수성

② 모발의 대전성

③ 모발의 팽윤성

④ 모발의 고착력

**32** 모발의 등전점은 얼마인가?

① pH4.5~5.5

② pH5.5~6.5

③ pH6.5~7.5

④ pH7.5~8.5

**33** 인체가 하루에 필요로 하는 최소한의 물은 양은 어느 정도인가?

① 1L ② 1.5L

③ 2L ④ 2.5L

**34** 모발 손상원인에 대한 설명 중 맞는 것은?

① 높은 열이나 빛에 의해 색과 구조가 변하지 않는다.

② 모발 손상의 원인은 크게 화학적 원인과 물리적 원인으로 나눈다.

③ 모발은 270~300°C에서 케라틴 구조의 변형을 유발한다.

④ 모발의 자외선의 영향을 받지 않는다.

**35** 모발의 화학적 손상이 아닌 것은?

① 마찰에 의한 손상

② 자외선에 의한 손상

③ 퍼머넌트웨이브에 의한 손상

④ 탈색과 염색에 의한 손상

**36** 백발에 대한 설명 중 틀린 것은?

① 멜라닌 과립이 각화세포로 전달시킬 수 없어 발생한다.

② 백발은 노화현상의 하나이다.

③ 측부두에서 시작, 두정부, 후두부로 진행된다.

④ 유전과 스트레스와는 아무런 상관이 없다.

**37** 모발의 손상도를 측정하는 방법이 아닌 것은?

① 감성적인 진단

② 알칼리 용해도의 측정

③ 절단강도와 신도의 측정

④ 모발의 고착력

**38** 자체 내에 수분을 함유하고 있어 피부층의 보습 역할을 담당하는 섬유 조직은?

① 세망섬유

② 탄력섬유

③ 교원섬유

④ 편평섬유

**39** 탄력 섬유를 이루고 있는 물질로 탄력을 갖고 있고 굴절성이 강한 것은?

① 지질 ② 엘라스틴

③ 단백질 ④ 콜라겐

**40** 인체의 골격계 기능에 대해 올바르게 나열한 것은 무엇인가?

① 보호기능, 조혈작용, 운동기능, 보호기능

② 조혈작용, 저장기능, 응고기능, 보호기능

③ 조혈작용, 분해작용, 지지기능, 보호기능

④ 운동기능, 보호기능, 배설기능, 응고기능

**41** 골막에 대한 설명 중 틀린 것은 무엇인가?

① 골절 시에 뼈를 재생시킨다.

② 혈구를 생산하는 곳이다.

③ 뼈를 보호한다.

④ 혈관, 림프관 및 신경을 통과시키는 바탕을 제공한다.

**42** 혈구를 생산하는 곳으로 해면 뼈의 엉성한 조직과 골수강을 메우는 조직은?

① 골수　② 골화

③ 골조직　④ 골막

**43** 골과 골 사이의 충격을 흡수하는 결합조직은 무엇인가?

① 근섬유　② 연골

③ 관절　④ 조직

**44** 탈모성 두피 특징으로 잘못 설명한 것은?

① 두피가 가렵고 피지분비가 과도하며 비듬이 많아진다.

② 두피가 딱딱해지고 광택이 난다.

③ 오래된 각질이 많고 과다한 비듬과 피지가 모공을 막고 있다.

④ 적당한 지방막에 쌓여 있고 청백색을 띤다.

**45** 여성형 탈모의 원인은?

① 피임약과 심한 다이어트로 안드로겐 분비가 활성화되어 나타난다.

② 수험생과 스트레스로 인한 증세로 나타난다.

③ 체내 호르몬의 균형이 깨지면서 나타난다.

④ 환경적인 요인보다 유전적인 요인이 크게 좌우한다.

**46** 탈모반이라고도 하며 머리카락이 원형을 이루면 빠지는 현상을 무엇이라 하나?

① 소아형 탈모증

② 원형 탈모증

③ 휴지기 탈모증

④ 반흔성 탈모증

**47** 각화된 표피가 제때 떨어지지 못해 모공이 막혀 염증이 생기고 울혈은 없지만 두피가 가렵고 따가움을 느끼는 두피는?

① 지성두피

② 복합성 두피

③ 건성두피

④ 예민성 두피

## 48 탈모의 자각 증상 중 틀린 것은?

① 두피가 건조해진다.

② 두피에 피지와 노폐물이 많아 가렵다.

③ 이마와 양옆의 모발이 굵어진다.

④ 비듬이 많아지고 모발이 굵기가 가늘어진다.

## 49 모발의 층에 대한 설명 중 틀린 것은?

① 모표피 : 모발의 약 10~15% 정도를 차지하며 비늘모양으로 겹쳐 있다.

② 모피질 : 모발의 대부분인 85~90%를 차지하며 주성분은 세라마이드이다.

③ 모수질 : 중앙이 비어 있는 형태를 가진 세포이다.

④ 모수질 : 내부에는 약간의 멜라닌 색소입자가 존재하며 공기를 함유할 수 있다.

## 50 모발 성장 사이클에 대한 설명으로 틀린 것은?

① 성장기 : 전체 모발의 80~90%이며 수명은 3~6년이다.

② 퇴행기 : 전체 모발의 1% 정도이며 수명은 1개월

③ 휴지기 : 전체 모발의 14~15%이며 수명은 약 3~4개월

④ 성장기 → 휴지기 → 퇴행기 → 탈모 순으로 진행한다.

## 51 모발성장에 영향을 주는 요인이 아닌 것은?

① 병적 요인

② 호르몬에 의한 요인

③ 유전적 요인

④ 기후에 의한 요인

## 52 모발의 일반적인 성향으로 틀린 것은?

① 밀도 : 모발 색이 밝을수록 평균밀도 수치가 높다.

② 수명 : 여성 4~6년, 남성 3~5년이다.

③ 기온이 시원할 때 모발성장이 빠른 편이다.

④ 기온이 따뜻할 때 모발성장이 빠른 편이다.

## 53 모발의 색상에 대한 설명이다. 옳은 것은?

① 인종에 관계없이 유멜라닌과 페오멜라닌의 두 종류를 가지고 있다.

② 인종에 따라 유멜라닌 혹은 페오멜라닌의 종류가 다를 수 있다.

③ 유멜라닌은 황적색계이다.

④ 페오멜라닌은 흑갈색계이다.

**54** 멜라닌 색소에 대한 설명으로 틀린 것은?

① 모모세포 위에 있는 색소형성세포 중 티로신을 기본물질로 한다.
② 백발은 멜라노사이트에서 멜라닌의 생성이 정지하기 때문에 일어난다.
③ 백발은 일종의 노화현상이다.
④ 백발의 진행과정은 후두부에서 시작하여 정수리 측면으로 진행한다.

**55** 모발의 고유성질이 아닌 것은?

① 열변성
② 대전성
③ 광변성
④ 부패성

**56** 모발의 pH에 대한 설명 중 틀린 것은?

① 일반적으로 산성, 알칼리성의 정도를 나타내는 수치를 말한다.
② 수분이 없는 물질에서만 pH 측정이 가능하다.
③ 수치는 0에서 14까지 있다.
④ 7을 중성으로 본다.

**57** 다음 중 관리사의 상담 태도로 바르지 않은 것은?

① 정확한 전문 지식 전달
② 비교분석을 통한 상담
③ 비효과에 대한 고객의 책임 전가
④ 고객의 심리적인 상담

**58** 헤어익스텐션에 대한 설명 중 틀린 것은?

① 모발의 길이연장, 모량 증가, 모발의 질감이나 컬러의 변화가 가능하다.
② 가모(헤어피스)는 길이, 모량, 질감, 컬러 등 디자인에 따라서 다양하게 선택할 수 있다.
③ 헤어익스텐션을 할 때 사용되는 접착제나 접착 도구는 연결방법에 따라 그 기법이 매우 다양하다.
④ 붙임머리, 트위스트, 콘로(Cornrow), 브레이즈(Braids), 투페(Toupee) 등이 이 영역에 포함된다.

**59** 헤어익스텐션의 종류에 해당되지 않는 것은?

① 트위스트 ② 브레이즈
③ 콘로 ④ 투페

**60** 트위스트에 대한 설명 중 틀린 것은?

① 비튼다는 의미로 모발을 교차하거나 가늘고 길게 여러 가닥으로 늘어뜨리는 형태를 말한다.

② 싱글트위스트와 더블 트위스트가 있다.

③ 싱글트위스트는 모발을 한쪽 방향으로 비틀어서 두피에 밀착하는 방법이다.

④ 더블트위스트는 두 가닥의 모발을 교차하듯이 비틀어서 두피에 밀착하는 방법이다.

**61** 콘로 기법에 대한 설명 중 틀린 것은?

① 옥수수의 줄 같다고 하여 콘로라는 명칭을 얻은 헤어스타일로 두상에 일정한 크기의 파팅을 나누어 두피에 밀착하여 세 가닥으로 땋은 머리이다.

② 안으로 집어땋기보다 바깥으로 거꾸로 땋아서 입체감 있게 표현하는 것이 특징이다.

③ 파팅의 형태에 따라 직선 콘로, 곡선 콘로, 방사 콘로, 기하학적 문양의 콘로가 있다.

④ 한 쪽 방향으로 비틀어서 두피에 밀착시키는 방법이다.

**62** 브레이즈의 종류이 해당되지 않는 것은?

① 3가닥 브레이즈

② 마이크로 브레이즈

③ 트위스트 브레이즈

④ 얀브레이즈

**63** 드레드(Dread)에 대한 설명 중 틀린 것은?

① 곱슬모발에 가모를 연장하여 코바늘을 이용하여 로프처럼 엉킨 모발 다발로 연출하는 스타일이다.

② 주로 서양인들의 머리 형태에서 찾아볼 수 있다.

③ 장기간 모발을 감지 않아 모발끼리 엉켜 붙어서 관리하지 않은 듯한 헤어스타일이다.

④ 드레드락, 드레드 스핀 락 등 종류가 매우 다양하다.

**64** 붙임머리의 역사에 대한 설명 중 틀린 것은?

① 햇빛을 가리기 위해 그물 같은 것을 머리에 엮어서 쓰고 다녔던 것이 시초이다.

② 고려시대 머리 형태로 비단으로 묶어 비녀를 꽂는다.

③ 부와 아름다움을 표현하기 위해 불편함을 감수하면서 머리에 장식이나 재료는 더욱 다양해졌다.

④ 그리스, 로마, 프랑스로 내려오며 귀족들이 신분을 알리는 도구로 사용하여 패션화되었다.

**65** 가격이 저렴하며 인모와 다르게 빛이 나서 자연스럽지 못한 붙임머리 모발의 종류는?

① 합성모 ② 혼합모

③ 인모 ④ 고열사

**66** 50:50이나 70:30 정도로 인모와 고열사의 믹스모로 동물의 털을 사용할 수도 있는 붙임머리 모발은?

① 레미모 ② 천연모
③ 혼합모 ④ 합성모

**67** 인모에 비해 가격은 저렴하나 염색과 퍼머가 불가능하고 드라이 시 부자연스러운 붙임머리 모발의 종류는?

① 고열사 ② 레미모
③ 천연달비모 ④ 합성모

**68** 퍼머, 염색은 자유로우나 큐티클이 일정하지 않아 엉킴 현상이 많고 장시간 사용 시 모발이 많이 거칠어지는 붙임머리 모발은?

① 레미모 ② 천연달비모
③ 인모(일반모) ④ 합성모

**69** 레미모에 대한 설명 중 틀린 것은?

① 100% 인모라서 합성모나 고열사에 배해 가격은 비싸지만 퍼머와 염색이 자유롭다.
② 염처리와 산처리 과정을 거치지 않고 약손상 모발이라고 생각해서 관리하면 된다.
③ 큐티클 방향이 일정해 부스스함과 건조함이나 엉킴 현상이 적다.
④ 스타일링이 자연스럽고 보편적으로 숍에서 가장 많이 선호한다.

**70** 염처리는 하지만 산처리를 거의 하지 않는 모발로써 손상도가 적고 엉킴과 모발 유지 기간이 긴 붙임머리 모발 종류는?

① 레미모 ② 혼합모
③ 천연달비모 ④ 합성모

**71** 붙임머리 시술 방법으로는 처음 시작된 방법으로 미노출에 있는 모발을 잘라 사용했던 것은 무엇인가?

① 링 ② 실리콘
③ 스킬 ④ 땋기

**72** 시술기간이 가장 짧고 고객의 모발에 연결 후 펀치로 눌러 고정하는 방식은?

① 링 ② 실리콘
③ 스킬 ④ 땋기

**73** 스킬에 대한 설명 중 틀린 것은?

① 방법은 원 스킬과 투 스킬로 나뉜다.
② 제품으로 만들어지며 매듭이 지어진 부분으로 고객의 모발을 엮어 묶는 방법이다.
③ 시술 후 매듭 자체가 누웠을 때 두피에 전혀 닿는 느낌이 없다.
④ 제거는 원 스킬은 고객의 모발을 당겨 풀고 투 스킬은 한 번 더 묶어준 모발을 풀어야 한다.

**74** 땋기에 대한 설명 중 틀린 것은?

① 도구를 필요로 하지 않는다.

② 종류로는 세 가닥 땋기와 트위스트 땋기로 나뉜다.

③ 매듭 부위가 뭉쳐있지 않기 때문에 일상생활이 편하며 트러블도 없는 편이다.

④ 숙련되지 않으면 시간이 오래 걸리나 짧은 모발은 시간이 짧게 걸린다.

**75** 원사의 종류 중 드로테인에 대한 설명이 맞지 않는 것은?

① 단백질 종류

② 유기화학제

③ PET

④ 나일론 원료

**76** PVC나 아크릴이 혼합돼서 패션가발로 만들어지는게 통상적이며 주로 흑인용 가발로 고가 판매가 되고 있는 원사의 종류는?

① PET ② PVC

③ 모다아크릴 ④ PP

**77** 저열사는 110~120도, 고열사 중 나트라는 270도, 퓨트라는 230~240도의 온도를 사용한다. 가발 만들 때 사용되는 이 원사의 종류는?

① PET ② PVC

③ 모다아크릴 ④ PP

**78** 셋 이상의 가닥으로 갈라 엮어서 한 가닥으로 표현하는 방법은?

① 브레이드 ② 브러싱

③ 시뇽 ④ 블로킹

**79** 머리가 나기 시작하는 선이라는 뜻의 용어는?

① 헴라인(hem line)

② 헤드라인(head line)

③ 헤비(heavy)

④ 헤비사이드(heavy side)

**80** 길게 세로로 땋아 묶은 머리, 이테리 풍의 세로 롤의 머리 모양으로 19세기 중반에 유행한 스타일은?

① 에스닉 ② 엣지

③ 애프터이미지 ④ 앙글레스

**81** 붙임머리의 일종으로 길이, 양감, 질감을 더하여 자유롭게 연결시키는 것을 무엇이라 하는가?

① 익스텐션 ② 트리밍

③ 아크베이스 ④ 티징

**82** 언더 브레이드(underbraid)를 맞게 설명한 것은?

① 상투, 변발을 꼬거나 땋아 둥글게 꾸민 것

② 머리를 틀어 올리거나 업스타일에서 마지막 연출 또는 머리끝의 모양

③ 셋 이상의 가닥으로 갈라서 엮어 한 가닥으로 표현하는 방법

④ 바깥가닥을 가운데 가닥의 아래로 교차 시키면서 땋는 방식

**83** 위로 땋기라고 하며, 바깥 가닥을 가운데 가닥위로 교대로 겹치면서 땋는 방법은?

① 오버 브레이드(over braid)

② 언더 브레이드(under braid)

③ 다운 브레이드(down braid)

④ 업 브레이드(up braid)

**84** 바깥가닥을 가운데 가닥의 아래로 교차 시키면서 땋는 방식을 무엇이라 하는가?

① 아래땋기 ② 위로 땋기

③ 윙스타일 ④ 이레큘러

**85** 베이스(base)에 대한 설명으로 옳지 않은 것은?

① 기본, 기준, 토대, 심지, 컬을 만들기 위해 나온 머리 다발 근원 부위를 말함

② 미용기술을 시술할 때 머리카락을 크게 구분하여 나누는 것

③ 커트나 퍼머, 핀컬, 드라이 등을 시작할 때 제일 먼저 결정되어지는 머리의 두피 부분 밑뿌리

④ 화장에서는 기초 밑바탕이 되는 밑 화장을 말함

**86** 다음의 붙임머리 작업 시 높이에 관한 설명 중 맞는 것은?

① 시술자의 턱 위에 맞추어야 한다.

② 심장의 높이와 평행이 되어야 한다.

③ 시술자의 눈높이에 평행이 되어야 한다.

④ 심장의 높이보다 낮아야 한다.

**87** 익스텐션을 응용한 기법중 코바늘을 사용한 기법으로 알맞은 것은?

① 트위스트 땋기 ② 링

③ 스킬 ④ 세가닥 땋기

**88** 익스텐션 딸기 기법 시술로 잘못 설명된 것은?

① 배김이 없다.

② 매듭부분 이질감이 덜하다.

③ 가격이 높다.

④ 매듭부분 동그란 쿠션감이 있다.

**89** 익스텐션 붙임머리 모발에 실리콘부분의 팁이 없는 모의 명칭은?

① 실리콘 ② 글루

③ 노팁 ④ 붙임모

**90** 붙임머리 시술 후 바른 샴푸법은?

① 붙임머리 시술모발 전체를 샴푸로 감는다.

② 트리트먼트는 사용하지 않는다.

③ 두피에 트리트먼트를 사용한다.

④ 샴푸는 두피만 감고 트리트먼트는 가모부분에 발라준다.

**91** 붙임머리 샴푸 후 드라이로 올바른 관리법은?

① 붙임머리 전체 샴푸한다.

② 트리트먼트는 두피에 바른다.

③ 두피는 샴푸만 드포하고 가모부분은 트리트먼드로 헹군다.

④ 젖은 모발은 수건으로 비벼 말린다.

## 붙임머리 2급 예상문제 정답

| 1 | ④ | 2 | ④ | 3 | ② | 4 | ③ | 5 | ① |
|---|---|---|---|---|---|---|---|---|---|
| 6 | ① | 7 | ② | 8 | ④ | 9 | ③ | 10 | ① |
| 11 | ③ | 12 | ③ | 13 | ② | 14 | ④ | 15 | ④ |
| 16 | ④ | 17 | ④ | 18 | ③ | 19 | ④ | 20 | ③ |
| 21 | ① | 22 | ④ | 23 | ③ | 24 | ① | 25 | ② |
| 26 | ③ | 27 | ① | 28 | ③ | 29 | ④ | 30 | ② |
| 31 | ③ | 32 | ① | 33 | ④ | 34 | ② | 35 | ① |
| 36 | ④ | 37 | ④ | 38 | ③ | 39 | ② | 40 | ① |
| 41 | ② | 42 | ① | 43 | ② | 44 | ④ | 45 | ④ |
| 46 | ② | 47 | ③ | 48 | ③ | 49 | ② | 50 | ④ |
| 51 | ④ | 52 | ③ | 53 | ① | 54 | ④ | 55 | ④ |
| 56 | ② | 57 | ③ | 58 | ④ | 59 | ④ | 60 | ① |
| 61 | ④ | 62 | ③ | 63 | ② | 64 | ② | 65 | ① |
| 66 | ③ | 67 | ① | 68 | ③ | 69 | ② | 70 | ③ |
| 71 | ② | 72 | ① | 73 | ③ | 74 | ④ | 75 | ③ |
| 76 | ③ | 77 | ① | 78 | ① | 79 | ① | 80 | ④ |
| 81 | ① | 82 | ④ | 83 | ① | 84 | ① | 85 | ① |
| 86 | ② | 87 | ③ | 88 | ④ | 89 | ③ | 90 | ④ |
| 91 | ③ | | | | | | | | |

## ◈ 참고문헌


- 박경희 外 5명(2015), 실전두피모발관리학, 대한두피모발전문가협회
- 김유라(2014). 헤어미용종사자의 두피·모발 관리 실태 및 교육프로그램 인식 연구. 광주여자대학교 미용교육대학원 석사학위논문
- 털나라 피부과 네트워크(2009), 털나라 피부과 전문의 55인이 쓴 탈모 예방과 치료가이드, 도서출판 한미의학
- 이순녀, 장윤희(2008), 모발과학, 서우
- 대한미용교수협의회(2006), TRICHOLOGY, 청구문화사
- 하병조(2006), 아로마테라피, 수문사
- 이순녀 외 2명(2006), 아로마테라피, 도서출판 서우
- 임순녀, 송미라, 강갑연, 모정희, 정찬이(2011), 두피모발관리학, 광문각
- 고경숙, 윤복연(2010), TRICHOLOGIST를 위한 두피 모발관리학, 퍼시픽출판사
- 오경숙(2008), 두피모발관리학, 정담미디어
- 고경숙, 유복연(2014), 최신 두피·모발관리학, 청구문화사
- 김영숙, 박선주, 윤지성, 이종민, 진태연(2009), 두피모발관리학, 대경
- 김무영(2004), 모발관리학, 광문각
- 강영숙(2012), 모발과학, 정문각
- 임은진, 김은주, 김은희, 송다해, 하성이(2012), 두피모발관리학, 메디시언
- 안규성, 노정애, 송미라, 김란, 문진남 지음(2006), 최신두피모발관리학, 정문각
- 김주섭, 김찬수, 김유정, 유세은 (2010), 모발과학, 훈민사
- 이순녀, 장윤희(2008) 모발과학, 서우
- 조영숙(2002), 모발과학총론, 훈민사
- 정진우(2012), 그림으로 보는 근골격해부학, 대학서림
- 조광필(2007), 해부학, 현문사
- 대한해부학회(2014), 알기 쉬운 사람해부학, 현문사

- 김구환, 김명자, 김성길, 박필남, 심경미(2011), 인체해부학, 정문각
- 김복현, 김용수, 오유성(2010), 해부학 엑서사이즈(근 골격 신경계), 대경북스
- 노민희, 용준환, 이용덕(2008), 해부학(새용어), 정담미디어
- 김영숙(2008), 두피모발관리방법론, 대경
- 박준기(2012), 두개천골 치유기법 : CST 치유프로토콜의 이해 및 적용, 좋은땅
- 김선애(2010), 두개천골요법 : 두개골의 리모델링 [양장], 갑을패
- 이성옥, 이명숙, 김희야(2010), 두개천골요법을 이용한 두피관리학 [2판], 정담미디어
- 정인수(2009), 뇌를 살리는 치유기술 CST : 두개천골요법, 좋은 땅
- SALVATORE BATTAGLIA 지음, 권소영, 김성은, 김은정 옮김(2008), 살바토레의 아로마테라피 완벽가이드, 현문사
- 최승완(2014), 에센셜 아로마테라피, 의학서원
- 최승완(2011), 에센셜 아로마테라피[개정판 2판], 청문각
- 오홍근(2002), 피부미용인을 위한 아로마테라피, 훈민사
- 김선미, 김경란, 김란, 김봉인, 김선옥(2013), 아로마테라피 이론 및 실제, 정문각
- VERONICA SIBLEY 지음, 안홍석, 김명숙, 최성임  옮김, 아로마테파리 솔루션, 정담미디어
- 박권우(2003), 허브 및 아로마테라피, 선진문화사
- 홍란희, 송다해, 한채정, 이연희, 김선옥, 조아랑, 범희주(2008), 클리니컬 아로마테라피와 성분학 , 광문각
- 조성일(2005), 두피관리기기학, 리그라인
- 김봉인, 강수경, 김영주, 김선옥, 김하숙(2013), NEW 미용 기기학,  메디시언
- 김유정, 김나영, 이선영, 최은영, 이혜영(2014), 미용기기학, 구민사
- 채순님, 김종임, 한채정, 이윤정, 이혜영(2010). 피부미용기기학, 정담미디어
- 박종운(2008), 아유르베다 입문 , 지영사
- 정광조, 신길한(2006), 아유르베다 임상 뷰티테라피, 대학서림
- 김해남, 김미숙, 김봉남, 손숙자, 엄성희, 최미옥 편저(2004), 아유르베다 뷰티 & 힐링, 한미의학
- Heyn, Birgit 지음(1990) Ayurveda : The Indian Art of Natural Medicine and Life Extension, 출판: Healing Arts Press
- 김영숙(2005), 두피모발관리학, 도서출판 대경
- 김주섭, 김찬수, 임대진, 최은정, 장현희, 신지은(2010), 두피모발관리학, 구민사

- 김주섭, 신홍철, 임대진, 김재현, 유세은(2010), 모발화장품학, 구민사
- 류은주, 송지형, 이재숙(2008), TRICHOLOGY, 도서출판 트리콜로지
- 류은주, 오강수(2012), 스캘프 샴푸 및 트리트먼트 교육론, 한국학술정보(주)
- 장수만, 김경란, 송지형, 송혜정, 이천형, 신미희, 최석완, 김수현(2010), 오리지널 두피관리학, 형설출판사
- 장수만, 김경란, 장미엽, 한애란, 김경화, 송혜정, 김옥매, 김옥현, 유미숙, 이재순, 이천형, 이진형, 신미희, 박수경,(2012), 기본 두피관리학, 동명사
- 조성일, 최주미(2004), 두피&탈모관리학, 리그라인
- 김경순, 류은주, 조성태, 최영희, 황희순(1995), 모발관리학, 청구문화사
- 류영훈, (2006), 비타민 바이블, 이젠
- 이승남(2010), 착한 비타민 똑똑한 미네랄 제대로 알고 먹기, 리스컴
- 정윤상(2009), 비타민 내몸을 살린다, 모아북스
- 아베 쓰카사 저, 안병수 역(2006), 인간이 만든 위대한 속임수 식품첨가물, 국일미디어
- Francesca Gould 지음(2007), Indian Head Massage : with Fol-out back cover - the massage routine in full colour photographs, 출판: Nelson Thornes
- Francesca Rinaldi 지음(2012), Head Massage : Simple Ways to Revive and Restore Well-Being, and Feel Fabulous from Top to Toe, 출판: Lorenz Books
- Amarjeet Bhamra 지음(2008), Indian Head Massage : A Practical Approach, 출판: Nelson Thornes
- Wu, Bin Jiang 지음(2005), Dr. Wu's Head Massage : Anti-Aging and Holistic Healing Therapy, 출판: YMAA Publication Center
- 霜川 忠正(2007), 化粧品有効成分ハンドブック, 中央書院
- 小沢 王春(2003), 化粧品成分事典, ユモンズ
- 宇山 侊男, 岡部 美代治 (2009), 化粧品成分ガイド, フレグランスジャ－ナル社
- https://blog.naver.com/momonajo/10138994393
- http://www.pholar.co/pic/915578/11812811
- 한국민족문화대백과
- damohair.com

## ◈ 저자약력

### 대표저자

**박경희**

- 숭실대학교 공학박사
- 대한증모가모협회 회장
- 수원과학대학교, 오산대학교 겸임교수(전)

**이현성**

- 펠루카 뷰티아카데미 원장
- 펠루카 가발연구소 소장
- 로드펠루카뷰티 원장

---

**허정애**

- 원광대학교 미용학박사
- (사)대한민국이용장회 서울지회장
- 삼육보건대학교 겸임교수

**홍현화**

- 구미머리빨 붙임머리 대표
- 대한가모증모협회 학술위원장
- 한국이용사회 경북도지회 기술위원

**임순녀**

- 전남대학교 향장학박사
- 동신대학교 뷰티미용학과 고수

**강유미**

- 탑뷰티아카데미 대표원장
- 국민대학교(평생교육원)현 지도교수
- I love nail 대표

**김은덕**

- 코코메이크업 대표
- 국민대학교(평생교육원)지도교수
- 경기대학교 향장학석사 과정

**김은영**

- 숭실대학교 공학박사
- 대한증모가모협회 부회장
- 동덕여자대학교 겸임교수

**김정숙**

- 건국대학교 향장학 석사
- 서울시여성발전센터 강사
- 동덕여자대학교 평생교육원 강사

**김창미**

- 헤어위그가발샵 대표
- 펠루카뷰티아카데미수석강사(가발연구소 의원)
- 깔끄미캠핑카 1인방송 유튜브 운영

**류민희**

- 숭실대학원 경영학 석사
- 사)국제두피모발협회 회장
- WT메소드 두피탈모 대표

**박경이**

- 원광대학교 미용학박사
- 수원뷰티실용전문학교 교수
- 이끌림헤어 대표

**성윤옥**

- 탑뷰티아카데미 구미캠퍼스 대표원장
- 국민대학교 (평생교육원) 외래교수
- 누벨르 프리미엄 라운지 대표
- 서경대학교 미용대학원 석사과정

**유애진**

- 숙명여자대학교 박사수료
- 경복대학교 겸임교수
- 신구대학교 출강

**유정현**

- 대한가발협회 인증강사
- 법무부 가발전문가 강사

**유재숙**

- 초당대학교 미용학 석사
- 안양시 만안·동안·평생교육센터 강사

## ◈ 학술위원

### 송선희

- 증모술 특허 개발 및 보유(특허 제 10-1969015호 가모 시술 도구 및 가모 시술장치와 이를 위한 매듭 구조 및 매듭방법)
- 다모증모 대표
- 미용원장, 뷰티샵 등 500개여차례 증모술 교육

### 안나현

- 서경대학교 미용예술학과 일반대학원 박사졸업
- 엄지메이크업 대표

최신실무 중심 전문서

# 헤어 붙임머리 증모술


**초판인쇄** | 2020년 4월 1일
**초판발행** | 2020년 4월 10일

**저　　자** | **대표저자** 박경희·이현성
| 허정애·홍현화·임순녀·강유미·김은덕·김은영·김정숙·김창미·류민희·박경이·성윤옥·유애진·유정현·유재숙
**발 행 인** | 조규백
**발 행 처** | 도서출판 구민사
(07293) 서울시 영등포구 문래북로 116, 604호(문래동 3가 46, 트리플렉스)
**전　　화** | (02) 701-7421~2
**팩　　스** | (02) 3273-9642
**홈페이지** | www.kuhminsa.co.kr
**신고번호** | 제 2012-000055호(1980년 2월 4일)
**I S B N** | 979-11-5813-834-9 (93590)
**정　　가** | 32,000원